AF277639

A través de una ventana

Jane Goodall

A través de una ventana
Treinta años estudiando
a los chimpancés

Alianza editorial
El libro de bolsillo

Título original: *Through a Window: My Thirty Years with the Chimpanzees of Gombe*
Traducción de Jacint Nadal Puigdefàbregas (revisada) y Patricia Teixidor

Esta obra se ha publicado por acuerdo con el grupo editorial Orion, Londres.

Diseño de colección: Estrada Design
Diseño de cubierta: Manuel Estrada
Ilustración de cubierta: *Fifi con el bebé Freud*. © The Jane Goodall Institute / By Jane Goodall
Selección de imagen: Carlos Caranci Sáez

PAPEL DE FIBRA
CERTIFICADA

Si quiere recibir información periódica sobre las novedades de Alianza Editorial, envíe un correo electrónico a la dirección: alianzaeditorial@anaya.es

Índice

Índice

*A los chimpancés del mundo, a los que viven libres
en la naturaleza y a los cautivos y esclavizados por el
hombre. A todos los que han contribuido
a su conocimiento y comprensión.
Y a todos aquellos que han ayudado y están ayudando
en la lucha para conservar los chimpancés
en África, y para proporcionar bienestar
y esperanza a los que viven cautivos.
Y en memoria de Derek.*

Prefacio

En 2010 se cumplieron cincuenta años de investigación, conservación y educación sobre la fauna salvaje del Parque Nacional de Gombe, en Tanzania. Mientras reflexiono aquí sentada sobre esas cinco décadas, me sorprende cómo la ciencia ha ido paulatinamente comprendiendo y aceptando cada vez más el parecido entre los chimpancés y los humanos, no sólo en su biología, sino también en sus comportamientos e inteligencia. Ahora sabemos que el ADN de los humanos y de los chimpancés difiere sólo en algo más del uno por ciento, y a partir de las investigaciones de los últimos años, al desentrañar primero el genoma humano y luego el de los chimpancés, parece que la principal diferencia en nuestra composición genética radica en la expresión de los genes.

Cuando comencé mis observaciones en 1960 todavía se pensaba que existía una diferencia de tipo, no sólo de grado, que separaba a los humanos del resto del mundo

11

animal, que entre nosotros y ellos existía una línea divisoria. Se utilizaba a los chimpancés en las investigaciones médicas debido a sus similitudes genéticas, la composición de la sangre, el funcionamiento del sistema inmunitario y la estructura del cerebro –y era aceptable colocarlos en situaciones de aislamiento, en jaulas de laboratorio de 1,5 × 1,5 metros y 2 metros de altura, porque ellos (eso decían), al contrario de nosotros, no tienen personalidades reconocibles, mentes capaces de pensamiento racional o emociones.

Sin embargo, poco a poco se fueron acumulando datos de diversos estudios sobre primates, elefantes, lobos, delfines, etc., que llevaron a la mayoría de los científicos a replantearse sus actitudes respecto a las criaturas no-humanas. Resultaba cada vez más claro que las explicaciones reduccionistas no servían para entender las complejas conductas de especies con cerebros complejos. Por esto, actualmente se puede estudiar en distintas universidades de todo el mundo la mente e incluso la personalidad y las emociones de otros animales que no son humanos.

Asimismo, en los veinte años que han pasado desde la publicación de *A través de una ventana,* se ha ido aceptando hablar sobre comportamiento cultural entre chimpancés y otros animales inteligentes, es decir, «conductas que pasan de una generación a otra por medio del aprendizaje observacional». Los datos procedentes de estudios realizados en el hábitat natural de chimpancés de diferentes partes de África han proporcionado ejemplos de gran riqueza sobre la variación conductual entre diferentes poblaciones, sobre todo en lo que respecta a la fabricación y uso de herramientas. El doctor Andy Whiten, de la Universidad de St. Andrews, ha trabajado incansablemente para reunir información muy detallada sobre todos estos centros de investigación de campo en África.

Ahora se sabe que la agresión entre grupos no es exclusiva de los chimpancés de Gombe y de Mahale. En otras palabras, no puede caracterizarse como un comportamiento anormal causado por el hecho de haberles proporcionado bananas, como algunos científicos sostuvieron en su día. Por el contrario, parece ser una característica extendida en las sociedades de chimpancés. Los ataques de otros chimpancés son la segunda causa más frecuente de muerte en Gombe, después de las enfermedades.

A través de una ventana contiene descripciones un tanto desagradables de chimpancés aquejados de diversas enfermedades. El análisis de los datos a lo largo de los años muestra que éstas son la principal causa de muerte entre los chimpancés de Gombe y de otros lugares. Mientras que algunos agentes patógenos, como el virus VIS-cpz (una variante del cual fue precursor del VIH-1, causante del sida en humanos), son endémicos en los chimpancés, otros, como los virus respiratorios que a veces causan epidemias letales, se ha demostrado recientemente que proceden de los humanos. Dado que los chimpancés pueden contraer enfermedades de los seres humanos, hemos establecido normas relativas a la distancia del observador al chimpancé, y nuestros colegas del zoológico de Lincoln Park, en Chicago, han ayudado a implantar un programa de vigilancia sanitaria para que podamos aprender más sobre los problemas de salud y, en particular, sobre la transmisión de enfermedades entre humanos, chimpancés y babuinos.

Nuevas tecnologías

Desde que empecé mi investigación de campo en 1960, han ido apareciendo herramientas nuevas para los estudiosos del comportamiento animal que afectan tanto a la recogida de datos en el campo como a su posterior análisis. Empecé con papel, lápiz y prismáticos. Luego adquirí una cámara, un pequeño telescopio y una máquina de escribir para transcribir las notas. Luego vinieron los mapas rudimentarios para trazar los patrones de forrajeo, las grabadoras, los métodos de muestreo basados en el tiempo y las hojas de control. Ésta era la etapa a la que habíamos llegado cuando terminé de escribir *A través de una ventana*. Hoy en día utilizamos grabaciones de vídeo y tecnología más sofisticada –sistemas de posicionamiento global (GPS), sistemas de información geográfica (SIG) e imágenes por satélite– para crear mapas. Los micrófonos de alta calidad, las grabadoras digitales portátiles y los programas informáticos ayudan a comprender mejor la comunicación vocal de los chimpancés.

Informatización de los datos

Una hábil programación informática permite un análisis de los datos extraordinariamente sofisticado y oportuno. Cincuenta años de observaciones, informes escritos, hojas de control, cintas, fotografías fijas, vídeos, todos estos registros y otros más forman la base de datos de larga duración. La doctora Anne Pusey, que trabajó por primera vez en Gombe a principios de la década de los setenta, recopiló esta valiosa información de los distintos lugares en los que estaba almacenada –alguna en Cambridge, Stanford y otras universidades, pero gran parte en Gombe y en mi casa de Dar es Salaam, donde la había analizado a mano para escribir *The Chimpanzees of Gombe: Patterns of Behavior*–. Anne la rescató a tiempo de los estragos de ¡la humedad, los insectos y las ratas! Bajo su dirección, todos estos datos están siendo escaneados, introducidos en ordenadores y analizados por estudiantes de grado y postgrado, convirtiéndose en artículos publicados en revistas científicas con revisión por pares.

Lo que nos pueden decir las heces

En los primeros tiempos aprendimos mucho sobre alimentos que los chimpancés comen en raras ocasiones, como la carne, examinando sus heces. Ahora sabemos que las heces pueden contener una fascinante variedad de información que antes sólo podía obtenerse mediante la recogida de muestras de sangre, algo imposible en Gombe. Sorprendentemente, una muestra de heces puede utilizarse para elaborar un perfil de ADN del individuo. Este trabajo realizado por las estudiantes de postgrado de Anne Pusey de la Universidad de Minnesota –Julie Constable y Emily Wroblewski– nos ha facilitado la tarea de identificar el ADN de casi todos los chimpancés de Gombe. Esto nos ha permitido, por primera vez, determinar la paternidad. Antes no podíamos estar absolutamente seguros de qué macho había engendrado a qué cría: sólo si la madre se había emparejado con un macho concreto en el momento probable de la concepción y no había aparecido ningún otro macho durante esos días para robar una cópula, podíamos estar ¡razonablemente seguros! Y eso significaba seguir a la pareja día tras día durante todo el periodo de celo.

La información del ADN revela que los machos alfa son los que más éxito tienen en procrear, aunque los de rango medio y bajo son más exitosos de lo que predice su estatus. Esto se debe a que son capaces de fecundar a las hembras cuando las cortejan y forman una asociación con ellas durante unos días. La mayoría de los machos de alto rango evitan estas asociaciones fuera del grupo, pues prefieren permanecer en el centro para evitar muestras de agresividad contra ellos a su regreso. Además, los machos de menor estatus son capaces de engendrar a las crías de las hembras más jóvenes que resultan menos deseables para los machos de alto rango. Por último, es posible que los machos jóvenes de bajo rango sean más potentes sexualmente y que esto les beneficie cuando varios machos del grupo se aparean con la misma hembra.

Además de resolver la cuestión de la paternidad, la información sobre el ADN también ha resultado muy útil para determinar cuántos individuos hay en la comunidad de Kalande, en la que los chimpancés no están habituados a los observadores humanos, y para rastrear los patrones de desplazamiento de las hembras más tímidas. Recientemente, por ejemplo, se identificó el ADN de una hembra adolescente a partir de muestras fecales recogidas en diferentes lugares: primero en Kalande, al sur, luego –una vez– en Kasekela (la comunidad central del estudio) y después en Mitumba, al norte, donde se ha asentado. El análisis de las muestras fecales de los chimpancés también puede proporcionar información sobre los niveles de ciertas hormonas, de modo que los investigadores pueden, por ejemplo, buscar la correlación entre el rango de dominancia y el estrés psicológico, lo que a su vez puede conducir a una mejor comprensión del éxito reproductivo.

Por último, las nuevas técnicas de análisis de heces han permitido realizar investigaciones sorprendentes sobre las enfermedades. No sólo se pueden identificar los parásitos, sino que se han desarrollado pruebas con suficiente sensibilidad para reconocer los anticuerpos contra diversos organismos causantes de enfermedades. Incluso se pueden secuenciar los genomas de los propios virus a partir de las heces. El más notable es el trabajo de la doctora Beatrice Hahn, de la Universidad de Alabama, y su equipo de investigación, que demostró que el VIH-1 se originó a partir del virus VIS-cpz en chimpancés del África centro-occidental, probablemente a través de la caza y la matanza de los simios por parte de los humanos. Para conocer mejor la distribución y la historia del VIS-cpz, Beatrice analizó las heces de chimpancés de toda África. Descubrió que este virus estaba ampliamente distribuido, aunque de forma fragmentada, en la cuenca del Congo y que una variante también estaba presente en Gombe. Trabajando con muestras fecales y los cuerpos recuperados de chimpancés fallecidos recogidos en

Gombe durante los últimos nueve años, Beatrice y un equipo de científicos de Gombe y de otras partes del mundo han podido secuenciar el virus, detectar eventos de transmisión de un individuo a otro y empezar a medir sus efectos en la salud. Aunque la muestra es pequeña, el virus parece causar un aumento de la mortalidad e incluso en un caso claros signos de sida. Pero aún nos queda mucho por aprender sobre su historia natural y su gravedad, y esperamos que la continuación de los estudios no invasivos en Gombe, la única población habituada de la que se sabe que alberga el VIS-cpz, nos lleve a una mayor comprensión tanto del VIS como del VIH, lo que podría conducir a avances en las terapias (y la prevención) tanto para los humanos como para los chimpancés.

Cartografía

Ahora podemos crear mapas precisos a gran escala que nos ayudan a comprender mejor lo que ha sucedido en Gombe y sus alrededores. La tecnología GPS nos permite determinar con mayor precisión la ubicación de los puntos de referencia y los acontecimientos. La tecnología GIS ha mejorado nuestro análisis de los patrones de desplazamiento, el comportamiento territorial, los lugares de alimentación, etc. Las imágenes por satélite de Gombe y sus alrededores, que se remontan a la década de 1970, nos han permitido documentar no sólo la devastadora pérdida de bosques y arboledas fuera del parque, sino también el espectacular aumento de la vegetación dentro de él, donde el personal ha conseguido eliminar los incendios, permitiendo que los árboles crezcan, maduren y se extiendan por zonas más amplias.

Estas iniciativas de cartografía fueron introducidas por el doctor Lilian Pintea, que se graduó en la Universidad de Minnesota y ahora trabaja con el Instituto Jane Goodall. Le apasiona la conservación de los chimpancés y colabora con varias organizaciones con el objetivo de mapear la zona de distribución y las poblaciones de grandes simios en toda África.

Colaboradores conservacionistas en las poblaciones locales

Lilian Pintea ha pasado mucho tiempo trabajando con los pobladores de las afueras del Parque Nacional de Gombe, ayudándoles a mapear sus conocimientos sobre los terrenos de las aldeas y a respaldar los planes de uso de la tierra (por mandato del gobierno de Tanzania). Los esfuerzos de conservación en zonas rodeadas de una alta densidad de población humana y de pobreza sólo pueden tener éxito si se ganan la confianza y el apoyo de la población local, y el Instituto Jane Goodall lo está haciendo a través de un programa de conservación comunitario que funciona: TACARE.

TACARE fue iniciado a mediados de los años noventa por George Strunden y Emmanuel Mtiti. Hoy en día cuenta con veinticuatro aldeas que mejoran la vida de la gente mediante los métodos de cultivo más adecuados para la tierra degradada, manteniendo cerca de la aldea parcelas de especies de rápido crecimiento para obtener leña y trabajando con las autoridades locales para proporcionar atención sanitaria primaria y mejores sistemas de agua y saneamiento. Las mujeres ponen en marcha sus propios proyectos ambientalmente sostenibles a través de nuestro programa de microcréditos, mientras que las becas permiten a las niñas permanecer en la escuela. Trabajamos intensamente con las mujeres, ya que en todo el mundo se ha demostrado que a medida que la educación de las mujeres mejora, el tamaño de las familias tiende a disminuir –fue sobre todo el aumento de la población en los alrededores de Gombe lo que condujo a la devastadora degradación de la tierra–. También proporcionamos (a través de voluntarios de las aldeas) información sobre planificación familiar y VIH/sida.

Conjuntamente con el gobierno tanzano trabajamos con otras aldeas en una amplia zona muy degradada que llamamos el «Gran ecosistema de Gombe», y en una zona aún más grande al sur, los ecosistemas de Masito-Ugalla y Mahale, donde aún quedan grandes extensiones de bosque, hogar de muchos chimpancés.

Corredor forestal: un salvavidas para los chimpancés

El gobierno tanzano exige que cada aldea destine al menos el 10% de sus tierras a la conservación, y, gracias a TACARE, los aldeanos están cooperando con Lilian Pintea y nuestro equipo de planificación del uso de la tierra y SIG para establecer y cartografiar las reservas forestales interconectadas de las aldeas que forman un corredor forestal. Este corredor está diseñado para proporcionar una zona de amortiguación entre los chimpancés del Parque Nacional de Gombe y las aldeas circundantes, y para permitir que los chimpancés actualmente atrapados en los bosques residuales cercanos fuera del parque (rodeados de campos de cultivo) se instalen e interactúen con las comunidades de chimpancés de Gombe, como solían hacer. De este modo, mejoran su acervo genético. Y este frondoso pasaje ya está creciendo. A principios de 2009 vi cómo los árboles ya tenían seis metros de altura en algunos lugares. Cuando esté totalmente restaurado, el corredor forestal se extenderá desde el sur de Gombe hacia el norte, hasta la frontera con Burundi. Está previsto que otro corredor conecte el Gran ecosistema de Gombe con el ecosistema de Masito-Ugalla.

Raíces y Brotes

No tendría mucho sentido esforzarse por proteger a los animales y el medio ambiente si, al mismo tiempo, no ayudáramos a los jóvenes a ser mejores guardianes del futuro que nosotros. Raíces y Brotes (*Roots & Shoots*) es el programa global de educación medioambiental y humanitaria del IJG para jóvenes. Comenzó en Tanzania en 1991 con un grupo de doce estudiantes de secundaria. Hoy (junio de 2009) hay unos diez mil grupos activos de Raíces y Brotes en más de 110 países. Las edades de los miembros van desde niños de preescolar hasta estudiantes universitarios. Un número creciente de adultos está formando sus propios grupos.

El mensaje principal de Raíces y Brotes es que cada individuo marca la diferencia cada día. Cada grupo elige tres tipos de proyectos que demuestran el cuidado y la preocupación por su propia comunidad humana, los animales tanto salvajes como domésticos y el medio ambiente que todos compartimos. Luego se arremangan y pasan a la acción. Raíces y Brotes fomenta el respeto y la compasión por todos los seres vivos, promueve la comprensión de todas las culturas y creencias e inspira a cada individuo a actuar para hacer del mundo un lugar mejor. Lo que empezó con un puñado de estudiantes entusiastas y preocupados en Tanzania ha crecido hasta convertirse en un verdadero movimiento mundial.

Mantener el contacto

Poco después de terminar *A través de una ventana* empecé a viajar por todo el mundo, unos trescientos días al año, concienciando sobre la difícil situación de los chimpancés y sus hábitats y sobre los demás problemas medioambientales (y sociales) a los que nos enfrentamos hoy en día. Sigo yendo a Gombe dos veces al año, pero sólo por unos días. Hay un magnífico equipo de investigación formado por investigadores tanzanos, europeos, americanos e incluso asiáticos. La recogida de datos continúa, pero debo conformarme con pasar unos preciados días en la selva, recargando las pilas.

Fue una gran suerte que Bill Wallauer se uniera a nosotros para empezar lo que se ha convertido en un registro de vídeo totalmente único del comportamiento de los chimpancés. Bill se convirtió casi en parte vital de la comunidad de chimpancés, siguiendo a algunos de sus miembros durante días. A través de sus planos he visto a Gremlin dar a luz, a los machos patrullar los límites de su territorio, he observado un brutal ataque a un macho adolescente desconocido y me he sentido cerca, una vez más, de todos los acontecimientos tiernos, divertidos y a veces trágicos que hacen que la vida de los chimpancés sea tan fascinante. No es lo mismo que estar allí, pero es mucho mejor que nada.

Y así, con la ayuda de las nuevas tecnologías y a pesar de los muchos cambios, seguimos acumulando historias de casos reales y de familias de chimpancés de Gombe. En el epílogo que he añadido al final de esta nueva edición de *A través de una ventana,* el lector puede saber qué ha pasado en la vida de algunos de los individuos.

Incluso después de cincuenta años, todavía hay mucho que aprender sobre la vida de los chimpancés. ¿Por qué las relaciones intergrupales son más violentas en determinados momentos que en otros? ¿Cuánta información pueden transmitir los chimpancés a través de sus llamadas vocales a otros que están fuera de su campo de visión? ¿Por qué emiten «gruñidos de comida» cuando llegan a algunas fuentes de alimento pero no a otras? ¿Pueden saber de algún modo, quizás por el olor, quiénes son sus parientes paternos? Espero que nuestros esfuerzos por conservar a estas increíbles criaturas tengan éxito y que las nuevas generaciones de investigadores sigan aprendiendo de la vida de los chimpancés de Gombe.

Jane Goodall
Octubre 2009

1. Gombe

Me di la vuelta y miré la hora: eran las 5.44 de la madrugada. Mis largos años de experiencia en madrugar me permiten despertar antes de oír el desagradable timbre del despertador. Poco después estaba sentada en los escalones de mi casa, mirando el lago Tanganica. La luna en menguante permanecía suspendida sobre el horizonte, allí donde la montañosa costa de Zaire delimita el lago. Era una noche tranquila y los reflejos de la luna bailaban y llegaban hasta mí, serpenteantes, a través del pausado movimiento del agua. Terminé enseguida mi desayuno –una banana y una taza de café del termo– y diez minutos más tarde subía ya por la empinada cuesta de detrás de mi casa, con mis pequeños prismáticos y mi cámara apretujados en mis bolsillos junto con la libreta y los lápices, un puñado de pasas para mi almuerzo y bolsas de plástico en las que poner las cosas si llovía. La tenue luz de la luna brillando en la húmeda hierba me permitía encontrar el camino sin dificultad, y así llegué al lugar donde la noche anterior había observado a dieciocho chimpancés instalándose para su descanso nocturno. Me senté a esperar a que despertaran.

Los árboles estaban aún envueltos en los misterios del último sueño de la noche. Todo permanecía tranquilo, lleno de paz. Los únicos sonidos eran el ocasional canto de un grillo y el suave murmullo del agua del lago allí donde acariciaba los guijarros, camino abajo. Mientras permanecía allí sentada, me embargó esa expectante sensación que, en mi interior, precede siempre a un día con los chimpancés, un día recorriendo la selva y las montañas de Gombe, un día para nuevos descubrimientos, para nuevas vivencias.

Entonces se produjo una repentina explosión de sonido: un dueto de un par de maravillosos petirrojos. Me di cuenta de que la intensidad de la luz había cambiado: el amanecer me había sorprendido inadvertidamente. La luz del sol casi había vencido a su plateada e indefinida luminosidad reflejada en la luna. Los chimpancés aún dormían.

Cinco minutos después se oyó en lo alto un susurro de hojas. Miré hacia arriba y vi las ramas moviéndose contra el cielo iluminado. Allí era donde Goblin, el macho dominante de la comunidad, había hecho su nido. Luego volvió la tranquilidad. Debía de haberse dado la vuelta, tumbándose después para un último y breve sueño. Inmediatamente después se produjo movimiento en otro nido, a mi derecha; luego, en otro a mi espalda, más arriba, en la pendiente. Ruidos de hojas, el crujido de una ramita: el grupo comenzaba a despertar. Mirando a través de los prismáticos hacia el árbol en el que Fifí había hecho su nido para ella y para su hijo, Flossi, pude ver la silueta de su pie. Un momento más tarde Fanni, su hija de dieciocho años, trepó desde su cercano nido y se sentó justo más arriba de su madre, una pequeña mancha oscura contra el cielo. Los otros dos vástagos, el adulto Freud y el adolescente Frodo, habían hecho el suyo más arriba, en la cuesta.

Nueve minutos después de su primer movimiento, Goblin se incorporó súbitamente y, casi enseguida, abandonó su nido y empezó a saltar salvajemente por el árbol, agitando vigorosamente las ramas. El pandemonio estalló. Los chimpancés más cercanos a Goblin dejaron sus nidos y se apresuraron a apartarse de su camino. Otros se incorporaron a mirar, tensos y preparados para salir corriendo. La paz de la primera hora de la mañana fue interrumpida por los feroces gritos y gruñidos que los subordinados de Goblin emitían para inspirar respeto o temor. Momentos más tarde finalizaba la parte arbórea de la exhibición; Goblin saltó abajo y cargó delante de mí, manoteando y pateando el suelo húmedo, poniéndose en pie y agitando la vegetación, cogiendo y tirando una piedra, un viejo pedazo de madera, otra piedra. Luego se sentó, con el pelo erizado, unos cinco metros más abajo. Respiraba pesadamente. Mi corazón latía a toda velocidad. Mientras él se movía, yo me había levantado, abrazándome a un árbol, rezando para que no me golpeara como hace algunas veces. Pero, por suerte, me había ignorado; así que volví a sentarme.

Con suaves gruñidos y jadeos, el hermano menor de Goblin, Gimble, bajó y vino a saludar al macho alfa o dominante, tocando su cara con sus labios. Luego otro macho adulto se acercó a Goblin y Gimble se apartó del camino. Era mi viejo amigo Evered. Mientras se acercaba con sonoros y sumisos gruñidos, Goblin, lentamente, alzó un brazo en señal de saludo y Evered se lanzó hacia delante. Los dos machos, abrazados, gritaban ruidosamente en la excitación de esta reunión matinal, de forma que sus blancos dientes brillaban en la penumbra. Durante unos momentos se acicalaron el uno al otro y luego, calmado, Evered se apartó y fue a sentarse tranquilamente.

Sólo bajó del árbol otro adulto más: Fifi, con Flossi colgando de su vientre. Evitó a Goblin, pero se acercó a Evered gruñendo suavemente; alzó su mano y tocó su brazo. Luego empezó a acicalarle. Flossi se subió al regazo de Evered y contempló su cara. Él le echó una mirada, acicaló su cabeza con ahínco durante un momento y luego se giró para devolver a Fifi sus atenciones. Flossi se acercó a Goblin, pero su pelo continuaba erizado, así que pensó que más le valdría trepar a un árbol cerca de Fifi. Pronto empezó a jugar con Fanni, su hermana.

La paz volvió a reinar, pero no el silencio del amanecer. Arriba, en los árboles, los otros chimpancés del grupo empezaban a moverse, preparándose para el nuevo día. Algunos empezaron a comer y oí el golpe suave producido por las semillas y las pieles de los higos al ser arrojadas al suelo. Me senté, llena de felicidad por haber vuelto a Gombe después de una larga y desacostumbrada ausencia; casi tres meses dedicados a conferencias y reuniones en Estados Unidos y Europa. Aquél iba a ser mi primer día con los chimpancés y mi plan era disfrutarlo completamente, ponerme al corriente de todas las novedades de mis viejos amigos, tomar fotografías y recuperar mi forma física para la escalada.

Evered tomó la iniciativa de la marcha, treinta minutos después, deteniéndose dos veces para mirar atrás y comprobar que Goblin también se ponía en marcha. Fifi los siguió, con Flossi a sus espaldas como un pequeño jinete, y Fanni inmediatamente detrás. En aquel momento los otros chimpancés bajaron y caminaron tras ellos: Freud y Frodo, los machos adultos Atlas y Beethoven, el magnífico adolescente Wilkie y dos hembras, Patti y Kidevu, con sus hijos. Había otros más, pero iban más arriba, por la cuesta, y no pude verlos. Nos dirigimos hacia el norte paralelamente a la playa; después nos internamos en el valle de Kasekela y, con frecuentes pausas para comer, subimos por la ladera opuesta. Por el este el cielo se iluminó, pero hasta las ocho y media el sol no rebasó los picos de la escarpada pendiente. Para entonces nos encontrábamos muy por encima del lago. Los chimpancés se detuvieron y se acicalaron unos momentos disfrutando de los cálidos rayos del sol de la mañana.

Aproximadamente veinte minutos después se produjo un súbito estallido de gritos de chimpancé, una mezcla de jadeos y *huts*. Distinguí la voz peculiar de la grande y estéril hembra Gigi por encima de las del grupo de hembras y jóvenes. Goblin y Evered se detuvieron gruñendo, y todos los chimpancés dirigieron sus miradas al lugar de donde procedían los sonidos. Luego, con Goblin ahora en cabeza, la mayor parte del grupo se movió en esa dirección.

Fifi, sin embargo, se quedó detrás y continuó acicalando a Fanni, mientras Flossi jugaba sola colgando de una rama baja, cerca de su madre y de su hermana mayor. Decidí quedarme también, aprovechando que Frodo, que no dejaba de molestarme, se había marchado con los demás. Él pretendía divertirse conmigo y comenzó a volverse agresivo al ver que yo no le seguía el juego. A sus doce años es mucho más fuerte que yo y su conducta es peligrosa. Una vez me golpeó en la cabeza con tanta fuerza que casi me rompió el cuello. Y en otra ocasión me empujó cuesta abajo. Solamente puedo esperar que, a medida que crezca y deje la infancia atrás, madure y abandone estos hábitos irritantes.

Pasé el resto de la mañana vagando pacíficamente con Fifi y sus hijas, trasladándonos para comer de un árbol a otro. Los chimpancés se alimentaron de distintos tipos de fruta y de algunos brotes. Durante unos tres cuartos de hora arrancaron de los arbustos bajos unas hojas que enrollaban, masticando después las orugas que se movían dentro. Una vez pasamos por delante de otra hembra, Gremlin, y su nuevo hijo, el pequeño Galahad. Fanni y Flossi corrieron hacia ellos para saludarlos, pero Fifi apenas miró en esa dirección.

A cada momento ascendíamos más y más. Al poco rato, en una loma abierta y verdeante, encontramos otro pequeño grupo de chimpancés: el macho adulto Prof, su hermano menor Pax y dos tímidas hembras con sus hijos. Estaban comiendo hojas de un enorme árbol *mbula*. Hubo unos pocos y tranquilos gruñidos de saludo cuando Fifi y sus hijas se incorporaron al grupo y después ellas empezaron a comer también. En aquel momento los otros se fueron y Fanni los siguió. Pero Fifi se hizo un nido y se acurrucó en él para la siesta. Flossi también se quedó, trepando, balanceándose y entreteniéndose junto a su madre. Después se fue con Fifi a su nido, se echó a su lado y comenzó a mamar.

Desde donde estaba sentada, debajo de Fifi, podía ver el valle de Kasekela. Enfrente, hacia el sur, el Pico. Una oleada de cálidos recuerdos me invadió al verlo, un hombro redondeado encaramado a la verde loma que separa Kasekela del valle de Kakombe, donde tenía mi casa. En los primeros tiempos de investigación en Gombe, en 1960 y 1961, pasé día tras día observando a los chimpancés a través de mis prismáticos desde ese mirador. Me subía al Pico un pequeño cofre de latón con una olla, un poco de café, azúcar y una manta. A veces, cuando los chimpancés dormían cerca, yo permanecía allí con ellos, envuelta en mi manta para resguardarme del frío de la noche. Gracias a este contacto diario empezamos a compartir gradualmente algunas cosas de la vida cotidiana; aprendí acerca de su alimentación y de sus rutas y empecé a comprender su estructura social, única, formada por pequeños grupos que se unen para formar otros mayores, grupos grandes que se dividen en otros más pequeños y chimpancés que vagan por un tiempo en solitario.

Desde el Pico vi por vez primera a un chimpancé comer carne: David Graybeard. Lo había visto subir a un árbol agarrando el cadáver de una cría de potamoquero[1] que compartió con una hembra mientras los jabalíes adultos embestían desde abajo. Y a sólo unos noventa

1. Especie de jabalí africano perteneciente al género *Potamochoerus*. (*N. del T.*)

metros del Pico, en un inolvidable día de octubre, en 1960, vi a David Graybeard, junto a su íntimo amigo Goliat, tratando de pescar termitas con unas hierbas. Reviví entonces la emoción que sentí cuando vi a David alargar la mano, coger unas briznas de hierba, apretarlas para que pudiesen pasar por la estrecha boca del nido de termitas y acercarlas cuidadosamente al termitero. No sólo estaba usándolas como herramienta: estaba, de hecho, modelándolas para conseguir un objetivo concreto, mostrando un principio de construcción de herramientas. ¡Qué emocionados telegramas envié a Louis Leakey, el genio clarividente que me animó a investigar en Gombe! El hombre no era, después de todo, el único animal creador de herramientas. Ni los chimpancés eran los plácidos vegetarianos que todo el mundo suponía.

Aquello ocurrió después de que mi madre, Vanne, se hubiera ido para retomar sus responsabilidades en Inglaterra. Durante su estancia de cuatro meses había efectuado una contribución inestimable al éxito del proyecto: con cuatro postes y un techo de paja montó un dispensario en el que proporcionaba medicinas a los nativos, la mayoría pescadores, y a sus correspondientes familias. Aunque sus remedios eran simples –aspirinas, sales, tintura de yodo, tiritas, etc.–, su dedicación y su paciencia no tenían límites, y sus curas funcionaron con frecuencia. Mucho más tarde supimos que la mayoría de la gente llegó a creer que poseía poderes mágicos para las curaciones. De esta manera consiguió que la población local me respetase y me apoyase.

Por encima de mí se agitaba Fifi, sosteniendo en sus brazos a la pequeña Flossi para que pudiese mamar más cómodamente. Luego sus ojos se cerraron de nuevo. La pequeña mamó un par de minutos más y luego se quedó dormida. Yo continué la jornada soñando despierta, reviviendo en mi mente los momentos más señalados del pasado.

Recordé el día en que David Graybeard visitó por primera vez mi campamento junto al lago. Había venido para comer los frutos maduros de una palmera que crecía allí. Atisbó unas bananas que había sobre una mesa, fuera de mi tienda, las cogió y fue a comérselas entre los matorrales. Desde que descubrió las bananas se convirtió en visitante habitual y, gradualmente, otros chimpancés comenzaron a seguirlo hasta mi campamento.

Una de las hembras que llegó a ser una visitante habitual en 1963 fue la madre de Fifi, la vieja Flo, de orejas arrugadas y nariz bulbosa. ¡Qué día tan emocionante cuando, después de cinco años de preocupación maternal por su hija, Flo recuperó su atractivo sexual! Ostentando su hinchado caparazón trasero color rosa, atrajo a un buen número de pretendientes. Muchos de ellos nunca habían estado en el campamento, pero habían seguido a Flo hasta allí: la pasión sexual había vencido a las precauciones naturales. Y en el momento en que descubrieron las bananas, se incorporaron rápidamente al grupo de visitantes habituales de mi campamento. Así me fui familiarizando con la totalidad del grupo y con las características de los chimpancés, cuyos aspectos se describen en mi primer libro, *A la sombra del hombre (In the Shadow of Man)*.

Fifi, tumbada tranquilamente por encima de mí, era una de las supervivientes de aquellos primeros días. La primera vez que la vi, en 1961, era sólo una criatura. Superó la terrible epidemia de polio que azotó a la población, tanto humana como de chimpancés, en 1966. Diez de los chimpancés del grupo en estudio murieron o desaparecieron. Otros cinco quedaron lisiados, incluido su hermano mayor, Faben, que perdió la movilidad de un brazo.

Durante la época de la epidemia el Centro de Investigación de Gombe Stream estaba dando sus primeros pasos. Los dos primeros colaboradores ayudaban a recoger y mecanografiar datos sobre la conducta de los chimpancés. Por aquel entonces visitaban regularmente el campamento unos veinticinco chimpancés y, por tanto, teníamos trabajo de sobra. Después de observar a los chimpancés durante todo el día, solíamos transcribir las notas de nuestras grabadoras hasta altas horas de la noche.

Mi madre, Vanne, efectuó otras dos visitas a Gombe durante la década de los sesenta. Una de ellas tuvo lugar cuando la National Geographic Society, que por entonces financiaba el estudio, envió a Hugo van Lawick para realizar una filmación. Louis Leakey consiguió que pagaran el pasaje y los gastos de Vanne, insistiendo en que no estaría bien que yo viviera sola en la selva con un joven. ¡Qué diferentes eran las normas morales hace un cuarto de siglo! En todo caso, Hugo y yo nos casamos, así que Vanne, en su tercera visita, en 1967, tuvo que compartir conmigo, durante un par de meses, la tarea de cuidar a mi hijo Grub (su verdadero nombre es Hugo Eric Louis) en la selva.

Un leve movimiento se produjo en el nido de Fifi y vi que se había vuelto y que me estaba mirando. ¿Qué pensaría? ¿Cuánto recordaba del pasado? ¿Pensaba en Flo, su vieja madre? ¿Había seguido la desesperada lucha de su hermano, Figan, para alcanzar el puesto dominante, la posición alfa? ¿Tuvo conciencia de aquellos años en que los machos de la comunidad, a menudo dirigidos por Figan, disputaron una especie de guerra primitiva contra sus vecinos, asaltándolos, una y otra vez, con desorbitada brutalidad? ¿Supo algo de los ataques caníbales realizados por Passion y su hija adulta Pom a los recién nacidos de la comunidad?

Mi mente regresó al presente al oír el llanto de un chimpancé. Sonreí. Tenía que ser Fanni. Había alcanzado la edad en la que una hembra joven se separa de su madre para viajar con los adultos, pero de pronto desea estar con ella desesperadamente y abandona el grupo para buscarla. El llanto se acentuó y pronto pude ver a Fanni. Fifi no prestaba mucha atención, pero Flossi saltó del nido y se lanzó a abrazar a su hermana mayor. Y Fanni, al encontrar a Fifi donde la había dejado, cesó su llanto infantil.

Estaba claro que Fifi había estado esperando a Fanni; en aquel momento bajó del árbol y se puso en marcha con las crías tras ella jugando. La familia se trasladó rápidamente, colina abajo, hacia el sur. Mientras los seguía, parecía como si todas las ramas tuvieran que enredarse en mi pelo o en mi camisa. Me arrastré frenéticamente, reptando a través de una increíble espesura de maleza. Delante tenía a los chimpancés, rápidas sombras negras moviéndose sin esfuerzo. La distancia entre nosotros aumentó. Tenía ramas enredadas en los zapatos y en la correa de la cámara y espinas clavadas en los brazos, y mis ojos se inundaron de lágrimas cuando mi cabello se enredó en cuanto había a mi alrededor. Diez minutos después estaba empapada en sudor; tenía la camisa rasgada, las rodillas arañadas de arrastrarme por el suelo pedregoso, y, encima, los chimpancés habían desaparecido. Me quedé inmóvil, intentando escuchar algo más que el latido de mi corazón, mirando en todas direcciones a través de la espesura que me rodeaba. Pero no pude oír nada.

Los siguientes treinta y cinco minutos estuve vagando por los rocosos parajes del arroyo de Kasekela, parando para escuchar, inspeccionando las ramas por encima de mi cabeza. Pasé bajo una tropa de monos colobos rojos que saltaban por las copas de los árboles emitiendo sus extrañas y agudas llamadas. Encontré algunos babuinos de la tropa D, incluido el viejo Fred, con su ojo inútil y su doble rizo en la cola. Y luego, mientras me preguntaba a dónde ir a continuación, escuché el grito de un joven chimpancé a lo lejos, arriba en el valle. Diez minutos más tarde encontré a Gremlin con el pequeño Galahad, a Gigi y a los dos huérfanos de Gombe más jóvenes y recientes, Mel y Darbie, que habían perdido a sus madres cuando apenas contaban tres años. Gigi, como solía hacer por aquellos días, estaba «haciendo de tía» de ambos. Todos comían en un árbol, sobre un torrente casi seco, y me senté en unas rocas a observarlos. Mientras perseguía a Fifí, el sol se había ocultado, y ahora, mirando hacia arriba a través de la vegetación, pude ver el cielo, gris y amenazador. Creció la oscuridad y con ella llegaron la calma y el silencio que tan a menudo preceden a la tormenta. Sólo el ruido de los truenos, cada vez más frecuente, rompía la tranquilidad; el ruido de los truenos y los leves movimientos de los chimpancés.

Cuando empezó a llover, Galahad, que había estado jugando con sus dedos cerca de su madre, saltó a sus brazos rápidamente. Y los dos huérfanos se apresuraron a sentarse, bien juntos, cerca de Gigi. Pero Gimble empezó a saltar por las copas, balanceándose vigorosamente de rama en rama, trepando para luego precipitarse y agarrarse a otra rama. A medida que la lluvia se fue haciendo más intensa y cada vez más gotas se abrían paso entre el verde dosel, sus saltos se volvieron más enloquecidos, incluso arriesgados, y el balanceo de las ramas, más ostensible. Cuando fuese mayor este comportamiento se expresaría en la magnífica exhibición bajo la lluvia, o danza de la lluvia, del macho adulto.

De repente, pasadas las tres de la tarde y tras el anuncio de un relámpago cegador y de un trueno que hizo temblar las montañas, las nubes grises dejaron caer una lluvia torrencial y pareció como si el cielo y la tierra estuviesen unidos por el agua en movimiento. Entonces Gimble dejó de jugar y, como los demás, se sentó quieto junto al tronco del árbol. Yo me abracé a una palmera, protegiéndome como pude. Mientras seguía lloviendo interminablemente, iba sintiendo más y más frío. Pronto, acurrucada sobre mí misma, perdí toda noción del tiempo. No registré nada más; no había nada que registrar excepto el silencio, la paciencia y la resistencia a todo trance.

Debió de pasar una hora antes de que dejase de llover y el núcleo de la tormenta se dirigiese hacia el sur. A las cuatro y media los chimpancés bajaron al suelo y se fueron a través de la vegetación empapada y goteante. Yo los seguí, caminando penosamente, con mis ropas mojadas estorbando cada uno de mis movimientos. Bajamos por el lecho del torrente y luego nos dirigimos hacia arriba, al otro lado del valle, en dirección al sur. Pronto llegamos a una cresta verde que dominaba el lago. Apareció un sol tenue y húmedo cuya luz se reflejaba en las gotas de agua, de modo que el mundo parecía cuajado de diamantes que brillaban en cada hoja y en cada brizna de hierba. Me agaché para no destruir una enjoyada tela de araña, que brillaba, exquisita y frágil, a través del camino.

Los chimpancés subieron a un árbol bajo para comer hojas tiernas. Me situé en un lugar desde el cual podía ver cómo disfrutaban de la última comida del día. La belleza de la escena cortaba el aliento. Las hojas de un verde claro brillaban a la suave luz del sol; el tronco húmedo y las ramas parecían de ébano; el pelaje negro de los chimpancés brillaba con reflejos cobrizos. Y detrás de este cuadro vivo se extendía el impresionante telón de fondo del oscuro cielo índigo en el que todavía centelleaban los relámpagos mientras los truenos resonaban en la distancia.

Hay muchas ventanas a través de las cuales podemos ver el mundo buscando su significado. Unas han sido abiertas por la ciencia y sus cristales han sido pulidos por una sucesión de mentes privilegiadas. A través de ellas podemos ver con mayor profundidad, con más claridad, áreas que una vez estuvieron más allá del conocimiento humano. A lo largo de los años, curioseando a través de una de esas ventanas, he aprendido mucho sobre la conducta de los chimpancés y el lugar que ocupan en la naturaleza de las cosas. Y eso, a su vez, nos ha ayudado a comprender un poco mejor ciertos aspectos de la conducta humana, el lugar que nosotros ocupamos en la naturaleza.

Pero hay otras ventanas; ventanas abiertas por la lógica de los filósofos; ventanas a través de las cuales los místicos buscan sus visiones de la verdad; ventanas desde las que los líderes de las grandes religiones han mirado buscando el significado no sólo de la maravillosa belleza del mundo, sino también de la oscuridad y de la fealdad. La mayoría de nosotros, al meditar sobre el misterio de nuestra existencia, miramos el mundo a través de una sola ventana. E, incluso, ésta se presenta empañada por el aliento de nuestra finita humanidad. Entonces limpiamos de vaho un pequeño círculo y dirigimos la mirada a través de él. No es de extrañar que el minúsculo tamaño del agujero por el que miramos nos induzca a confusión. Después de todo, es como intentar abarcar el panorama de un desierto, o del mar, mirando a través de un periódico enrollado.

Mientras permanecía de pie, tranquilamente, en medio del húmedo bosque y de las criaturas que viven allí, miré por un breve momento a través de otra ventana y con otra mirada. Es una experiencia que llega sola, espontáneamente, hasta algunos de los que pasamos tiempo solos en la naturaleza. El aire estaba lleno de una sinfonía encantadora, el trinar de los pájaros. Oía nuevas frecuencias en su música, así como en el canto de las voces de los insectos; notas tan altas y dulces que me asombraban. Era intensamente consciente de la forma y el color de cada una de las hojas, de la variedad de dibujos de sus nervios que realmente las hacía únicas. Los aromas eran nítidos, fácilmente identificables: a fruta madura o fermentada; a tierra empapada y fría, a corteza mojada; el olor húmedo a pelo de chimpancé y, sí, mi propio olor. Y la aromática fragancia a hojas tiernas y rotas era casi arrolladora. Noté la presencia de un antílope y entonces lo vi, paciendo tranquilamente con los cuernos oscurecidos por la lluvia. Y yo estaba completamente llena de aquella paz «que trasciende toda comprensión»[1].

Entonces llegaron desde el norte unos lejanos gritos de chimpancés. El trance se vio interrumpido. Gigi y Gremlin contestaron, profiriendo sus gritos distintivos. Mel, Darbie y el pequeño Galahad se unieron al coro.

Estuve con los chimpancés hasta que hicieron sus nidos, poco después de la lluvia. Y cuando se asentaron, Galahad cómodamente al lado de su madre, Mel y Darbie cada uno en su pequeño nido junto al grande de tía Gigi, los dejé y volví por el camino de la selva hasta la orilla del lago. Pasé de nuevo junto a la tropa D de babuinos. Estaban reunidos alrededor de sus árboles dormitorio, peleándose, jugando, acicalándose unos a otros a la suave luz del atardecer. Mis pies hacían crujir los guijarros de la playa y el sol era como un gran globo rojo sobre el lago. Mientras iluminaba las nubes en otra de sus magníficas actuaciones, el agua se volvía dorada, atravesada por ondulados rayos violetas y rojos bajo el cielo llameante.

Más tarde, agachada junto a mi pequeño fuego de leña, fuera de la casa, donde había cocinado y luego co-

1. Flp 4, 7. *(N. del E.)*

mido judías, tomates y un huevo, aún seguía absorta en la experiencia de aquella tarde. Pensaba que había sido como mirar el mundo a través de una ventana como la que quizá podían conocer los chimpancés. Me puse a soñar frente a la mortecina llama. Si pudiésemos, aunque fuese brevemente, ver el mundo a través de los ojos de un chimpancé, cuánto podríamos aprender.

Una última taza de café y pasaría dentro, encendería la lámpara de queroseno y escribiría las notas del día, de aquel maravilloso día. Porque mientras no conozcamos la mente del chimpancé, debemos proceder laboriosa y meticulosamente, como lo he hecho yo durante treinta años. Debemos continuar recogiendo anécdotas y, poco a poco, compilar vidas completas. Debemos continuar, durante años, observando, registrando e interpretando. Ya hemos aprendido mucho. Gradualmente, mientras se acumulan conocimientos y más y más gente trabaja en equipo y comparte información, vamos levantando la persiana de la ventana por la cual, algún día, seremos capaces de ver más claramente el interior de la mente del chimpancé.

2. La mente del chimpancé

A menudo me he fijado en los ojos de un chimpancé y me he preguntado qué ocurría detrás de ellos. Solía observar los de Flo, tan vieja, tan sabia. ¿Qué recordaría de su juventud? David Graybeard tenía los ojos más bonitos de todos, grandes y brillantes. De alguna manera, expresaban toda su personalidad, su serena confianza en sí mismo, su inherente dignidad y, de cuando en cuando, su obstinada determinación de hacerlo todo a su manera. Durante mucho tiempo evité mirar directamente a los ojos de los chimpancés; creía que, como ocurre con la mayoría de los primates, podrían interpretarlo como una amenaza o, al menos, como una muestra de mala educación. Pero no es así. Mientras se les mire con amabilidad, sin arrogancia, un chimpancé lo comprenderá e incluso puede devolver la mirada. Y entonces –o así me lo imagino yo– es como si los ojos fueran ventanas que miraran al interior de la mente. Solamente que el cristal es opaco, para que el misterio no pueda quedar nunca completamente desvelado.

Nunca olvidaré mi encuentro con Lucy, una chimpancé de dieciocho años educada en un hogar. Llegó y se sentó junto a mí en el sofá; con su cara muy cerca de la mía escrutó mis ojos. ¿Qué buscaba? Quizás señales de desconfianza, de desagrado o de miedo; mucha gente debe de haberse sentido desconcertada al ver cara a cara por primera vez a un chimpancé adulto. Lo que fuese que Lucy leyera en mis ojos evidentemente la satisfizo, pues, de repente, puso un brazo alrededor de mi cuello y me dio un generoso beso de chimpancé, con la boca abierta de par en par sobre la mía. Había sido aceptada.

A partir de ese encuentro me sentí profundamente preocupada durante mucho tiempo. Para entonces había estado en Gombe durante unos quince años y el trato con los chimpancés de la selva me resultaba ya bastante familiar. Pero Lucy, al haber crecido como una niña humana, era diferente; sus características esenciales de chimpancé habían sido sustituidas por actitudes humanas adoptadas con el paso de los años. Aunque aún permanecía a una eternidad del hombre, estaba hecha por el hombre; era otra clase de ser. Miré, sorprendida, cómo abría la nevera y varios armarios, encontraba botellas y un vaso y hasta se sirvió un *gin-tonic.* Se llevó la bebida a la televisión, la encendió, cambió de un canal a otro, pero como no le gustaban la volvió a apagar. Eligió una revista de la mesa y, llevando todavía su bebida, se sentó en un cómodo sillón. Según iba hojeando la revista, manifestaba ocasionalmente su reconocimiento de algunas de las cosas que leía, empleando los signos para sordos de la ASL, la American Sign Language. Yo, desde luego, no entendí nada, pero mi anfitriona, Jane Temerlin (que era también la «madre» de Lucy), tradujo: «Ese perro», comentó Lucy señalando la fotografía de un pequeño caniche blanco. Volvió la página. «Azul», declaró, señalando la foto de una mujer que anunciaba una marca de jabón vestida con un llamativo vestido azul. Y finalmente, después de hacer con la mano unos movimientos indeterminados –quizá unos signos, «Éste de Lucy, éste mío»–, cerró la revista y la dejó sobre su regazo. Jane me explicó que acababa de ser adiestrada en el uso de los pronombres posesivos durante las clases que recibía tres días a la semana en la ASL.

El libro escrito por el «padre» humano de Lucy, Maury Temerlin, fue titulado *Lucy, Growing Up Human*. Y, de hecho, el chimpancé se parece más a nosotros que cualquier otra criatura viva. Hay un parecido cercano en la fisiología de ambas especies, y genéticamente, en la estructura del ADN, hombres y chimpancés sólo se diferencian en algo más de un uno por ciento. Por este motivo la investigación médica utiliza chimpancés cuando necesita sustitutos de los hombres para probar ciertos medicamentos o vacunas. Los chimpancés pueden ser infectados con todas las enfermedades infecciosas humanas conocidas, incluyendo aquellas, como la hepatitis B y el sida, a las que son inmunes los demás animales (exceptuando gorilas, orangutanes y gibones). Existen similitudes igualmente sorprendentes entre los hombres y los chimpancés en la anatomía y en las conexiones del cerebro y del sistema nervioso, y –aunque muchos científicos no estén muy de acuerdo– también en el comportamiento social, en la habilidad mental y en las emociones. La noción de continuidad evolutiva en la estructura física del simio prehumano hasta el hombre actual ha sido considerada moralmente aceptable por la mayoría de los científicos durante mucho tiempo. Que lo mismo podría afirmarse respecto a la mente fue considerado generalmente una hipótesis absurda, especialmente por parte de aquellos que usan y abusan de los animales en sus laboratorios. Después de todo, resulta muy conveniente creer que, aunque la criatura que se está utilizando reacciona como un hombre, es una cosa sin mente y, sobre todo, sin sentimientos: que es un animal «tonto».

Cuando empecé mi estudio en Gombe, en 1960, no estaba permitido, al menos en los círculos etológicos, hablar sobre la mente de un animal. Sólo los humanos tenían mente. Tampoco se consideraba adecuado hablar de la personalidad de un animal. Por supuesto, todo el mundo sabía que cada animal *tenía* sus características propias y únicas, como podía confirmar cualquiera que hubiese tenido un perro o un animal de compañía. Pero los etólogos, empeñados en hacer de la suya una ciencia «dura», se oponían al esfuerzo de intentar explicar este hecho de manera objetiva. Una respetada etóloga, a la vez que reconocía la existencia de una «variabilidad entre los individuos animales», afirmó que era mejor que permaneciese «escondida debajo de la alfombra». En aquella época las alfombras etológicas estaban llenas de bultos, con tantas cosas escondidas bajo ellas.

¡Qué ingenua fui! Como no había recibido una formación científica de grado, no me di cuenta de que se suponía que los animales no tenían personalidad, ni pensaban, ni sentían emociones o dolor. No tenía ni idea de que, al conocerlos, habría sido más apropiado asignar a cada chimpancé un número en vez de un nombre. No me di cuenta de que no era científico tratar su conducta en términos de motivación u objetivo. Y nadie me había dicho que palabras como «infancia» o «adolescencia» eran únicamente fases humanas del ciclo de la vida, determinadas culturalmente, y que no debíamos utilizarlas al referirnos a los chimpancés. Sin saberlo, empleé libremente todos estos términos y conceptos prohibidos en mi primer intento de describir, como mejor pude, las cosas asombrosas que observé en Gombe.

Nunca olvidaré la respuesta de un grupo de etólogos a algunas observaciones que efectué en un seminario erudito. Yo describí cómo Figan, cuando era un adolescente, había aprendido a ir al campamento, después de que los machos adultos lo abandonaran, para así poder hacerse con unas cuantas bananas. En la primera ocasión que tuvo de ver los frutos emitió unos gritos fuertes y jubilosos, e, inmediatamente, una pareja de machos mayores regresaron corriendo, le persiguieron y le arrebataron sus bananas. Y después, y ahí era adonde quería yo llegar con mi historia, conté cómo en la siguiente ocasión Figan había reprimido sus gritos. Pudimos oír pequeños sonidos en su garganta, pero tan débiles que nadie más pudo oírlos. Otros chimpancés jóvenes a los que tratábamos de dar fruta a escondidas, sin que se enteraran sus mayores, nunca aprendieron a controlarse. Se delataban con un grito de júbilo, de forma que los machos mayores se arrojaban sobre ellos y les robaban el botín. Esperaba que mi audiencia quedara fascinada e impresionada, como lo estaba yo. Esperaba un intercambio de puntos de vista sobre la indudable inteligencia de los chimpancés. En lugar de ello se produjo un silencio helado, después del cual el moderador cambió precipitadamente de tema. Excuso decir que me sentí tan desairada que me resistí durante mucho tiempo a aportar comentario alguno a cualquier reunión científica. Mirando atrás, sospecho que todos y cada uno de los asistentes estaban interesados, pero, por supuesto, en ningún caso estaba permitido presentar una mera «anécdota» como prueba.

La editorial a la que mandé mi primer trabajo me pidió que no denominara a los chimpancés como personas. Indignada, acabé tachando sus sugerencias y volviendo a la redacción original. Como no era mi deseo abrirme un hueco en el mundo de la ciencia, sino que simplemente quería seguir viviendo y aprendiendo entre los chimpancés, la posible reacción del editor no me preocupó. De hecho, yo gané aquella partida: el trabajo que finalmente fue publicado confería a los chimpancés la dignidad de su género y los ascendía de simples «cosas» a seres en esencia.

Sin embargo, y a pesar de mi actitud algo agresiva, quise aprender, y aprecié la increíble suerte que tuve al ser admitida en Cambridge. Quería conseguir mi doctorado, aunque sólo fuera por consideración a Louis Leakey y a las demás personas que habían escrito para apoyar mi admisión. Y aprecié también lo afortunada que fui al tener a Robert Hinde como supervisor. No sólo porque pude beneficiarme de su mente brillante y de su lucidez, sino también porque dudo que hubiese podido encontrar otro profesor que se adecuase tan bien a mis necesidades particulares y a mi personalidad. Él fue capaz de revestirme poco a poco de algunas de las apariencias de los científicos. De esta manera, aunque seguí manteniendo la mayoría de mis convicciones –que los animales tenían personalidad; que podían sentir felicidad, tristeza o temor; que podían sentir dolor; que podían esforzarse para conseguir ciertos objetivos si estaban muy motivados–, no tardé en darme cuenta de que esas convicciones eran difíciles de probar. Era mejor ser prudente, al menos mientras no me ganase ciertas credenciales y cierta credibilidad. Y Robert me dio un maravilloso consejo sobre cómo hacer que las ideas más revolucionarias tuviesen cierto tinte científico. «Tú no puedes saber que Fifi estaba celosa», me reprendió en una ocasión. Discutimos un poco. Y luego: «¿Por qué no dices: *si Fifi fuese una niña, diríamos que estaba celosa?*». Y así lo hice.

No es fácil estudiar las emociones, ni siquiera cuando los sujetos son seres humanos. Sé cómo me siento yo si estoy triste, o feliz, o enfadada, y si un amigo me dice que está triste, feliz o enfadado supongo que sus sentimientos son similares a los míos. Pero, desde luego, no puedo saberlo. Si intentamos ponernos a estudiar seriamente las emociones de seres progresivamente distintos de nosotros, el trabajo, obviamente, crece en dificultad. Si asignamos emociones humanas a seres no humanos se nos acusa de antropomorfismo, pecado capital en la etología. Pero ¿es eso tan malo? Si probamos el efecto de los medicamentos en los chimpancés porque biológicamente se parecen tanto a nosotros, si aceptamos que existen similitudes increíbles entre el cerebro y el sistema nervioso del hombre y del chimpancé, ¿no es lógico suponer que existirán similitudes en los sentimientos más básicos, en las emociones de ambas especies?

De hecho, todos los que han trabajado largo tiempo con chimpancés no han dudado en asignarles emociones similares a las que etiquetamos en nosotros mismos como placer, alegría, pena, enfado, aburrimiento, etc. Algunos de los estados emocionales de los chimpancés son tan obviamente semejantes a los nuestros que incluso un observador inexperto podría comprender lo que sucede. Un pequeño que se tira al suelo, con la cara contraída, azotando con los brazos cualquier objeto cercano, golpeándose en la cabeza, está claro que ha cogido una rabieta. Un joven que retoza junto a su madre, dando volteretas, encaramándose a su espalda, tirando de su mano pidiendo unas cosquillas está, lógicamente, lleno del «placer de vivir». Algunos observadores no dudarían en atribuir su comportamiento a la felicidad, al bienestar. Y uno no puede observar a los pequeños chimpancés sin darse cuenta de que tienen las mismas necesidades de afecto que los niños. Un macho adulto que se tumba a la sombra después de una buena comida, o acepta condescendiente jugar con un pequeño o acicalar ociosamente a una hembra adulta, es evidente que está de buen humor. Cuando se sienta con el pelo erizado, grita a sus subordinados y los amenaza con gestos irritados si se acercan demasiado, es evidente que está enfadado y de mal humor. Juzgamos de este modo porque el parecido de la conducta de un chimpancé con la nuestra nos permite compararlas.

Es difícil empatizar con emociones que no hemos experimentado. Puedo imaginar, hasta cierto punto, el placer de una hembra chimpancé durante el acto de la procreación. Los sentimientos de su compañero macho están más allá de mi conocimiento, como lo están los del macho humano en el mismo contexto. He pasado incontables horas observando a madres chimpancés tratando con sus hijos. Pero hasta que no tuve mi propio hijo no empecé a comprender el instinto básico y poderoso del amor maternal. Si alguien hacía accidentalmente algo que asustase a Grub, o que amenazase su bienestar de alguna manera, yo sentía una ira irracional. ¡Cuánto más fácil me fue comprender los sentimientos de una madre chimpancé cuando agitaba su brazo con furia y gritaba amenazadoramente al individuo que se acercaba a su hijo demasiado, o al compañero de juegos que, sin querer, hería a su pequeño! Y hasta que no sufrí el duro revés de la muerte de mi segundo marido, no pude empezar a apreciar la desesperación y el sentimiento de pérdida que puede causar a los jóvenes chimpancés la pérdida de su madre.

La empatía y la intuición pueden ser de valor incalculable cuando intentamos comprender ciertas interacciones complejas del comportamiento si, como se hace, son registradas de forma precisa y objetiva. Afortunadamente, rara vez he encontrado problemas para registrar los hechos de manera ordenada, incluso durante las épocas de poderoso compromiso emocional con los actores. Y «saber» intuitivamente cómo se siente un chimpancé –por ejemplo, después de un ataque– puede ayudar a comprender lo que va a ocurrir a continuación. Al menos no deberíamos tener miedo a intentar utilizar nuestra relación con el cercano proceso evolutivo de los chimpancés en nuestros intentos de interpretar conductas complejas.

Hoy en día, como en tiempos de Darwin, está otra vez de moda hablar de la mente animal y estudiarla. Este cambio se ha ido produciendo de manera gradual y se debe, al menos en parte, a la información obtenida de escrupulosos estudios de las sociedades animales sobre el terreno. A medida que estas observaciones pasaron a ser ampliamente conocidas, se hizo imposible rechazar la complejidad del comportamiento social que se iba revelando en una especie tras otra. El confuso desorden reinante bajo las alfombras de los etólogos se puso en evidencia y fue examinado pieza a pieza. Gradualmente se fue comprobando que las minuciosas explicaciones de comportamientos aparentemente inteligentes eran con frecuencia engañosas, y eso condujo a una sucesión de experimentos que, considerados en conjunto, prueban claramente que muchas habilidades intelectuales que habían sido consideradas exclusivas de los seres humanos se presentan también, aunque en un grado menor de desarrollo, en otros seres no humanos. Particularmente, por supuesto, en los primates no humanos, y especialmente en los chimpancés.

Cuando empecé a leer acerca de la evolución humana, aprendí que una de las características de nuestra propia especie era que nosotros, y solamente nosotros, éramos capaces de hacer herramientas. El «Hombre fabricante de herramientas» era una de las definiciones utilizadas más a menudo, a pesar de la cuidadosa y exhaustiva investigación de Wolfgang Kohler y Robert Yerkes sobre la capacidad de los chimpancés para fabricar y usar herramientas. Sus estudios, llevados a cabo de modo independiente durante los años veinte, fueron recibidos con escepticismo. Sin embargo, tanto Kohler como Yerkes eran científicos respetados y ambos tenían un profundo conocimiento de la conducta de los chimpancés. Realmente, las descripciones que hace Kohler de las personalidades y el comportamiento de varios individuos de su colonia, publicadas en su libro *The Mentality of Apes,* se cuentan entre las más vivas y brillantes jamás escritas. Y sus experimentos, que muestran cómo los chimpancés amontonaban cajas y luego se encaramaban en las inestables construcciones para alcanzar la fruta que colgaba del techo, o unían dos palos para hacer una vara larga capaz de alcanzar la fruta que, de otra manera, quedaba fuera de su alcance, se han convertido en clásicos y aparecen en casi todos los libros de texto que tratan la conducta inteligente en animales no humanos.

Para cuando las observaciones sistemáticas sobre el uso de herramientas llegaron de Gombe, aquellos estudios pioneros habían caído en el olvido. Es más: se sabía que los chimpancés humanizados en un laboratorio podían utilizar instrumentos; otra cosa era descubrir si eso ocurría de forma natural en la selva. Recuerdo bien que escribí a Louis sobre mis primeras observaciones, describiendo cómo David Graybeard no solamente usaba briznas de hierba para «pescar» termitas, sino que, de hecho, arrancaba las hojas de un tallo para hacer una herramienta. Y recuerdo también que recibí el telegrama que contestaba a mi carta: «Ahora debemos definir "herramienta", redefinir "hombre" o aceptar a los chimpancés como humanos».

Al principio hubo unos cuantos científicos que intentaron descartar mis observaciones respecto a las termitas, ¡llegando incluso a sugerir que yo había adiestrado a los chimpancés! Pero muchísimas personas quedaron fascinadas por la información y por las subsiguientes observaciones según las cuales los chimpancés de Gombe empleaban objetos como herramientas. Y sólo unos cuantos antropólogos manifestaron su disconformidad cuando sugerí que los chimpancés, probablemente, transmitían sus tradiciones respecto al uso de herramientas de generación en generación por medio de la observación, la imitación o la práctica, de manera que se podía suponer que cada comunidad podía tener su propia cultura en el uso de herramientas. Lo cual, dicho sea de paso, parece cada vez más cierto. Y cuando describí cómo un chimpancé, Mike, resolvió espontáneamente un nuevo problema utilizando una herramienta (rompió un palo para tirar una banana al suelo cuando estaba demasiado nervioso para cogerla de mi mano), no creo que nadie en la comunidad científica se sorprendiese lo más mínimo. Verdad es que a mí no se me atacó violentamente, como a Kohler y a Yerkes, por sugerir que los seres humanos no eran los únicos capaces de razonar.

A mediados de la década de los sesenta comenzó un proyecto que, junto con otras investigaciones parecidas, nos enseñaría mucho acerca de la mente del chimpancé: el proyecto Washoe, concebido por Trixie y Allen Gardner. Ambos compraron una pequeña chimpancé y empezaron a enseñarle los signos de la ASL, el lenguaje de los signos usado por los sordomudos. Veinte años antes, otro equipo, formado por los esposos Keith y Cathy

Hayes, había intentado, con muy escaso éxito, enseñar a hablar a Viki, una joven chimpancé. La iniciativa de los Hayes nos enseñó mucho sobre la mente del chimpancé, pero, aunque pasó bien las pruebas de coeficiente de inteligencia y aunque era una joven inteligente, Viki no podía aprender a hablar como los hombres. Los Gardner, sin embargo, consiguieron un éxito espectacular con su alumna, Washoe. No sólo aprendió los signos con facilidad, sino que rápidamente empezó a usarlos juntos en diversas situaciones. Estaba claro que cada signo evocaba en su mente la imagen mental del objeto que representaba. Por ejemplo, si en el lenguaje de los signos le pedían que trajese una manzana, se iba y encontraba una manzana que estaba fuera de la vista, en otra habitación.

Otros chimpancés entraron en el proyecto, y alguno de ellos empezó a vivir en familias que utilizaban normalmente el lenguaje de los sordomudos antes de reunirse con Washoe. Y finalmente Washoe adoptó un pequeño, Loulis. Venía de un laboratorio donde jamás había penetrado la idea de enseñar los signos. Mientras estuvo con Washoe, no recibió lecciones acerca de la adquisición del lenguaje, al menos de seres humanos. Sin embargo, cuando tenía ocho años utilizaba en el contexto correcto cincuenta y ocho signos. ¿Cómo los aprendió? La mayoría, al parecer, imitando el comportamiento de Washoe y de otros tres chimpancés, Dar, Moja y Tatu. A veces recibía instrucción de la propia Washoe. Un día, por ejemplo, ésta empezó a pavonearse de ir sobre dos pies, con el pelo erizado, haciendo el signo de ¡comida!, ¡comida!, ¡comida! con gran agitación. Había visto a un hombre acercándose a ella con una tableta de chocolate.

Loulis, de sólo dieciocho meses, contemplaba la escena pasivamente. De repente Washoe detuvo su exhibición, fue hacia él, cogió su mano e hizo con ella el signo de comida (los dedos apuntando a la boca). En otra ocasión, y en un contexto similar, hizo el signo correspondiente a *chicle,* pero al tiempo que colocaba *su* mano sobre Loulis. En una tercera ocasión, Washoe, sin que viniese al caso, cogió una sillita, se la llevó a Loulis, la colocó frente a él e hizo claramente el signo de *silla* tres veces mientras lo miraba fijamente. Los dos signos de comida fueron incorporados al vocabulario de Loulis, pero el signo de silla, no. Obviamente, las prioridades del joven chimpancé eran similares a las de un niño humano.

Cuando las noticias sobre los éxitos de Washoe llegaron por primera vez a la comunidad científica, provocaron de inmediato una tormenta de agrias protestas. Implicaban que los chimpancés eran capaces de dominar un lenguaje humano, y esto, a su vez, indicaba un poder mental de generalización, abstracción y formación de conceptos, además de la habilidad de comprender y utilizar símbolos abstractos. Y dicha habilidad intelectual era, sin duda, prerrogativa del *Homo sapiens.* Aunque muchos estaban fascinados y emocionados por los descubrimientos de los Gardner, fueron muchos más los que rechazaron el proyecto en su conjunto, aduciendo que los datos eran poco fiables; la metodología, poco sólida, y las conclusiones, no solamente engañosas, sino completamente absurdas. La controversia originó todo tipo de proyectos sobre el lenguaje. Y, aunque los investigadores fueran reticentes desde un principio y esperaran desmentir los trabajos de Gardner, o bien su intención fuera demostrar lo mismo por un camino distinto, sus investigaciones proporcionaron información adicional sobre la mente de los chimpancés.

Y así, con nuevos incentivos, los psicólogos empezaron a medir la capacidad mental de los chimpancés de diversas maneras; una y otra vez los resultados confirmaron que sus mentes son misteriosamente iguales a la nuestra. Durante largo tiempo se sostuvo la idea de que sólo los humanos eran capaces de lo que se denomina «transferencia cruzada de información», es decir, que si alguien cierra los ojos y palpa con las manos una patata con forma extraña, al abrir los ojos la reconocerá entre otras patatas solamente con verla. Y viceversa. Resultó que los chimpancés también son capaces de «conocer» con sus ojos lo que sienten con sus dedos de la misma forma. De hecho, ahora sabemos que algunos otros primates no humanos poseen la misma habilidad. Y espero de toda clase de criaturas la misma habilidad.

Luego se demostró experimentalmente, y por encima de cualquier duda, que los chimpancés podían reconocerse a sí mismos ante un espejo, lo que demuestra que, de algún modo, poseen alguna clase de concepto de sí mismos. De hecho, Washoe ya había demostrado esta habilidad unos años antes, reconociéndose espontáneamente ante un espejo, mirando fijamente su imagen y haciendo el signo de su nombre. Pero esa observación era meramente anecdótica. La prueba llegó cuando a unos chimpancés que habían estado jugando con espejos se les aplicaron, mientras estaban anestesiados, toquecitos de pintura inodora en puntos, como la cabeza y las orejas, que no podían ver sino en el espejo. Cuando se despertaron no sólo quedaron fascinados por su manchada imagen, sino que inmediatamente investigaron con sus dedos las manchas de pintura.

El hecho de que los chimpancés tengan una excelente memoria no sorprendió a nadie. Después de todo, hemos crecido creyendo aquello de que «un elefante nunca olvida», así que ¿por qué iba a ser distinto un chimpancé? El hecho de que Washoe hiciera espontáneamente el signo del nombre de Beatrice Gardner, su madre adoptiva, cuando volvió a verla después de una separación de once años, no es una hazaña que supere a la de un perro que reconoce a su amo después de separaciones casi igual de largas, a pesar de que la longevidad de un chimpancé es mucho mayor. Los chimpancés pueden también hacer planes, al menos para su futuro inmediato. Esto quedó bien ilustrado en Gombe durante la estación de las termitas: a menudo un individuo preparaba una herramienta para usar en un termitero que estaba a varios cientos de metros y completamente fuera de su campo visual.

Éste no es lugar para describir con detalle otras capacidades cognoscitivas de los chimpancés que han sido estudiadas en laboratorios. Entre otras cosas, se sabe que los chimpancés poseen habilidades prematemáticas: pueden, por ejemplo, diferenciar fácilmente entre el *más* y el *menos*. Pueden clasificar cosas en categorías específicas de acuerdo con un criterio dado; por ejemplo, no tienen dificultad en dividir una pila de alimentos en *frutas* y *verduras* en un momento dado y, en otro, ordenar la misma pila de alimentos de *grandes* a *pequeños,* aun cuando esto requiera poner verduras junto con frutas. Los chimpancés a los que se les ha enseñado un lenguaje pueden combinar signos de modo creativo para describir objetos de los que no conocen un símbolo concreto. Washoe, por ejemplo, dejó perplejos a sus cuidadores al preguntar por una «fruta roca». Por casualidad intuyeron que se estaba refiriendo a las nueces de Brasil, que había conocido poco antes por primera vez. Otro chimpancé entrenado en el uso de los signos describió un pepino como una «banana verde» y otro se refirió a un Alka-Seltzer como «la bebida que se oye». Pueden, incluso, inventar signos. Cuando Lucy envejeció, hubo que ponerle una traílla para sacarla de paseo. Un día, impaciente por salir, pero no disponiendo de signo alguno para «traílla», manifestó su deseo agarrando con el dedo índice el cierre del anillo de su collar. Este signo pasó a formar parte de su vocabulario. A algunos chimpancés les gusta dibujar, y especialmente pintar. Los que han aprendido el lenguaje de signos a veces etiquetan sus trabajos espontáneamente: «Esto [es] manzana», o ave, o maíz tierno, o cualquier cosa. El hecho de que las pinturas parezcan a nuestros ojos notablemente distintas a los objetos representados por los artistas hace pensar que los chimpancés son malos dibujantes (¡o que tenemos mucho que aprender del arte representativo de los simios!).

Algunas veces la gente se pregunta por qué los chimpancés han desarrollado unos poderes intelectuales tan complejos cuando su vida salvaje es tan simple. La respuesta es, por supuesto, que su vida en libertad no es tan simple. Ellos emplean –y necesitan– sus habilidades intelectuales en el día a día de su compleja sociedad.

Continuamente tienen que tomar decisiones, como dónde ir o con quién viajar. Necesitan imperiosamente desarrollar su habilidad social, particularmente aquellos machos que luchan por un puesto elevado en la jerarquía dominante. Los chimpancés de nivel inferior deben aprender a engañar –a ocultar sus intenciones, o bien a hacer las cosas en secreto– si quieren seguir viviendo con sus superiores. En realidad, el estudio de los chimpancés en libertad nos sugiere que sus habilidades mentales se han desarrollado durante milenios para poder hacer frente a su vida diaria. Hoy, el volumen de datos fiables acerca de la inteligencia de los chimpancés, obtenidos con tanto cuidado en los laboratorios, constituye una valiosa base para los que estudiamos los casos de inteligencia y conducta racional en la selva.

Es más fácil estudiar la destreza mental en el laboratorio, donde, mediante test cuidadosamente elaborados y un empleo juicioso de las recompensas, los chimpancés pueden verse animados a superarse a sí mismos y a exprimir sus mentes hasta el límite. Pero, si bien resulta mucho más dificultoso, tiene más sentido realizar los estudios en la naturaleza. Tiene más sentido porque podemos comprender mejor la presión ambiental que conduce a la evolución de la habilidad mental en las sociedades de los chimpancés. Y es más difícil porque, en libertad, casi todas las conductas pueden verse influidas por incontables variables; los años de observación, grabación y análisis ocupan el lugar de los test elaborados; las mediciones pueden ser contadas con los dedos de la mano; los únicos experimentos los realiza la propia naturaleza, y sólo el tiempo termina por proporcionar una respuesta.

En la naturaleza, una simple observación puede tener un significado importante y constituir la clave de algún enrevesado enigma relativo a ciertos aspectos del comportamiento, la clave para comprender, por ejemplo, un cambio de relación. Obviamente, resulta crucial observar el mayor número posible de incidentes de este tipo. Durante los primeros años de mi estudio en Gombe quedó claro que una sola persona sólo podía comprender una fracción de lo que ocurría en una comunidad de chimpancés en un momento dado. Y así, a partir de 1964, fui formando poco a poco un equipo de investigación que me ayudara a obtener información sobre la conducta de nuestros parientes vivos más cercanos.

3. El centro de investigación

El Centro de Investigación de Gombe Stream creció a partir de un tímido comienzo hasta convertirse en uno de los centros de investigación de campo más dinámicos del mundo para el estudio del comportamiento animal. Los dos primeros ayudantes de investigación se unieron a mí en 1964. No tardamos mucho en darnos cuenta de que había más trabajo del que tres personas podían abarcar, a pesar de que mi marido, Hugo, estaba también allí para ayudar. Y así solicitamos fondos adicionales para contratar a algunos estudiantes. Casi todos ellos sucumbieron al hechizo de Gombe y nos devolvieron nuestra fe en ellos ayudándonos a reunir más y más datos sobre la vida de los chimpancés.

En 1972 teníamos a veces hasta veinte estudiantes; por aquel entonces no sólo estudiábamos a los chimpancés, sino también a los babuinos. Había estudiantes gradua dos en diversas disciplinas, principalmente antropología, etología y psicología, procedentes de universidades de Estados Unidos y de Europa. También teníamos alumnos del programa biológico interdisciplinario sobre el hombre de la Universidad de Stanford y del departamento de zoología de la Universidad de Dar es Salaam. Los estudiantes dormían en minirrefugios, pequeños cobertizos de chapa de aluminio ocultos entre los árboles, cerca del campamento, pero se reunían en el comedor para comer. Era un edificio funcional de cemento y piedra que estaba en la playa; había sido construido por mi viejo amigo George Dove, en cuyo campamento, en Serengeti, estuvimos Hugo y yo cuando Grub era un bebé. George había construido también oficinas y una cocina con un horno de leña. E instaló un generador, de manera que podíamos disponer de un poco de electricidad, lo que nos reportó mayor comodidad para el trabajo nocturno y nos permitió asimismo utilizar un congelador que nos hizo olvidar la pesadilla del abastecimiento de alimentos. George construyó incluso una casita de piedra para usar como cuarto oscuro.

La vida en el centro de investigación era agitada. Además de la tarea principal, consistente en la observación de animales y recogida de datos, se organizaban seminarios semanales en los que hablábamos sobre nuestros hallazgos y planeábamos mejores maneras de reunir los datos de los distintos estudios. Había un espíritu de colaboración entre los estudiantes, un deseo de compartir información, que era, en mi opinión, bastante inusual. No fue fácil fomentar esa actitud de generosidad: al principio, muchos de los estudiantes graduados se mostraban incomprensiblemente reticentes a aportar sus preciosos datos al centro de información. Pero yo sabía que teníamos que hacerlo si queríamos llegar a dominar la extraordinaria y compleja organización social de los chimpancés y documentar su vida con la mayor amplitud posible. No sólo me ayudaron muchos estudiantes, sino también Dave Hamburg, jefe del departamento de psiquiatría de la Universidad de Stanford. Él fue quien trajo a los estudiantes de biología humana. Y aunque estos jóvenes apenas estuvieron algo más de seis meses en Gombe, poseían tan buena formación antes de venir a África que sus aportaciones resultaron muy valiosas.

Aunque por entonces no podíamos saberlo, lo más importante para el futuro de la investigación en Gombe fue la preparación del personal de campo tanzano. Desde 1968, cuando una estudiante cayó por un precipicio mientras seguía a unos chimpancés y perdió trágicamente la vida, se tomó como norma que cada estudiante subiera al monte acompañado por un tanzano. Así, si ocurría un accidente, uno de los dos podía ir a pedir ayuda. Poco a poco estos hombres adquirieron una serie de conocimientos que los hicieron imprescindibles: conocían a los chimpancés por su nombre, podían identificar a los recién llegados y eran expertos en encontrar su camino en aquel terreno escabroso. En 1972, empezaron a recoger datos por sí mismos –por ejemplo, marcando la ruta seguida por un determinado chimpancé en un mapa, anotando las relaciones que mantenían él o ella durante la jornada e identificando las diferentes especies de plantas que comían–. Los estudiantes graduados aprovechaban muy bien esta fuente de datos, y se aseguraban de la buena formación de sus ayudantes de campo. De vez en cuando yo asistía a seminarios en suajili, su lengua nativa, durante los cuales discutíamos varios aspectos del comportamiento de los chimpancés y los babuinos, y daba charlas sobre otros primates no humanos en diferentes partes del mundo. Y de este modo, el personal de campo comenzó a estar progresivamente mejor informado y más interesado y a ser más entusiasta.

Me sentía inmensamente orgullosa de haber reunido este grupo, y la calidad y la cantidad de la información que allí se recogía eran extraordinarias. Aun así, había momentos en que recordaba mis primeros días en Gombe con profunda nostalgia; los verdaderos comienzos, cuando mis únicos compañeros eran mi madre, Dominic, el cocinero, y Hassan, que con su pequeña barca llegaba hasta Kigoma para comprar provisiones. Yo había trabajado de una forma increíblemente dura, obligándome a trepar al Pico al amanecer y permaneciendo allí hasta que las montañas quedaban en sombras por la llegada de la noche. Para mí no había fines de semana ni vacaciones. Pero era joven y, físicamente, aguantaba y me enorgullecía de ello. Podía moverme a través del bosque sabiendo que los únicos seres que iba a encontrar durante todo el día serían los chimpancés, o los babuinos, o algunas de las criaturas salvajes que habitan estos exuberantes valles o las abiertas laderas de las montañas. Pero el cambio fue inevitable: no había posibilidad alguna de que una sola persona, no importa de qué modo se organizase, pudiese realizar un estudio que realmente comprendiese el conjunto de los chimpancés de Gombe. Aquí, en el centro de investigación, el creciente número de personas que se mueven por el bosque ha disminuido la posibilidad de pasar las horas en absoluta soledad.

En realidad, en 1972 pasé sólo periodos muy cortos con los chimpancés a pesar de que, aparte de los tres meses al año que dedicaba a la enseñanza en el programa de biología humana en Stanford, vivía permanentemente en Gombe. La razón fue que, después de pasar los años anteriores contemplando a las madres chimpancés criar a sus hijos, yo estaba intentando ahora criar a mi propio hijo. Tenía muy claro que un fuerte vínculo afectivo con la madre era positivo para el futuro de un chimpancé. Sospechaba que lo mismo debía de ser cierto para los seres humanos, y el trabajo de hombres como René Spitz y John Bowlby me lo confirmó. Y así, mientras los estudiantes pasaban la mayoría de su tiempo en el campo, yo pasaba mucho tiempo con Grub. (Su verdadero nombre es Hugo, pero incluso ahora es conocido como Grub por su familia y sus amigos.) Solía trabajar por la mañana en la administración, y también escribiendo, y me dedicaba a Grub por las tardes.

Desde luego, me mantuve al corriente de todo lo que ocurría en la comunidad de chimpancés. Las conversaciones de cada noche, en medio del bullicio, rara vez versaban sobre algo que no fuesen los chimpancés o los babuinos. Podía seguir, aunque a través de las explicaciones de mis colegas, la rivalidad por el dominio entre Humphrey, Figan y Evered. Recibía informaciones diarias de las explosiones adolescentes de Flint y Goblin, Pom y Gilka, y de las aventuras sexuales de Gigi. Además, casi siempre veía al menos a uno o dos chimpancés durante mis visitas al campamento.

Ocasionalmente, Grub y yo recibíamos la visita de los chimpancés en nuestra casa en la playa. Una vez, Melissa y su familia pasaron por la galería y miraron a través de la reja de nuestra sala de estar, precisamente después de que alguien regalase a Grub dos conejitos. No hay conejos en Gombe, así que los chimpancés estaban claramente fascinados. Goblin, con la curiosidad propia de un adolescente, permaneció agarrado a la ventana mirando y mirando hasta bastante después de que su madre y su hermana menor perdieran el interés y se marcharan. Por cierto que aquellos conejos resultaron ser un fantástico par de animales domésticos, muy afectuosos y extremadamente entretenidos. Y me enseñaron mucho; hasta entonces no tenía ni idea, por ejemplo, de que a los conejos les encanta la carne. ¡Y aún me quedé más sorprendida cuando los vi cazando y comiendo arañas!

Se sabe que los chimpancés capturan y comen niños humanos, así que, para que Grub tuviera la máxima seguridad, Hugo y yo construimos nuestra casa en la playa del lago porque los chimpancés raramente iban por allí. Los babuinos, sin embargo, sí frecuentan la orilla del lago y nuestra casa quedaba situada en el corazón de los dominios del grupo de la playa. Como resultado, yo pasaba más tiempo que nunca observándolos. No sólo constituía en sí misma una buena experiencia de aprendizaje, sino que me proporcionaba una nueva perspectiva acerca del comportamiento de los chimpancés, indicándome aspectos en los que estos diferían de otros monos, como los babuinos. Los chimpancés son claramente más «intelectuales» que los babuinos, como lo demuestra, por ejemplo, el uso que hacen de objetos como herramientas. Pero los babuinos se adaptan mucho más que los chimpancés. Hay babuinos en toda África, de norte a sur y de este a oeste; en cambio, los chimpancés, de naturaleza prudente y conservadora y con una tasa más baja de reproducción, se encuentran sólo en el cinturón de la selva tropical.

Pero desde muy al principio los babuinos de Gombe, valientes y oportunistas, se mostraron rápidos en probar cualquier nuevo alimento humano que pudiera caer en sus manos; y casi sin excepción, lo encontraban sumamente deseable. Había una constante lucha de inteligencia entre los humanos de Gombe por un lado y los babuinos por otro, una lucha que, con demasiada frecuencia, ganaban los babuinos. En vano implantamos unas normas: no comer en el exterior y no tirar los restos de comida fuera, excepto en los cubos de basura cerrados. Las puertas de la casa debían permanecer siempre cerradas. Todos debían obedecer las normas, pero siempre había alguien que alguna vez las olvidaba o que se equivocaba pensando: «Bueno, ahora no hay ningún babuino por los alrededores». Y éstos eran los momentos que los babuinos esperaban.

El babuino Crease era un ladrón inveterado. Acostumbraba a sentarse durante horas, oculto entre el espeso follaje de algún árbol detrás de nuestras casas, lejos del resto de la tropa. Si olvidábamos cerrar la puerta, aunque fuera por unos momentos, aprovechaba la oportunidad para hacer una rápida incursión. Muchas veces se apoderaba de una hogaza de pan, huevos, pifias o papayas, o, de un zarpazo, cogía cualquier cosa de una estantería, hasta que pusimos fuertes multas para castigar aquellos comportamientos descuidados que provocaran estas depredaciones. Una vez robó una lata recién abierta de casi un kilo de margarina y, sentándose, dedicó las dos horas siguientes a consumir el contenido lentamente y con aparente placer.

Un día Grub me contó muy emocionado una aventura de Crease. Empezó cuando un *water-taxi* (así llamábamos nosotros a las barquitas que transportaban viajeros arriba y abajo del lago) se estropeó cerca del centro de investigación. Estaban sacando la barca a la playa y retirando el motor para repararlo, y los pasajeros salieron a estirar las piernas. De algún modo Crease llegó a enterarse de que en la barca vacía había una carga de harina de casabe (mandioca). Sin dudarlo un instante, el viejo réprobo saltó a bordo. Pero justo en el momento en que abría uno de los sacos y empezaba a llenarse la boca de comida, la barca empezó a moverse hacia el lago. Entonces, percatándose de repente de que la orilla se estaba alejando, Crease entró en pánico. Saltando de un lado a otro de la embarcación, caía una y otra vez dentro del saco abierto, de manera que se levantaron nubes de polvo blanco que le hacían estornudar. Por fin uno de los estudiantes se apiadó de él y, entre risas, acercó la barca a la orilla. Crease desembarcó, con poco digno apresuramiento y cubierto de nieve como un adorno navideño.

En realidad, los babuinos, a diferencia de los chimpancés, saben nadar. Algunas veces, cuando el agua está en calma, los jóvenes van al lago a divertirse e incluso se sumergen y nadan bajo el agua. Durante un incidente de agresión el babuino puede escapar de sus perseguidores corriendo hacia el lago y esperar allí hasta que las cosas se hayan calmado en tierra.

Se dice que el lago Tanganica es la mayor masa existente de agua incontaminada: es el lago más largo del mundo y el segundo en profundidad. A veces grandes tormentas lo barren de una punta a otra, formando enormes olas en su superficie. Casi cada año hay pescadores que se ven arrastrados por el viento hacia Zaire; muchos de ellos no han regresado jamás. Y existen otros peligros, demasiados, agazapados en las profundidades cristalinas del lago. Los cocodrilos lo han abandonado, pero hay cobras de agua que viven entre las grandes rocas que emergen del agua en los promontorios de las bahías. No hay antídoto seguro para la mordedura de estas largas y brillantes serpientes de color pardo que presentan bandas negras alrededor de su cuello. Por eso me preocupaba cuando Grub nadaba en el lago. Pero en muchos aspectos Gombe constituía un entorno maravilloso para criar a un niño.

Grub pasó gran parte de su primera infancia jugando en las orillas del lago, y probablemente fue allí, rodeado por los pescadores nativos, donde adquirió su pasión por la pesca. Como cualquier chico, mostraba una increíble paciencia cuando había que desenmarañar una red de pesca enredada hasta la desesperación. Yo me habría marchado a los dos minutos; pero él persistía toda la mañana, y algunas veces por la tarde, hasta que la red quedaba completamente desenredada en la terraza, con sus corchos, lista para usar antes del anochecer. Y a la mañana siguiente, después del emocionante examen de las capturas, el laborioso proceso tenía que llevarse a cabo otra vez.

Cuando Grub tenía cinco años comenzó un curso escolar por correspondencia, supervisado por una serie de tutores, jóvenes que se hallaban entre la escuela y la universidad y disfrutaban de la oportunidad de ver Gombe y a los chimpancés a cambio de sus servicios. Pero tenía, además, muchas oportunidades de pescar y de bañarse en el lago. Por entonces Maulidi Yango entró en la vida de Grub. Maulidi, empleado para desbrozar los caminos de la selva, tiene un espléndido físico y es fuerte como un roble. Los recién llegados a Gombe se asustaban al ver todo un árbol moverse ante ellos a lo largo del camino: luego, en alguna parte, debajo del árbol, veían a Maulidi. Sencillo, con un gran sentido del humor, Maulidi se convirtió en el héroe de la infancia de Grub. En realidad, Grub sostiene que Maulidi tuvo más importancia a la hora de moldear su carácter que cualquier otra persona de fuera de la familia. Era un espectáculo corriente en Gombe ver a Maulidi tumbado en la arena mientras Grub nadaba; a Maulidi remando mientras Grub pescaba o a Maulidi comiendo y disfrutando de su siesta mientras Grub le esperaba. Siguen siendo grandes amigos.

Una mañana Grub vino a decirme que Flo y Flint estaban a punto de pelearse. Por esa época Flo era ya realmente vieja. Sus dientes estaban gastados y tenía problemas para encontrar alimentos suficientemente blandos. En el campamento le proporcionábamos raciones extra de bananas y cuando se acercaba a la casa yo siempre le daba huevos. Pero aun así, empezó a debilitarse más y más. A veces aún mostraba destellos del espíritu indomable que, sin duda alguna, le había permitido llegar a tan avanzada edad.

Y así lo hizo aquella mañana. La encontré sentada en el suelo, con apariencia fría y triste, pues terminaba de caer uno de esos cortos y fuertes aguaceros que suelen pillarnos desprevenidos en medio de la estación seca. A su lado, Flint provocaba a Crease. El viejo babuino se ocupaba de sus propios asuntos, pero Flint seguía agitando las ramas mojadas de encima de su cabeza, duchándole con las gotas. Por fin Crease, que había permanecido con la cabeza gacha tratando de ignorar a Flint, perdió la calma y saltó hacia su torturador, amenazándolo. Flint gritó y en un momento Flo apareció en escena. Cargó contra Crease profiriendo potentes gritos de amenaza. ¡Y Crease huyó!

Unas semanas después, Crease intentó coger uno de los huevos que yo daba a Flo. Ella se erizó al instante, se incorporó y corrió hacia el babuino agitando los brazos y golpeándolo. Y Crease se retiró y se sentó a mirar desde una considerable distancia mientras la anciana hembra saboreaba tranquilamente los huevos, de uno en uno, masticándolos con hojas.

A veces yo seguía a Flo y a Flint cuando pasaban por delante de casa. De vez en cuando Flint aún intentaba subir a los hombros de su madre, y creo que ella lo habría llevado si hubiese estado lo bastante fuerte. Pero no aguantaba su peso y, por tanto, Flint tenía que andar. Incluso sin él a sus espaldas, Flo tenía que sentarse a descansar frecuentemente durante los viajes, y Flint llegaba a impacientarse y continuaba adelante, lloriqueando, cuando ella no le seguía. A veces retrocedía y, con mala cara, la empujaba vigorosamente, intentando obligarla a seguir. Cuando ella insistía en seguir descansando, él no sólo no la dejaba en paz, sino que la molestaba tirando de sus manos hacia él y gritando malhumorado si ella se negaba a moverse. Una vez llegó a empujarla fuera de un nido, de modo que cayó estrepitosamente al suelo. A veces sentía ganas de abofetearlo. Estaba claro que Flo habría estado muy sola sin él. Se movía tan lentamente que incluso su hija Fifi raramente viajaba con ella, y por aquel entonces Flo se había vuelto tan dependiente de Flint como él lo era de ella. Recuerdo una vez que, cuando llegaron a un desvío en el camino, Flo eligió una senda y Flint la otra. Yo seguí a Flo. Pasados unos minutos se paró, miró atrás y emitió unos pequeños y tristes gemidos. Se detuvo un momento esperando, supongo, a que Flint cambiase de opinión. Como él no apareció, ella volvió sobre sus pasos y se fue detrás de su hijo.

Recibí la noticia de su muerte una mañana brillante y clara. Su cuerpo había sido encontrado yaciendo boca abajo en el arroyo de Kakombe. Aunque yo sabía que el fin estaba cerca, eso no mitigó mi dolor cuando vi sus restos. Hacía once años que la conocía y la quería de verdad.

Aquella noche vigilé su cuerpo para evitar que lo profanaran los cerdos salvajes que merodeaban por allí. Flint todavía estaba por allí cerca y su dolor habría sido peor si hubiera encontrado el cuerpo de su madre desgarrado y medio devorado. Mientras la velaba a la brillante luz de la luna, pensé en la vida de Flo. Durante casi cincuenta años debía de haber vagado por las colinas de Gombe. Y aunque yo no hubiera llegado a registrar su historia, a invadir la intimidad de ese escabroso terreno, la vida de Flo habría tenido, en sí misma y por sí misma, un significado y un valor lleno de objetivos, vigor y amor a la vida. ¡Y cuánto aprendí de ella en el curso de nuestra larga relación! Porque ella me enseñó a honrar el papel de la madre en la sociedad y a apreciar no solamente la inconmensurable importancia que una buena madre tiene para un hijo, sino también la alegría y el gozo que esa relación puede proporcionar a la madre.

4. Madres e hijas

«Los modales hacen al hombre», escribió el poeta William de Wykeham. Pero ¿quién hace los modales? Quizá podamos aventurar que «la madre hace los modales», además, por supuesto, de algunas experiencias tempranas y una buena cantidad de herencia genética. Los roles relativos de «naturaleza» versus «crianza» han provocado muchas y agrias discusiones en los círculos científicos en los últimos años, pero las llamas de la controversia ya se han apagado, y se acepta generalmente que, incluso en los animales inferiores, el comportamiento adulto se alcanza a través de una mezcla de genética y de la experiencia adquirida por el individuo a lo largo de la vida. Cuanto más complejo es el cerebro de un animal, mayor es el papel que la enseñanza puede desempeñar en el modelado de su comportamiento, y más variaciones podemos encontrar entre un individuo y otro. La información obtenida y las lecciones aprendidas durante la infancia, cuando el comportamiento es flexible al máximo, parecen tener una especial importancia.

Para los chimpancés, cuyos cerebros se parecen más a los de los seres humanos que a los de cualquier otra especie, la naturaleza de las primeras experiencias puede tener mucha influencia en la conducta del adulto. En mi opinión son especialmente importantes la disposición de la madre del niño, la posición de él o de ella en la familia y, si hay hermanos mayores, su sexo y personalidad. Una infancia segura induce la confianza en sí mismo y la independencia cuando se llega a la edad adulta. Unos primeros años de vida desordenados pueden dejar secuelas permanentes. En libertad, casi todas las madres cuidan de sus hijos con relativa eficiencia. Pero también se dan casos de diferentes técnicas de educación. Sería difícil encontrar dos hembras que hubiesen podido recibir trato más distinto durante sus primeros años que la hija de Flo, Fifi, y la hija de Passion, Pom. De hecho, Flo y Passion son los dos extremos opuestos de una escala: la mayoría de las madres ocupan su lugar entre estos dos extremos.

Fifi tuvo una infancia maravillosa y despreocupada. La vieja Flo era una madre sumamente competente, afectuosa, tolerante, juguetona y protectora. Figan formaba parte de la familia cuando Fifi estaba creciendo, se sumaba a los juegos cuando Flo no estaba de humor y solía transigir con su hermana menor en sus peleas infantiles. Faben, el primogénito de Flo, acostumbraba también a estar por allí. Flo, que era la hembra dominante cuando la conocí, era muy sociable. Pasaba bastantes ratos con otros miembros de la comunidad y tenía una relación relajada y amigable con la mayoría de los machos adultos. En este ambiente social, Fifi se convirtió en una pequeña enérgica y segura de sí misma.

Comparada con la de Fifi, la infancia de Pom fue poco agradable. La personalidad de Passion era tan distinta de la de Flo como el día y la noche. Cuando yo la conocí, a principios de los años sesenta, era incluso una hembra solitaria; no tenía compañeras cercanas y en aquellas ocasiones en que se encontraba en un grupo con machos adultos su relación con ellos era inquieta y tensa. Era una madre fría, intolerante y brusca, y rara vez jugaba con su pequeña, especialmente durante los dos primeros años de vida. Y como Pom fue su primera cría que sobrevivió, no tenía hermanos con los que jugar durante las largas horas en que ella y su madre permanecían juntas. Pasó una época difícil durante sus primeros meses, por lo que se convirtió en una pequeña nerviosa y enmadrada, siempre temerosa de que su madre se fuera y la dejara atrás.

Así pues, no es sorprendente que Pom y Fifi reaccionaran de modo distinto ante los diversos desafíos que una hembra joven debe afrontar cuando tiene que crecer en libertad.

Todos los chimpancés se alteran y deprimen durante el difícil tiempo del destete, cuando la madre impide a la cría, con creciente frecuencia y determinación, tanto mamar como montar en sus espaldas. Esto sucede normalmente al cuarto año. Durante unos cuantos meses Fifi se mostró sensiblemente menos alegre y juguetona; pasaba cada vez más tiempo sentada en estrecho contacto con su madre, mirándola pensativa y melancólica. Pero superó su depresión rápidamente y para cuando nació su hermano Flint, que le seguía en edad, volvió a ser la Fifi de siempre, sociable, enérgica y segura de sí misma.

La depresión de Pom, sin embargo, parecía que iba a continuar eternamente. Fue interesante comprobar cómo durante el tercer año de vida de su hija, la actitud de Passion hacia ella se dulcificó: se hizo más paciente y juguetona. Y Pom, probablemente como resultado directo de ello, empezó a experimentar poco a poco menos ansiedad. Pero estos signos de mayor bienestar psicológico desaparecieron durante el trauma del destete. Fue, claramente, una experiencia más perturbadora para Pom que para Fifi, a pesar de que Passion, para mi sorpresa, se mostraba notablemente tolerante. Casi siempre respondía a las peticiones de Pom para que la acicalara y le permitía incluso montar en su espalda sin demasiadas protestas. Después de que tuviéramos la seguridad de que ya no tenía leche, pasó semanas permitiendo a Pom sentarse junto a ella con un pezón en la boca y los ojos cerrados, a veces hasta veinte minutos. Pero nada parecía ayudarla. El hecho de que Pom fuera incapaz de aceptar el destete se debió, casi con toda seguridad, al áspero trato recibido en su infancia. Lo único que solía recibir de su madre era la leche, y ahora, cuando súbitamente ésta le era denegada, volvió su anterior sensación de inseguridad. Sólo unas semanas antes de que Passion tuviera su siguiente cría, Pom dejó de tratar de mamar.

Para todos los chimpancés jóvenes el nacimiento de un nuevo bebé en la familia señala el fin de una era, un importante escalón hacia su independencia, aunque aún tendrán que pasar entre tres y seis años antes de que empiecen a dejar a su madre y a entrar en el mundo de los adultos. Fifi tenía alrededor de cinco años y medio cuando Flint nació. Ahora que Flo tenía una criatura que cuidar, no podía dedicar toda su atención a Fifi. Pero, lejos de disgustarse, Fifi estaba totalmente fascinada y contenta con el nuevo bebé, y durante sus dos primeros años de vida dedicó horas a jugar con él, acicalándolo y llevándolo a cuestas en los desplazamientos familiares. Ahuyentaba celosamente a los jóvenes cuando querían jugar con él, al menos cuando era muy pequeño, y ayudaba a Flo a rescatarle en situaciones potencialmente peligrosas.

Pom, al igual que Fifi, se mostró al principio curiosa y fascinada cuando nació Prof. Pero pronto, cuando pasó la novedad, volvió al estado depresivo en el que se encontraba antes del nacimiento de su hermano. Y permaneció aletargada y lánguida durante el primer año de vida de Prof, demostrando rara vez interés por él. Ni siquiera cuando éste, a los cinco meses, comenzó a andar a trompicones –situación que Fifi había encontrado irresistible–, Pom continuó sin hacerle ningún caso. Rara vez le transportaba, y cuando jugaban, lo que no era frecuente, era Prof quien solía iniciar el juego. Poco a poco, sin embargo, superó su depresión y su hermano pasó a resultarle más atractivo. Empezó a llevarlo a la espalda y a jugar con él con más frecuencia. Se volvió asimismo muy protectora. Una vez, por ejemplo, en que Pom conducía a su familia a través del bosque, vio una gran serpiente enroscada junto al sendero. Emitiendo un pequeño «huu» de aviso, se subió a un árbol. Prof, que tenía entonces tres años y andaba trastabillando detrás de su hermana, al parecer no vio la serpiente. O si la vio, no pensó en un posible peligro. Tampoco pareció compren-

der el discreto aviso de Pom. Passion, que iba en la reta-
guardia, estaba muy lejos. De repente, cuando Prof estaba a pocos metros de la serpiente, Pom, erizada de
miedo, bajó corriendo del árbol, cogió a su hermanito y
trepó hasta ponerlo en lugar seguro.

El siguiente trastorno importante en la vida de una
chimpancé joven tiene lugar cuando, aproximadamente
a los diez años, se vuelve sexualmente atractiva por primera vez para los machos grandes. Fifi estuvo encantada
con esta nueva experiencia. Algunas veces, cuando un
macho estaba evidentemente desinteresado por lo que
ella tenía que ofrecer, se reclinaba muy cerca de él y, esperando a pesar de todo, lo miraba fijamente. O, mejor
dicho, miraba fijamente una parte de su anatomía que estaba, en lo que a ella concernía, decepcionantemente inerte. Una vez llegó tan lejos que pellizcó el fláccido apéndice... con resultados sumamente satisfactorios. Pronto se
hizo evidente que los machos veían a Fifi como una pareja
sexual muy deseable. No tenía el mismo *sex appeal* que
Flo irradiara en otro tiempo; pero en aquellos días, después de todo, era también más joven e inexperta.

Cuando Pom, a su vez, pasó a ser sexualmente atractiva para los machos adultos por primera vez, halló en
ello, lo mismo que Fifi, una nueva y placentera experiencia y apremiaba a cualquier macho que diera muestras
de interés. Pero mientras que Fifi permanecía tranquila
y relajada cuando cumplía con las exigencias sexuales de
los machos, Pom se agachaba delante de ellos, tensa y nerviosa, y, una vez finalizada la interacción, se alejaba de un
salto, a menudo chillando. Desarrolló comportamientos
extraños, neuróticos. Solía suceder, por ejemplo, que cuan-

do iba a saludar a un macho, emitía fuertes gritos y frenéticos jadeos de sumisión y, agachándose delante de él, alargaba una mano hacia su cara para alejarse de un salto después. Los machos se mostraban irritados ante esta conducta y a veces la amenazaban o incluso la atacaban. Y así, en un círculo vicioso, su nerviosismo y su tensión fueron en aumento. No era extraño que Pom estuviera lejos de ser una pareja sexual tan popular como Fifi lo había sido cuando tenía su misma edad.

La hembra adolescente de chimpancé, igual que sucede en la especie humana, pasa por una fase infértil característica entre la menarquia y la primera concepción. Tanto para Fifi como para Pom, este periodo duró unos dos años, durante los cuales unos diez días al mes estaban en celo y eran sexualmente atractivas y muy receptivas con respecto a los machos adultos. Estos meses fueron claramente beneficiosos para Fifi. Aunque Flo acompañaba algunas veces a su hija cuando iba en busca de compañía masculina, era ya vieja, así que Fifi solía salir sin ella. De este modo aprendió cómo moverse en la sociedad de los adultos sin el apoyo de una madre de jerarquía superior. Como maduraba socialmente y confiaba cada vez más en sí misma, completó su evolución y pasó a ser más fuerte; más capaz de salir adelante cuando, por fin, se convirtiera a su vez en madre.

Sin embargo, Fifi, a la vez que iba haciéndose cada vez más independiente y experimentada, no dejaba de volver a reunirse con su madre después de cada periodo de coqueteo con los machos. Y, así, continuaba siendo parte importante de la familia cuando en 1968 Flo dio a luz a su último bebé. Tristemente, el pequeño Flame vivió sólo seis meses, pero durante este tiempo Fifi, siempre que tenía oportunidad –cuando no estaba sexualmente pendiente de los machos–, disfrutaba llevando al pequeño, acicalándolo y jugando tranquilamente con él, adquiriendo así una experiencia adicional en habilidad materna.

Hacia el final de sus dos años de infertilidad, Fifi copulaba frecuentemente con uno u otro de sus pretendientes en los alrededores de los límites de la comunidad. La pareja permanecía allí –si es que el macho podía conseguirlo– separada de los demás machos, mientras duraba la hinchazón de Fifi. Durante este tipo de emparejamientos es cuando los machos pueden tener la oportunidad de engendrar un descendiente. De hecho, es casi seguro que el primer hijo de Fifi no fuese engendrado por un macho de su propia comunidad, sino por uno de los machos de Kalande, en el sur, ya que ella efectuó un buen número de visitas a ese territorio obedeciendo al peculiar impulso de vagabundear, de entrar en contacto con machos foráneos y copular con ellos que hemos observado en la mayoría de las hembras durante el final de su adolescencia. Y parece que ella concibió durante una de estas excursiones. Una vez preñada, Fifi volvió a su propio territorio. Su relación con Flo y con Flint, de siete años, pasó a ser todavía más estrecha una vez que sus impulsos sexuales estuvieron, por el momento, aquietados.

La adolescencia de Pom fue más turbulenta. Por aquel entonces el vínculo entre ella y su madre era muy fuerte; en algunos aspectos, más que el que había entre Fifi y Flo. Passion defendía siempre a su hija durante las riñas con otras hembras de la comunidad, de modo que Pom se había vuelto enérgica y agresiva en su trato con ellas. Cuando Passion no estaba cerca, las otras solían desquitarse peleando con Pom. Pero si Passion estaba lo bastante cerca como para escuchar los gritos de Pom, corría a defenderla y madre e hija, juntas, castigaban a la hembra implicada. Y por lo general Pom intentaba ayudar y apoyar a su madre de la misma manera.

Recuerdo claramente un incidente de este tipo. Yo había seguido a Pom toda la mañana y estaba observando cómo ella y otra hembra, Nope, buscaban termitas. En ese momento oímos unos jadeos y *huts* y luego unos gritos más lejos, como a un kilómetro y medio, al oeste, en el valle. Ambas hembras se giraron hacia los ruidos, pero mientras que Nope volvió a comer, Pom siguió mirando hacia el oeste. Después de unos momentos, hubo otra explosión de gritos. Nope no prestó atención, pero Pom hizo una pequeña mueca de temor, tocó a Nope y siguió mirando al grupo lejano. Un minuto después llegó el grito frenético de un chimpancé atacado. Instantáneamente, con un chillido de miedo, Pom desapareció corriendo en dirección a los ruidos. Por suerte para mí, había un camino levemente marcado y no me quedé demasiado atrás. Corrimos durante unos quinientos metros y luego, mientras yo quedaba enredada en unas trepadoras, vi a Pom junto a su madre, acicalándola. Tanto Passion como Prof, que permanecía en lo alto de un árbol, estaban sangrando por unas heridas recientes, sin duda recibidas durante los ataques que acabábamos de oír. Un macho adulto cargó contra nosotras, golpeó a Passion y a su hija y, tras el ataque, se fue, dejando a la familia en paz.

Incluso en los periodos en que Pom estaba en celo e iba en busca de gratificación sexual, Passion acostumbraba a acompañarla. Y si Pom viajaba por su cuenta con los machos, solía volver pronto a la tranquilizadora compañía de su madre y del pequeño Prof. Hasta su sexto celo no vimos a Pom durmiendo junto a un grupo de machos lejos de su familia.

Al contrario que Fifi, Pom rara vez aceptaba cortejos, y la razón, al menos en parte, era su relación con Passion, extraordinariamente estrecha. Recuerdo bien una calurosa tarde de septiembre de 1976. Al mediodía había encontrado a Pom acompañada, como era habitual, por su madre y por su hermano. Con ellos estaba Satán, que intentaba desesperadamente llevar a Pom hacia el norte. Pero Pom no quería ir con él. Una y otra vez, con el pelo erizado y ojos amenazadores, Satán sacudió la vegetación ante ella y se fue en la dirección elegida, volviéndose para comprobar si Pom lo seguía o no. Una y otra vez ésta desoyó estas llamadas. En varias ocasiones Satán, exasperado, fanfarroneó en torno a ella, amenazándola. Y cuando esto sucedía, Pom, gritando, corría hacia Passion en busca de refugio. Entonces Passion, vieja como era, lanzaba una mirada furiosa al gran macho y profería una serie de gritos iracundos e inequívocamente violentos. En una ocasión Satán atacó a Pom, y Passion inmediatamente, en medio de furiosos chillidos, apartó por sí misma al asaltante de su hija golpeándolo con los puños. Probablemente Satán se sorprendió tanto como yo. Entonces dejó a la hija y se volvió hacia la madre, aunque la atacó sin mucho brío. Luego, Passion y Pom se acicalaron mutuamente durante un buen rato mientras Satán, ceñudo, se sentaba a su lado. Después sólo hizo dos intentos más de impresionarlas para imponer su deseo, pero unas cuatro horas después de que me encontrara con ellas, se dio por vencido y se marchó en solitario. ¡Pom había estado bien protegida!

El nacimiento del primer bebé es, para la madre, un suceso de importancia extraordinaria. Y en el caso de Fifí, el nacimiento también tuvo para mí una gran importancia. En realidad, durante los ocho meses del embarazo de Fifí estuve casi tan impaciente (aunque no tanto) como lo había estado cuatro meses antes, durante mi propio embarazo. ¿Sería, como yo predecía, el mismo tipo de madre que Flo? Vimos por primera vez a su bebé en mayo de 1971, cuando tenía sólo dos días. Recordando las salvajes aventuras sexuales de la adolescencia de su madre, lo llamamos ¡Freud! Tal como esperábamos, Fifí fue desde el principio una madre relajada y competente. Como había sido Flo antes que ella, era tolerante, afectuosa y juguetona. También mostraba aspectos del singular comportamiento de su madre.

Un día, cuando Freud tenía sólo dos meses, un estudiante me dijo: «¿No era eso lo que Flo solía hacer?». Y allí estaba Fifí columpiando a Freud cogiéndolo por un pie mientras le hacía cosquillas, tal como Flo acostumbraba a hacer con Flint. Hasta entonces nunca habíamos visto a otra madre jugando de esa manera. Fifí lo había intentado, de pequeña, cuando jugaba con el pequeño Flint, pero entonces sus piernas eran demasiado cortas. Ahora imitaba a Flo a la perfección.

Durante el primer año de vida de Freud, Fifí continuó pasando la mayor parte de su tiempo con su madre, pero, para nuestra decepción, Flo mostró poco interés por su nieto. A veces lo miraba y, a medida que crecía, lo toleraba cuando alguna vez se colgaba de su pelo. Pero por aquel entonces Flo ya estaba realmente vieja; apenas le quedaba energía para sostener su frágil cuerpo día tras día y ninguna para excesos como jugar con el pequeño de su hija. Freud sólo tenía quince meses cuando murió su abuela.

¿Y qué fue de Pom y su primer bebé? Cuando nació Pan, tenía ya casi trece años. Yo esperaba que le diese un trato muy similar al que ella había recibido, pero en este caso (afortunadamente para Pan) mis predicciones resultaron muy equivocadas. Pom era una madre más atenta y tolerante que Passion. En realidad, la primera vez que la vi con su bebé, sujetándolo cuidadosamente durante sus viajes siempre que se soltaba, parecía actuar como una auténtica madre. Pero le faltaba algo: Pom no llegó a alcanzar el grado de cariño y eficiencia maternal que demostraba Fifi.

En realidad, y en cierta manera, el comportamiento de Pom reflejaba el modo como había sido educada en su infancia. Le resultó difícil acunar a Pan cuando éste era pequeño, o simplemente no se molestó en hacerlo. A menudo, cuando estaba sentada en un árbol, el pequeño resbalaba de su regazo y se quedaba colgando de ella, agitándose violentamente y pataleando mientras intentaba volver a su posición inicial. Sólo cuando se quejaba Pom miraba hacia abajo y, al parecer sorprendida, lo volvía a colocar en su regazo. Raramente cuidaba de que Pan no se cayese, y a menudo, después de unos minutos, resbalaba de nuevo y se repetía la secuencia. Pom, como

Passion, acostumbraba a desplazarse sin comprobar si su hijo la seguía; pero a diferencia de Passion, casi siempre se volvía con rapidez ante su primer gemido de dolor. Parecía esperar que Pan siempre fuese capaz de seguirla, pero enseguida se daba cuenta de cuándo no podía hacerlo. Pom, como Passion, no era una madre juguetona, pero Pan no sufría, ya que Pom pasaba la mayor parte de su tiempo con Passion y su nuevo hijo, Pax. Y Pax, tan sólo un año mayor que Pan, era un compañero de juegos perfecto.

A pesar de haber resultado una madre mucho mejor de lo que yo esperaba, Pom perdió su tercer hijo. Yo presencié el fatal accidente que le llevó a la muerte. Ocurrió durante una de aquellas mañanas tormentosas de agosto en las que las rachas de viento arrasan el valle, agitando las copas de los árboles y causando grandes estragos. Yo había estado tendida boca arriba durante media hora mirando a Pom y a Pan mientras comían nueces de palma unos trece metros por encima de mí. Pan tenía casi tres años; ya era capaz de sacar el fruto de su cáscara, aunque prefería el que le daba su madre medio masticado. Durante un rato permaneció fuertemente agarrado al pelo de Pom, nervioso a causa de la violencia del viento, como les ocurre a la mayoría de chimpancés. Pero luego cobró valor y se aventuró a ir algo más lejos a pesar del vendaval. De pronto una furiosa ráfaga azotó violentamente las ramas y Pan cayó del árbol como un peluche. Pareció casi flotar en el aire, con los brazos y las piernas extendidos como un águila, como si estuviera tendido en un colchón flotante e invisible. Cuando cayó al suelo, duro como una roca tras el fiero sol del verano, produjo un ruido sordo y angustioso. Un momento después, dos exhalaciones ahogadas desgarradoras y luego el silencio.

Yo estaba temblando cuando me dirigí hacia su cuerpo. Yacía tal como había caído, de espaldas. Tenía los ojos cerrados. Levanté la vista hacia Pom, súbitamente abandonada en el árbol. Estaba mirando fijamente hacia abajo, hacia el suelo. Muy lentamente, como asustada, bajó y se aproximó a su cría. Llegó con cuidado hasta ella y recogió su cuerpecito. Para mi absoluta sorpresa, él la cogió del pelo y se abrazó a ella, sin ayuda, cuando empezó a alejarse. Yo había creído que estaba muerto.

Durante las dos horas siguientes Pom permaneció con su cría, acicalándola. Ninguna madre se habría mostrado más preocupada y solícita. Pan mamó largo rato y luego se recostó sobre Pom con los ojos cerrados. Cuando se movía lo hacía lentamente; parecía, y no era extraño, completamente aturdido. Supuse que, como poco, había sufrido una conmoción cerebral. Acto seguido, Pom cogió a su magullado hijo y lo subió a un árbol alto para comer.

Desgraciadamente esto sucedió el mismo día que yo tenía que dejar Gombe. El barco estaba esperando y no pude seguir la tragedia hasta el final. Tres días después, cuando Pom fue vista otra vez, Pan había muerto. Seguramente por lesiones internas o por fractura de cráneo, o por ambas cosas. Por una extraña coincidencia tres semanas más tarde, en Dar es Salaam, un niño de siete años, hijo del cocinero de un vecino mío, se cayó de un cocotero y se precipitó al suelo, igual que Pan, de espaldas. Le trasladaron rápidamente al hospital, donde le encontraron numerosas lesiones internas, incluyendo el hígado reventado. Le curaron lo mejor que pudieron, pero falleció también poco después.

Sería injusto culpar del accidente enteramente a Pom y acusarla de negligencia. Podía haberle sucedido a cualquier pequeño. Sin embargo, no puedo imaginar a Fifi perdiendo a una criatura de esa manera. Fifi, igual que Flo antes que ella, igual que todas las madres chimpancés verdaderamente atentas, permanece alerta ante cualquier peligro potencial. Con frecuencia «rescata» a su cría antes de que haya comenzado a dar muestras de angustia o temor. Después de la muerte de Pan, comencé a observar cuidadosamente a Fifi cada vez que comía en lo alto de una palmera con alguno de sus hijos en días de viento fuerte. La cría permanecía siempre cerca de ella. Aunque no podría determinar si se debía propiamente a la intervención de Fifi o al temor de la cría, en cualquier caso era lo mismo: si la cría era extremadamente cautelosa es probable que se debiera, al menos en parte, a que sus movimientos habían sido restringidos con firmeza en circunstancias anteriores similares.

Después de la trágica muerte del pequeño Pan, Pom enfermó; estaba tan aletargada y demacrada que creímos que no se recuperaría. En adelante la relación que tenía con su madre pasó a ser tan estrecha que rara vez se separaban. Recuerdo que un día en que accidentalmente se vio sola, Pom buscó a Passion durante casi una hora, gimiendo frecuentemente, encaramándose de vez en cuando a los árboles altos y mirando desde aquellas atalayas en todas direcciones. Hasta cierto punto debieron de ayudarla los efluvios ocasionales del olor característico de Passion, ya que, mientras se trasladaba, se inclinaba repetidamente para husmear el camino o cogía hojas y las olía cuidadosamente antes de dejarlas caer. Cuando finalmente madre e hija se encontraron, Pom se precipitó sobre Passion con pequeños chillidos de emoción y placer, y ambas estuvieron acicalándose más de una hora.

Como veremos, las historias de las vidas de Fifi y Pom han seguido líneas bien distintas. Después de la muerte de su madre, Pom se volvió cada vez más solitaria y acabó abandonando la comunidad. Fifi, en cambio, se convirtió en una de las hembras dominantes de su grupo, manteniendo una amistosa relación con los machos adultos y también con las otras hembras. Asimismo, ha llegado a ser la hembra con más éxito reproductivo de Kasekela hasta hoy. Puede que la mayor contribución de Flo a Fifi fuese genética, o quizás educacional, o ambas cosas; en cualquier caso, la receta funcionó. Y sus dos hijos mayores, que también recibieron el cincuenta por ciento de sus genes de su madre y fueron probablemente educados de la misma manera, se desarrollaron también de acuerdo con la receta de Flo, especialmente el más pequeño de los dos, Figan, que durante algún tiempo fue el macho alfa más poderoso de la historia de Gombe.

5. El ascenso de Figan

Desde el principio estuvo claro que Figan estaba dotado de una inteligencia excepcional, de la que proporcioné numerosos ejemplos en mi primer libro, *A la sombra del hombre*. E igualmente clara era su determinación con respecto a alcanzar la posición más alta en la sociedad de los machos. Figan desarrolló una impresionante exhibición de acometida. Esta exhibición sirve para que un chimpancé parezca más grande y peligroso de lo que realmente puede ser: con el pelo erizado, zarandea la vegetación con sus saltos y arrastra ruidosamente grandes ramas por el suelo lanzándolas luego por encima de su cabeza; coge piedras y las arroja con tal vigor que vuelan impredeciblemente hacia delante, hacia atrás o hacia los lados; patea y manotea el suelo o troncos de árbol, aprieta los labios y frunce el ceño con ferocidad. Y cuanto más salvaje e impresionante es esta exhibición y más cuidadosamente es planeada y ejecutada, más posibilidades hay de intimidar a los rivales sin necesidad de recurrir a un combate físico, durante el cual tanto él como su oponente pueden resultar heridos. Cuanto más pequeño es el individuo, más necesario le resulta trabajar su exhibición.

Ya de adolescente Figan era rápido en percatarse del menor signo de debilidad (como enfermedades o heridas) en alguno de los machos adultos para intentar aprovecharlo. Luego, cuando el macho de categoría superior estaba en desventaja, Figan lanzaba su desafío –su impresionante exhibición– una y otra vez. A menudo era ignorado, incluso amenazado. Pero a veces su audacia surtía efecto y el macho mayor se apresuraba a apartarse de su camino, al menos hasta haberse recuperado. Incluso una victoria provisional como ésta ayudaba a Figan a adquirir confianza en sí mismo.

Cuando Mike depuso a Goliat y alcanzó la máxima posición en la comunidad, Figan tenía nueve años y estaba claramente fascinado por la estrategia imaginativa del nuevo alfa: Mike empleaba bidones vacíos de quince litros en sus exhibiciones, golpeándolos y pateándolos delante de él cuando corría hacia sus rivales, con gran éxito por su parte, pues los intimidaba a todos, incluso a los que eran más grandes que él. Todos los chimpancés estaban impresionados por estas ruidosas, y con frecuencia aterradoras, demostraciones. Pero Figan fue el único al que vimos, en dos ocasiones distintas, «practicar» con los bidones abandonados por Mike. De modo característico —ya que era un maestro en evitar problemas—, lo hacía solamente fuera de la vista de los machos de más edad, que se habrían mostrado intolerantes con este

comportamiento en un simple adolescente. Indudablemente habría llegado a ser tan hábil como Mike si no hu-
biéramos quitado los bidones de la circulación.

La fuerte motivación de Figan para alcanzar la mejor
posición social posible, además de su inteligencia, le des-
tinaba a ser un futuro alfa. Sólo parecía tener un serio in-
conveniente: su naturaleza impetuosa. Durante una intensa excitación social, por ejemplo, a veces empezaba a
gritar incontroladamente y con frecuencia se precipitaba
sobre un individuo cercano, macho o hembra, tocándole
o abrazándole para tranquilizarse. A veces agarraba su
propio escroto. Sin embargo, puesto que yo estaba ter-
minando *A la sombra del hombre,* escribí: «Sospecho
que Figan llegará a ser el macho dominante».

La historia subyacente a la larga lucha de Figan para
alcanzar la posición alfa es fascinante. Gira alrededor de
las complejas y cambiantes relaciones que tuvo con los
machos restantes: su hermano, Faben; su compañero de
la infancia, Evered, y el mayor de los cuatro, el poderoso
y extraordinariamente agresivo Humphrey.

Cuando Faben fue atacado por la polio y perdió el uso
de un brazo, Figan consiguió dominar a su hermano mayor. En los tres años siguientes los dos jóvenes machos
interactuaron muy poco. Por supuesto no habían estado el
mismo tiempo con su madre; probablemente habían crecido separados. En aquel tiempo Faben era amigo de Humphrey y Figan se mostraba claramente molesto en presencia
de machos mucho más grandes y fuertes que él.

Al cumplir Figan los dieciséis años, la naturaleza de su
relación con Faben volvió a cambiar. Los hermanos pasaron a ser cada vez más amigos y por primera vez les vi-

mos uniendo sus fuerzas contra Evered, uno de los rivales de Figan y compañero de juegos infantiles. Ambos hermanos lo vencieron con facilidad, hiriéndole por añadidura.

Algún tiempo antes del ataque, las relaciones entre Figan y Evered habían sido tensas. Cuando se encontraban, efectuaban vigorosos alardes, intentando intimidarse mutuamente. Evered, por ser el mayor, solía triunfar, pero después de ser derrotado por los hermanos empezó a saludar a Figan, cuando se encontraban, con gruñidos nerviosos y jadeantes. Estuvo portándose así algunos meses. Pero la juventud puede resurgir y Evered, al igual que Figan, estaba también muy motivado para ascender en la escala social. Evered recuperó gradualmente la confianza en sí mismo, al menos en parte, porque Figan no siempre estaba con su hermano: Faben se mostraba aún amistoso con Humphrey, y Figan, sabiamente, se dejaba sin duda guiar por el macho más fuerte. Por otra parte, incluso cuando los hermanos estaban juntos, Faben no *siempre* ayudaba a Figan: algunas veces se sentaba a mirar.

En esta época, aunque Mike era aún el líder, comenzaba a mostrar síntomas de vejez. Tenía los dientes gastados, y los caninos, rotos. Su pelo, mate y terroso, empezaba a debilitarse. No es sorprendente que Figan, siempre astuto y perspicaz, fuese el primero en desafiar la autoridad del decaído alfa. Al principio se limitó a ignorar las exhibiciones de Mike: simplemente permanecía sentado mirando en otra dirección. Esto causó el claro efecto de acobardar a Mike, que a veces se exhibía una y otra vez cerca de Figan, intentando desesperadamente provocar alguna señal de respeto. Pero Figan no se dejaba impresionar y, a medida que pasaban las semanas, se exhibía cada vez con más frecuencia cuando Mike estaba cerca. Y pronto Evered también empezó a cuestionar la posición de Mike.

Estos dos jóvenes machos, sin embargo, siguieron mostrando un gran respeto hacia Humphrey. Y el mismo Humphrey, por la fuerza de la costumbre (ya que había podido derrotar a Mike en un combate), todavía respetaba mucho al viejo alfa. Así pues, en 1969 escribí: «Pronto estaremos en una situación en la cual ningún macho dominará completamente. En verdad, algo va a pasar muy pronto».

Y ese algo sucedió un día gris y sombrío de comienzos de enero de 1970.

Mike estaba sentado solo en el campamento, comiendo tranquilamente unas cuantas bananas, cuando de repente Humphrey, seguido de cerca por Faben, bajó de la colina y lo atacó. Sin ningún motivo aparente. Mike, gritando, buscó refugio en un árbol. Humphrey le siguió, le tiró al suelo y le golpeó, dándole patadas. Faben se unió a la pelea y propinó un par de golpes a Mike. Humphrey, que parecía impresionado por lo que había hecho, se fue, y Faben le siguió. Los dos agresores desaparecieron, dejando a Mike visiblemente destrozado, emitiendo grititos de miedo y de dolor.

Todo sucedió con tal rapidez que terminó en un momento. Pero constituyó un hito histórico que marcó el fin de una era: el reinado de seis años de Mike como alfa. Casi de la noche a la mañana se había convertido en uno de los machos con menos prestigio de la comunidad: incluso algunos de los adolescentes lo desafiaban y Mike apenas trataba de defenderse.

Una semana después de su derrota seguí al rey depuesto cuando dejó el campamento. Caminaba lentamente, parando a menudo por el camino para coger y masticar unas cuantas hojas y frutas. Más tarde, bajo el calor del mediodía, dobló unos arbolitos y se tendió sobre ellos para descansar. Yo me apoyé en el nudoso tronco de una vieja higuera. Todo estaba tranquilo y en paz. Mike estaba echado, con los ojos abiertos, mirando al cielo. Mirándole me preguntaba qué estaría pasando por su mente. ¿Recordaría su poder perdido? ¿Somos los humanos, con nuestra continua preocupación por nuestra imagen, los únicos que experimentamos una sensación de humillación? Mike volvió la cabeza y me miró directamente a los ojos. Su mirada parecía serena, tranquila. Quizás, pensé, estaba contento por el descanso que suponía dejar el poder. Después de todo, para un chimpancé dominante es un duro trabajo mantener su posición, aunque sea joven y fuerte. Y Mike era viejo y estaba muy cansado. En ese momento cerró los ojos y se durmió. Más tarde, cuando se despertó, anduvo por el bosque, solitario, disminuido entre los enormes árboles.

Humphrey sucedió a Mike automáticamente como alfa. Pero aunque había conseguido una victoria decisiva, apenas le supuso gloria alguna. Era fuerte y estaba en su mejor momento. Pesaba al menos diez kilos más que el viejo Mike. Nada inexorable había sucedido; tras este ascenso al máximo rango no existía una siniestra determinación ni una serie impresionante de batallas contra un poderoso adversario. Y a pesar de su fuerte constitución y de su fiero temperamento, Humphrey nunca llegó a ser un verdadero e impresionante alfa: era poco más que un matón y carecía de la energía, la inteligencia y el coraje que habían sido características admirables de Mike y de su predecesor, Goliat.

De no ser por la partida de Hugh y Charlie, los dos machos que más temía, Humphrey nunca habría llegado a ocupar la máxima posición. La partida había sucedido pocos meses antes de que Humphrey derrotara a Mike, cuando la comunidad que yo mantenía bajo observación desde hacía diez años comenzaba a dividirse. Una parte de los chimpancés pasaba cada vez más tiempo en el sur del área compartida hasta entonces por todos los miembros de la comunidad. Los líderes del movimiento hacia el sur eran Hugh y Charlie. Casi con certeza hermanos, mantenían una relación de ayuda mutua y casi siempre viajaban juntos. Formaban un equipo formidable y era realmente sorprendente que temieran a Humphrey, que no tenía un solo amigo íntimo y únicamente contaba con la ocasional colaboración de Faben, que tenía un brazo inútil. Cuando Hugh y Charlie, junto con los otros machos del «extremo sur», efectuaban una de sus ocasionales excursiones hacia el norte, Humphrey solía evitarlos. Gradualmente estas expediciones pasaron a ser más esporádicas y por fin terminaron por completo.

Todo parecía ser favorable a Humphrey. No sólo se había librado de sus rivales, sino que, como resultado de la división de la comunidad, quedaban solamente ocho machos adultos sobre los que mantener el control: Mike y Goliat, sus antecesores, habían tenido que ejercer su autoridad sobre más de catorce machos. A pesar de este buen comienzo, Humphrey sólo retuvo su máxima posición un año y medio. Figan la usurpó.

Incluso durante los primeros meses de su reinado, Humphrey parecía ver en Figan un peligro potencial: se exhibía, erizaba el pelo y se magnificaba a sí mismo con más frecuencia que en otras épocas en presencia de Figan. Probablemente tales ejercicios servían tanto para estimular su confianza en sí mismo como para impresionar a Figan. Éste, por su parte, se mantenía apartado del camino de Humphrey tanto como le era posible, al menos en apariencia respetaba al nuevo alfa.

Mientras, estaba preocupado con su larga batalla para dominar a Evered. Claro que, rememorando los sucesos del periodo tormentoso, parecía probable que Figan se diera cuenta desde el principio de que su más formidable rival era Evered y no Humphrey.

Poco después del cambio de machos alfa tuvo lugar una seria lucha entre Evered y Figan. Los dos machos empezaron una escaramuza en lo alto de un árbol. Evered estaba junto a uno de los machos sénior, y Figan, superado, cayó al suelo desde unos nueve metros. El victorioso Evered se exhibió magníficamente a través de las ramas mientras Figan, chillando, se sentaba abajo. Estaba malherido, con la muñeca torcida, o quizás algún hueso de la mano roto, y anduvo cojeando las tres semanas siguientes.

Esto sucedió justo dos meses antes de la muerte de Flo. Parecía increíblemente vieja; su cuerpo estaba encogido; sus ojos, casi siempre apagados e inexpresivos, sus movimientos, lentos. Pero cuando oyó los frenéticos chillidos de su hijo, que estaba como a cuatrocientos metros de distancia, saltó sobre sus pies y, con los pelos que le quedaban erizados, corrió hacia los sonidos tan rápidamente que su seguidora humana se quedó atrás. Puede que parezca poco lo que esta delicada y anciana dama pudo hacer por ayudar a Figan contra sus poderosos agresores al llegar a la escena de los acontecimientos. Pero su presencia le calmó. Su frenético griterío dio paso a suaves quejidos cuando, cojeando, se dirigió hacia su madre. Y cuando ella empezó a acicalarle, se calmó, relajándose bajo el tranquilizador contacto de sus dedos como sucedía en su infancia y adolescencia. Cuando Flo se fue, Figan la siguió, manteniendo su mano herida sin tocar el suelo. Hasta que tuvo la mano curada no dejó a su madre para encaminarse hacia la sociedad de machos adultos con todas sus tensiones y peligros, sus estímulos y su excitación.

El siguiente drama que registramos fue una pelea entre Figan y Humphrey. No fue muy dramática y ninguno de los dos machos resultó herido, pero para el macho alfa significó el principio del fin. Cuando terminó la pelea, ambos combatientes corrieron repetidamente para tocar o abrazar a alguno de los machos presentes. No sólo buscaban aceptación; también trataban de conseguir aliados.

En este aspecto sólo Figan tuvo éxito: persuadió a uno o dos para que se uniesen a él y juntos atacaron a Humphrey, que escapó y estuvo vagando en solitario durante algunos días. Su periodo de mayor control había finalizado; pero el de Figan estaba por empezar.

Lo más importante que aprendimos sobre la lucha por el poder entre los chimpancés, lo que más llamó nuestra atención, fue la importancia de las coaliciones. Un macho adulto que intentaba alcanzar el puesto dominante tenía muchas más probabilidades de éxito si disponía de un aliado, de un amigo que le proporcionase una ayuda segura en los momentos de necesidad y que nunca, y eso era lo más importante desde el punto de vista psicológico, se pusiera a favor de un rival.

En aquel momento se forjó una alianza temporal entre Humphrey y Evered. Buscaban la mutua compañía y a menudo se acicalaban el uno al otro. Cuando estaban juntos, dándose apoyo moral, podían permitirse ignorar las exhibiciones de Figan. En realidad, juntos lo vencieron dos meses después. Pero eso no cambió mucho las cosas; Humphrey casi siempre evitaba a Figan, mientras la hostilidad y la tensión entre Figan y Evered parecía aumentar. Las exhibiciones que cada uno realizaba junto al otro cuando se encontraban se fueron haciendo más vigorosas. Una vez actuaron repetidamente hasta cuatro veces, cada uno durante más de una hora. Figan, con el pelo erizado, corrió hacia Evered, cogió una gran piedra y se exhibió ante él mientras los otros miembros del grupo se dispersaban. Entonces se sentó sin aliento. Momentos después empezó Evered. Saltaba agitando la vegetación cerca de su rival, rompió una rama delante de él y, concluido su turno, se sentó jadeando. Cinco minutos después Figan empezó una nueva exhibición. Y así sucesivamente. Antes de que acabaran, habían conseguido crear una gran emoción y nerviosismo entre los espectadores, probablemente por su gran esfuerzo. Podríamos decir que al final el resultado estaba igualado.

Figan, a pesar de su inteligencia y de su deseo de llegar al puesto dominante, nunca habría alcanzado la posición alfa de no haber sido por un cambio de opinión de Faben. Hasta ese momento, aunque Faben nunca se había unido contra su hermano menor, nunca le había dado su apoyo. Pero de repente, hacia finales de 1972, la relación entre ambos se volvió más íntima: si Figan desafiaba a otro macho y Faben estaba allí, se unía a él, actuando al unísono con su hermano. Si Figan necesitaba ayuda, Faben estaba dispuesto a prestársela. Se convirtió, o así lo parecía, en el principal apoyo de Figan para alzarse con el poder.

¿Por qué Figan mostró ese cambio de postura? ¿Fue quizás, o al menos en parte, consecuencia de la muerte de Flo? El fuerte lazo entre los hermanos no se estableció inmediatamente después de dicha muerte, pero por aquel entonces ni Faben ni Figan habían visto el cuerpo de su madre, por lo que no podían saber que Flo se había ido para siempre. Luego, tras unas semanas sin señales de ella, ¿no debió de sentir Faben una sensación de abandono, un lugar vacío en su corazón, pese a ser un macho adulto? ¿Una cierta soledad, que intentó mitigar pasando más tiempo con su hermano?

Es verdad que tanto Faben como Figan, siendo adultos, habían encontrado apoyo en la tranquilizadora presencia de su madre. Una vez, cuando se lesionó el pie, Faben viajó con Flo hasta que volvió a estar bien (igual que Figan cuando se torció la muñeca). En una ocasión Faben regresó de una larga estancia en el norte con la mano del brazo paralizado muy infectada. Era evidente que le dolía mucho. Se movía muy lentamente, andando en posición erecta y meciéndose los abultados dedos con su mano sana. Durante varios días permaneció cerca del campamento, explorando constantemente las laderas del valle, como esperando ver a alguien. Nunca sabremos si, como yo sospecho, buscaba el calor de su madre; pero Flo, por una de esas jugadas irónicas del destino, había muerto el día antes de su regreso.

No sabemos las razones ocultas que le llevaron a apoyar incondicionalmente a su joven hermano, pero en abril de 1973 ambos eran totalmente inseparables. La fuerza de esta alianza no solamente condujo a la caída final de Humphrey, sino que permitió a Figan, en último término, derrotar a Evered. Figan consiguió ambas victorias en el transcurso de tres importantes conflictos.

El primero tuvo lugar a finales de abril. Figan y Faben atacaron juntos a Evered, que se refugió, gimiendo y chillando, en la copa de un árbol. Los hermanos continuaron el ataque por abajo alrededor de una hora y media; durante una tregua, su víctima terminó por escapar.

Cuatro días después se produjo el segundo. Figan atacó a Humphrey, un oponente mucho más peligroso que Evered, ya que pesaba al menos ocho kilos más que Figan o que Evered. Sucedió por la noche. Se encontraban presentes los cuatro machos más importantes; de hecho habían estado juntos todo el día en un gran grupo, disfrutando de los frutos que tanto abundan al final de la temporada de las lluvias. Se daba el tipo habitual de excitación, exhibiciones y gritos. Nada fuera de lo habitual. Mientras el sol se hundía en el lago por el oeste, Figan estaba comiendo solo a cierta distancia de los demás. El chasquido de las ramas y el susurro de las hojas indicaban que los chimpancés empezaban a hacer sus nidos para pasar la noche. Era un momento de paz, un tiempo para relajarse apaciblemente después de un largo día, antes de tumbarse con la barriga llena.

Figan dejó de comer. Por un momento se sentó en su árbol y luego, totalmente en calma, bajó al suelo. Pero cuando llegó a donde estaban los otros, su pelo había empezado a erizarse, y cuando trepó al árbol en que ellos se encontraban, se irguió hasta parecer el doble de su tamaño normal. De repente comenzó a exhibirse salvajemente desde las ramas, agitándolas violentamente, saltando y balanceándose de un lado a otro del árbol. Se organizó instantáneamente un pandemonio de chimpancés chillando y huyendo de él, muchos de ellos saltando de sus nidos. Figan persiguió brevemente a un viejo macho, le golpeó al pasar y luego, cayendo en un frenesí, saltó hacia abajo, donde Humphrey estaba sentado en su nido. Los dos machos, trabados en combate, cayeron al suelo desde al menos tres metros de altura. Humphrey se alejó y huyó gritando. Figan lo persiguió un corto trecho y, sin detenerse a respirar, volvió a subir al árbol y siguió saltando entre las ramas.

Durante los siguientes quince minutos Figan se exhibió cinco veces más. Por dos veces atacó a machos de nivel inferior y los gritos frenéticos de sus desafortunadas víctimas se añadieron a la confusión general. Finalmente, Figan se calmó (debía de estar exhausto) y se sentó. Al verlo, Humphrey, que había trepado a otro árbol, se hizo otro nido. ¡Demasiado pronto! Apenas había recostado su cabeza en un blando montón de hojas cuando Figan empezó otra exhibición y de nuevo se lanzó hacia su rival. Por segunda vez los dos cayeron al suelo, y por segunda vez Humphrey escapó y se internó en la espesura gimiendo lastimeramente.

Para entonces ya casi era de noche. Figan se sentó un momento en el suelo y luego trepó a un árbol y se hizo un nido. Sólo entonces regresó Humphrey y, muy silenciosamente, se hizo su tercer nido. Esta vez pudo pasar la noche sin otra interrupción.

El hermano mayor, Faben, había observado esta escaramuza desde su nido. Me pregunto si Figan se habría atrevido a atacar a su poderoso adversario de no estar Faben presente. Sospecho que no. Estaba seguro de que Faben lo ayudaría si lo necesitaba. Y lo que quizá era más importante: Humphrey lo sabía también.

Tras esta decisiva victoria, observada por más de la mitad de los miembros de la comunidad de Kasekela, el dominio de Figan parecía asegurado. Pero aunque aceptó con calma las muestras de respeto de Humphrey, Evered seguía constituyendo una amenaza. Después de todo, él había dominado a Figan durante años, y en su larga búsqueda del poder había mostrado una persistencia y un vigor muy superiores a los de Humphrey. El gran final llegó hacia finales de mayo y, como antes, Faben apoyó a Figan sin reservas.

Ocurrió una tarde calurosa y húmeda. Los dos hermanos estaban comiendo tranquilamente cuando los peculiares jadeos de Evered se oyeron a lo lejos, en el valle. Se miraron el uno al otro con el pelo erizado, sonriendo con excitación. Luego, saltando al suelo, corrieron hacia el lugar de donde procedían los gritos. Encontraron a Evered en un árbol de la ladera. Aterrorizado, éste se quedó allí, agachado, mientras los hermanos atacaban desde abajo, agitando ramas y lanzando piedras. Luego, al unísono, saltaron al árbol y se tiraron sobre su víctima. Enganchados, los tres machos cayeron al suelo rodando y Evered consiguió liberarse. Escapó colina arriba, y buscó refugio en otro árbol. Durante la hora siguiente los hermanos lo siguieron, exhibiéndose detrás de él. Pobre Evered: allí estaba, gimiendo de vez en cuando y gritando de miedo hasta que Figan y Faben terminaron por irse. Evered no se atrevió a bajar del árbol y escapar hasta que estuvieron a cierta distancia y fuera de su vista.

Figan había alcanzado la máxima posición.

6. El poder

Una cosa es alcanzar la máxima posición en una comunidad y otra muy distinta conservar dicha posición día tras día, mes tras mes. Figan alcanzó este objetivo gracias al apoyo de su hermano, pero Faben no iba a estar allí todas las horas del día y todos los días. ¿Cómo se las arreglaría Figan si uno de los otros machos se oponía al nuevo orden?

La prueba no tardó en llegar. Faben, envuelto en románticos juegos con una hembra, desapareció durante tres semanas en el extremo norte de los límites de la comunidad. Figan estaba extraordinariamente inquieto, y con razón, porque Humphrey y Evered, con el aliado a distancia, podían haber aspirado a ser los nuevos alfa. Figan trepaba a menudo a un árbol alto desde cuyas ramas superiores miraba en todas direcciones buscando cualquier señal de la presencia de su hermano. De vez en cuando emitía los largos y potentes gritos que sirven para atraer la atención en momentos de necesidad, lo que llamamos gritos de SOS. Pero Faben estaba demasiado lejos para oírle y Figan se vio obligado a confiar en sus propias fuerzas.

Me vino a la memoria el día en que le quitamos los bidones a Mike, al principio de su reinado como alfa: Mike había puesto su confianza en ellos durante la lucha, del mismo modo que Figan había confiado en Faben. Mike, en su esfuerzo por compensar esa pérdida, hizo grandes esfuerzos para llevar a cabo sus impresionantes exhibiciones de distintas maneras. Lanzaba las piedras más grandes, arrancaba y agitaba ramas enormes, incluso dos a la vez. Una vez acometió a un grupo de machos adultos con una palma en cada mano e incluso se detuvo para coger una tercera. Mike se fue tranquilizando muy lentamente cuando se dio cuenta de que sin sus preciosos bidones podía mantener igualmente el respeto de los otros machos.

Y ahora, diez años después, Figan respondía a una situación parecida de la misma manera. La frecuencia y el vigor de sus exhibiciones aumentaron dramáticamente; era un maestro a la hora de planear estas actuaciones. Así, si era posible, se dirigía silenciosamente colina arriba a un lugar situado por encima de un confiado grupo y después bajaba y atacaba. Esto no sólo le daba la ventaja del factor sorpresa, sino que le permitía aparecer de la manera más impresionante desde arriba. Desde luego, era menos cansado correr cuesta abajo y podía disponer de más energía si era necesario repetir la exhibición en caso de insubordinación.

Más efectiva era su actuación arbórea al amanecer, cuando todo estaba casi oscuro y el resto del grupo permanecía acostado. Se organizaba un pandemonio, con chimpancés confusos gritando y alborotando desde sus nidos. Figan saltaba de rama en rama en todas direcciones, sacudiendo la vegetación, chasqueando grandes ramas y aporreando de vez en cuando, por añadidura, a algún desgraciado subordinado. La confusión y el miedo eran increíbles. Y luego, cuando era reconocido por todos como su nuevo alfa, todo él exultaba majestad, y se sentaba en el suelo como el gran jefe de una tribu y recibía la obediencia de sus súbditos.

Así pues, como resultado de su elevado grado de motivación y determinación y el dispendio de un gran esfuerzo, Figan se mantuvo en la máxima posición. Y cuando Faben volvió por fin al área de la comunidad, Figan fue capaz de relajarse y disfrutar por completo del fruto de su trabajo, del respeto de todos los demás miembros de su grupo social y del derecho a acceder el primero a cualquiera de los lugares donde había alimento o a toda hembra atractiva que le gustara. Era el Poder.

Un día, poco después del regreso de Faben, vi cómo los dos hermanos, que habían estado un tiempo separados, se acercaban a otros tres machos que estaban comiendo pacíficamente frutos caídos. Cuando Figan, seguido de cerca por Faben, cargó contra ellos, gritaron y se encaramaron a los árboles. Los dos hermanos se sentaron con los pelos erizados y miraron hacia arriba entre las ramas. Satán, que era bastante más grande que el nuevo alfa y estaba en su mejor momento, se precipitó hacia abajo y entre fuertes gruñidos de sumisión apretó su boca contra el muslo de Figan.

Y Figan, completamente relajado, absolutamente seguro de sí mismo, tendió una mano munificente hacia la inclinada cabeza. Luego, al ver que Satán empezaba a acicalar a Figan, Jomeo y Humphrey se aproximaron también para presentarle sus respetos, y por un momento Figan se vio acicalado por los tres.

Faben nunca llegó a ocupar una posición alta en el *ranking* de los machos a causa, probablemente, de su brazo paralizado. Pero como hermano del alfa, era tratado con un nuevo respeto por los otros machos, al menos mientras Figan rondaba por los alrededores. Es probable que Faben se percatara de ello enseguida, ya que, después del periodo de tres semanas que permaneció en el norte, rara vez pasaba más de unos cuantos días alejado de Figan.

Algunos machos adultos pasaban mucho tiempo en solitario; incluso Mike, cuando era alfa, buscaba de vez en cuando la soledad. Pero Figan, desde su más tierna infancia, había metido la nariz en todo y era inmensamente feliz formando parte de un ruidoso y excitable grupo de machos y hembras, cuantos más mejor. Ahora que Faben pasaba tanto tiempo con Figan, se hizo mucho más sociable. Los dos hermanos formaban el eje a cuyo alrededor giraba la rueda de la sociedad. Los otros chimpancés, particularmente los machos, quedaban tan fascinados como intimidados cuando Faben marchaba con su espléndido caminar erecto, balanceando su brazo tullido, con el pelo erizado, y uniéndose a las exhibiciones de su alfa.

Durante los dos primeros años de su reinado Figan alcanzó una posición de poder casi absoluto sobre la comunidad. Eso significaba que podía, si así lo deseaba, mantener los derechos de cópula sobre toda hembra que le gustara, y además en exclusiva. En cuanto proclamaba su interés amenazando a cualquier posible pretendiente que se aproximara demasiado, su mera presencia cerca de la pareja del momento solía bastar para inhibir el avance sexual de los otros machos. Estableció un patrón de conquista de la comunidad de hembras, tomándolas una después de otra cuando estaban en su más alto grado de seducción, durante los últimos cuatro o cinco días de la hinchazón y enrojecimiento de la zona isquiática.

La privilegiada posición de Faben en aquella época era muy clara; compartía las posesiones sexuales con su hermano y también ciertos productos alimenticios de gran valor, como la carne. Y Figan recibía una recompensa por su generosidad: Faben le ayudaba a vigilar a la novia de turno cuando Figan estaba momentáneamente ocupado en otra parte. Sin embargo, ni siquiera Figan y Faben juntos podían evitar que la hembra se apareara clandestinamente, en ocasiones, con alguno de los frustrados machos de categoría inferior. Sus oportunidades se presentaban cuando la atención del macho alfa y de su hermano estaba centrada temporalmente en otra cosa. Una vez, por ejemplo, cuando Figan y Faben estaban intentando localizar a un grupo de monos colobos con el fin de conseguir carne de mono, otros tres machos copularon con su hembra en rápida sucesión. ¡Y ninguno de los hermanos se enteró!

Nos sorprendió observar cómo las hembras estaban siempre dispuestas a colaborar en estos actos ilícitos. Porque cuando Figan se enteraba, corría hacia la pareja y, muy a menudo, golpeaba a la hembra por su infidelidad. Lo cual tenía más sentido que atacar al macho rival, con lo cual habría dejado otra vez a la hembra sin vigilancia y en situación de copular rápida y clandestinamente.

El macho que conseguía copular más veces con las hembras de Figan era el adolescente Goblin. Estaba completamente fascinado por el sexo e, incidentalmente, fascinado también por Figan. Como éste no lo veía como un rival (tenía sólo nueve años cuando Figan se hizo con el poder), Goblin podía mantener una sorprendente proximidad con las distintas hembras con las que el macho alfa satisfacía sus necesidades sexuales. Así, si Figan se distraía aunque fuera momentáneamente, Goblin aprovechaba su ventaja. Y puesto que el acto sexual se limitaba a diez o doce empujones con la pelvis, bastaba la más pequeña oportunidad si las hembras colaboraban, lo que solían hacer. Goblin seguía tan de cerca aquellos tentadores traseros rosados que era capaz de obtener unos momentos de gratificación sexual cuando Figan conducía al grupo entre los densos matorrales.

Algunas veces un macho adolescente elige a uno de los machos mayores como su «héroe». Es atento con todos, pero es a su héroe al que observa más de cerca y con el que el más probablemente viajará cuando deje a su familia. Figan, sin sombra de duda, era el héroe de Goblin. Solía imitar su comportamiento después de observarle con atención. Un día observé cómo Figan efectuaba una magnífica exhibición, arrastrando una gran rama, golpeándola y estampándola contra el suelo y tamborileando en los contrafuertes de un gran árbol. Goblin, desde una discreta distancia, le miró intensamente y luego se exhibió a su vez, siguiendo la misma ruta que Figan había tomado, arrastrando la misma rama y tamborileando en el mismo árbol. Me recordó los tiempos en que Figan practicaba con los bidones vacíos de Mike.

Figan, por su parte, era muy tolerante con su pequeña y persistente sombra, pero de vez en cuando, si Goblin se acercaba demasiado –cuando estaba comiendo, por ejemplo–, Figan le amenazaba ligeramente. Esto sumía momentáneamente a Goblin en un delirio de disculpas. Algunas veces Figan apoyaba a su joven amigo en sus problemas con otros individuos. No nos dimos cuenta entonces del alcance de las consecuencias que podía tener la relación especial existente entre Figan y Goblin.

Bajo el gobierno de un macho poderoso los conflictos entre los otros miembros de la comunidad pasan a ser mínimos porque utiliza su posición para prevenir las luchas entre sus subordinados. No siempre es evidente su motivación. A veces puede ser un genuino deseo de ayudar a un desvalido. Otras, que el alfa cree que su posición peligra si otro macho inicia la lucha. Recuerdo que una vez Figan y Faben atacaron juntos a una hembra en la excitación de un encuentro. Pero cuando, poco rato después, el joven Sherry atacó a la misma hembra, Figan, modelo de caballerosidad, se le montó encima, golpeó al agresor y «rescató» a la hembra. Pero cualquiera que fuese la motivación de las intervenciones de Figan en los asuntos de sus subordinados, su comportamiento servía para poner fin a incontables disputas. Además, sospecho que muchos posibles agresores, previendo el enojo de su amo, ejercían en mayor medida su propia contención cuando se encontraba en los alrededores. Así Figan, durante sus últimos años en el poder, ayudó a promover y mantener una atmósfera de armonía social entre los miembros de su grupo.

Durante el segundo año del reinado de Figan dos de los estudiantes –David Riss y Curt Busse– me preguntaron si podían seguirle para observar sus movimientos, su comportamiento y sus relaciones con otros chimpancés durante cincuenta días consecutivos. Yo no estaba segura. Quizás eso constituiría una intrusión excesiva en su vida, o quizás lo intranquilizarían o irritarían. Pero había un precedente: seis años antes Flo había sido seguida durante dieciséis días en un intento de ver el nacimiento de su último hijo (el intento falló porque la criatura nació de noche). A Flo no pareció importarle, y Figan era tan tolerante con los humanos como había sido ella. Por eso acepté, con la condición de que cancelaran el seguimiento si Figan se alteraba.

El maratón empezó el 30 de junio de 1974 y continuó hasta el 18 de agosto. David y Curt, ambos acompañados por personal de campo, se turnaban cada cuatro días, de modo que mientras uno trepaba por las montañas detrás de Figan, el otro escribía la información recogida y descansaba después de cuatro arduos días de seguimiento. Los cincuenta días con Figan proporcionaron datos valiosísimos sobre el comportamiento y la vida social de uno de los más poderosos machos alfa que Gombe ha conocido, en el momento en que se hallaba en el cénit de su carrera.

En aquella época, cuando todos los estudiantes se reunían para cenar, tenía lugar un intenso intercambio de información. Alrededor de la mesa se contaban multitud de historias: oíamos los relatos de Caroline Tutin sobre la vida sexual de varias hembras, las descripciones de Anne Pusey sobre la adolescencia, las historias de Richard Wrangham referentes a la alimentación y comportamiento territorial e incontables anécdotas sobre el desarrollo de las crías, todas ellas contadas por jóvenes dedicados al estudio de las relaciones madre-hijo. Y ahora disponíamos, además, de informes diarios acerca de Figan.

Durante aquellos cincuenta días hubo dos hembras en celo sexualmente populares y Figan las monopolizó una tras otra. La primera fue Gigi. Gigi es grande y estéril y ha tenido un ciclo sexual detrás de otro desde 1965 sin interrupción alguna por embarazos o nacimiento; en cierto modo, es un tanto masculina. Tiene su propia forma de ser y no se somete fácilmente a las amenazas de los machos. No cabía duda de que en los días de celo controlaba los movimientos de Figan y, por consiguiente, a todo el grupo. Por ejemplo, un día que los chimpancés se dirigían a cierto lugar buscando una fruta llamada *kifumbe*, Gigi dejó de repente el camino y se internó en la maleza. Figan y Faben la siguieron inmediatamente, mientras los otros se quedaban esperando. Unos treparon a comer otras frutas; el resto se sentó o se tumbó en el suelo.

Gigi buscó un nido de *siafu*, esas perversas hormigas mordedoras que constituyen una delicia para los chimpancés. Cuando lo encontró, arrancó una rama recta de un arbusto cercano, la despojó de las ramas pequeñas y quitó cuidadosamente la corteza hasta hacerse con una buena herramienta de unos noventa centímetros de largo. Metió un poco la mano por la boca del hormiguero y cavó frenéticamente durante unos segundos hasta que las hormigas empezaron a salir en tropel. Rápidamente comenzó a meter su herramienta por el hormiguero, esperó un momento y luego la retiró cubierta de una increíble cantidad de hormigas. Con movimientos rápidos, barrió el palo con su mano libre, se llevó a la boca todas las hormigas y masticó con fuerza. Mientras las hormigas salían del nido en cantidad aún mayor, agitadas por la intrusión, Gigi se subió a un arbolito y, utilizando su palo, continuó comiendo. De vez en cuando tenía que agitar el pie frenéticamente y dar patadas al árbol para repeler a las hormigas que se dirigían hacia la causante de la intrusión. Usaba una mano para agarrarse al árbol y la otra para pescar las hormigas, sosteniendo la herramienta con el pie entre ataque y ataque, de manera que le quedase una mano libre para meterse las hormigas en la boca. Sin embargo, a pesar de las dificultades, no desfalleció.

Figan, mientras tanto, había empezado también a pescar *siafu*. Pero a los diez minutos abandonó su herramienta y se apresuró a quitarse las hormigas que trepaban por sus brazos y sus piernas. Faben cogió entonces la herramienta abandonada, pero después de pescar durante dos minutos también renunció. Los dos hermanos partieron entonces en busca de los deliciosos *kifumbe*.

Gigi, sin embargo, no los siguió. En aquel momento se había instalado en una rama baja justo encima del termitero y, desde ese lugar, que le proporcionaba una relativa inmunidad, continuaba comiendo hormigas. Por este motivo Figan y Faben se sentaron y esperaron. Poco tiempo después Faben se tendió y cerró los ojos. Pero Figan comenzó a impacientarse. Siete veces pronunció su característico gruñido que significaba «¡vámonos!», pero

Gigi ignoró completamente sus llamadas. De vez en cuando él le tiraba ramitas, instándola a seguirle. Pero no lo hacía con fuerza suficiente y ella no le prestaba atención. Solamente cuando hubo pescado durante tres cuartos de hora (con un promedio de alrededor de dos palos llenos de hormigas por minuto) lo dejó por fin y se reunió con Figan. Luego los tres se unieron al grupo.

Al día siguiente, cuando las preferencias alimenticias de Gigi entraron en conflicto con las suyas, Faben la dejó y abandonó el grupo. Pero Figan le siguió siendo fiel. Durante una hora y veinte minutos, sumando el tiempo de cinco diferentes episodios en un mismo día, la esperó pacientemente mientras comía, gruñendo de vez en cuando un débil «¡vámonos!», pero sólo cuando terminaba de comer, ella bajaba y le seguía con calma a donde fuera. Al día siguiente la hinchazón de Gigi había desaparecido y, con ella, el interés de Figan en ser su propietario.

Durante los pocos días en que Figan y Faben siguieron obsequiosamente a Gigi, y mientras Curt iba detrás de ellos, tuvo lugar un hecho más que inusual.

—Inmediatamente después de que los machos dejaran sus nidos, vi copular a Faben con Gigi —nos dijo Curt aquella noche—. De repente Figan se dio cuenta y cargó contra ellos con el pelo erizado. Dio a Faben patadas en la espalda. Tres patadas realmente fuertes, y Faben chilló y luego gritó violentamente mientras Figan cargaba contra él. Momentos después, Figan copulaba con Gigi.

—¿Es la única vez que a Figan le ha importado compartir a su hembra con Faben? —le pregunté.

—Yo vi cómo pasaba eso mismo otra vez —dijo Caroline—. Ocurrió cuando Faben estaba copulando en un matorral espeso. No creo que Figan se percatara de quién era en un primer momento. ¡Luego se miraron sorprendidos!

Cuando a Patti le tocó estar en celo, Figan no tuvo que hacer siquiera un intento de aviso para prevenir a Faben de que no copulara con ella. Y en los siguientes cincuenta días no hubo más hembras en celo. Sería una grosería y, en conjunto, irrespetuoso para un macho alfa describir aquí lo que observó David, seis días después de la detumescencia de Patti, y que le llevó a sospechar que Figan, profundamente dormido en su nido, soñaba con los placeres sexuales de las semanas precedentes.

Una noche Curt tuvo una excitante historia que contar. Figan, que viajaba con Faben, Satán, Goblin y cuatro hembras, había empezado a cazar babuinos. Mientras Faben y Goblin se sentaban a mirar, Figan subía lentamente hacia una madre babuina y su pequeña cría. Pero ella estaba alerta, y aunque él la persiguió un corto trecho, escapó con facilidad.

–¿Sabes cuál era? –preguntó Tony Collins, uno de los estudiantes que observaban a los babuinos.

–Sí. Era esa madre de la tropa A con el hijo ciego. ¿Cuál es su nombre? ¿No es Hokitika?

–Bueno, me alegro de que escapara –afirmó Craig Packer, otro miembro del equipo de los babuinos. Todos nos alegramos, aunque el futuro de una cría de babuino ciega no es nada halagüeño; de hecho, murió una semana más tarde.

Después de aquello, Figan había permanecido en la copa del árbol mirando en todas direcciones. De repente había bajado al suelo y había descendido velozmente por la ladera. Al acercarse a un enorme árbol muerto, una especie de poste con las ramas rotas, empezó a moverse cautelosamente y en silencio. Mirando a través del follaje, Curt vio a un babuino muy pequeño, casi una cría, cerca de la cima donde se encontraba el árbol muerto densamente cubierto de trepadoras. Un macho adulto de babuino comía a unos treinta metros de distancia, pero no se había percatado de que Figan se acercaba lentamente a su deseada víctima.

–Figan corrió repentinamente hacia el pequeño. Casi lo cogió. Pero de un modo u otro éste consiguió escapar y saltó al suelo. Fue asombroso: debió de ser un salto de al menos doce metros. ¡Y el pequeño aterrizó justo entre Faben y Goblin!

–Ahora supongo que vas a describir un horrible y sangriento asesinato –dijo Julie Johnson, del equipo de los babuinos–. No quiero quedarme a oírlo.

–No, todo fue bien –la tranquilizó Curt–. Por fin, en aquel preciso momento, llegó el babuino macho, con lo que se produjo un gran tumulto. El pequeño babuino escapó. El macho se lanzó sobre Goblin y tuvo lugar una auténtica batalla espectacular. No sé cómo se las arregló Goblin, pero consiguió vencer y perseguir al babuino, y justo en ese preciso momento llegó otro gran macho. Le conocíamos: era Bramble. Empezó a amenazar a Faben y dos hembras de babuino se unieron a él. Faben se asustó y se encaramó a un árbol.

–¿Figan no le ayudó? –pregunté.

–No, se sentó a mirar. En el mismo sitio donde antes casi atrapa a la criatura. Al cabo de un rato, bajó y todos los chimpancés se fueron.

De hecho, Figan y su grupo cazaron con relativa frecuencia durante aquellos cincuenta días. Siguieron a ocho colobos y mataron a siete; Figan, que casi siempre conseguía grandes éxitos como cazador, mató a tres.

No hicieron muchos viajes a la periferia de su territorio. Una vez viajaron lejos hacia el sur, penetrando en el territorio de la comunidad vecina de Kahama. Oyeron gritos supuestamente lanzados por los chimpancés de Kahama y se excitaron mucho, abrazándose, sonriendo, viajando silenciosamente y pasando un buen rato observando desde un risco. Pero no ocurrió nada más y volvieron todos al norte, haciendo frecuentes demostraciones y gritando para aliviar las tensiones producidas mientras habían estado en territorio extranjero.

Figan, como era de esperar, pasaba más tiempo con Faben que con cualquier otro adulto, y el joven Goblin solía estar con ellos. Figan también pasaba muchos días con Gigi, no sólo cuando estaba en celo, sino también cuando carecía de interés sexual. Y bastante a menudo frecuentaba la compañía de su hermana Fifi y de Freud. La mayoría de sus interacciones con los individuos de la comunidad eran en aquel momento relajadas y amistosas. Su posición de dominio era tan clara que sólo en momentos de tensión, como una reunión, necesitaba hacer demostraciones violentas de fuerza y de dominio.

A menos que Evered estuviese cerca. Entonces Figan, acompañado casi siempre por Faben, actuaba con una frecuencia y un vigor inusuales. Pese a su posición de poder total, del apoyo de su hermano y del recuerdo de sus claras victorias sobre Evered el año anterior, Figan seguía sintiéndose amenazado por el rival de su adolescencia.

David estallaba de excitación una noche en la que, como de costumbre, nos reunimos para charlar.

–Hoy he visto el ataque más increíble a Evered –dijo–. Duró cerca de dos horas.

Sucedió cuando Evered, que estaba solo, se sumó al grupo. Al principio no vio a Figan ni a Faben, que estaban comiendo en la espesa maleza. Pero de repente ambos cargaron contra él y se retiró, gimiendo, hacia un árbol. Figan y Faben se exhibieron ante él unas cuantas veces y luego se sentaron en una de las ramas bajas y empezaron a acicalarse.

–Fue patético –dijo David–. Evered estaba algo más de un metro por encima de ellos y emitía constantes gemidos. Los estaba mirando todo el rato, pero ellos le ignoraron y continuaron acicalándose.

–Después de eso –continuó David–, Figan y Faben dejaron el árbol y realizaron unas espléndidas exhibiciones. Lo hicieron hasta cuatro veces durante la media hora siguiente.

»Luego llegó la violencia. Figan empezó; saltó al árbol de Evered y lo persiguió de rama en rama. Al rato, Evered saltó a otro árbol, pero Figan lo persiguió.

»Y durante todo el tiempo Faben lo seguía desde el suelo y Evered gritaba, asustado y fuera de sí, manteniéndose lo más lejos posible de Figan.

David hizo una pausa.

–Fue realmente terrible –dijo–. Casi como ver a un gato jugando con un ratón, porque sabía que Evered no tenía escapatoria, a no ser que ellos lo dejasen ir.

En ese momento todos escuchábamos expectantes la historia.

–De repente Evered dio un gran salto a un tercer árbol –continuó David–. Figan saltó tras él y Faben súbitamente lo alcanzó y empezaron a golpearle. Ambos se precipitaron sobre él hasta que el pobre Ev pudo escapar.

El «pobre viejo Ev» se vio otra vez arrinconado y atacado por los hermanos. Se las arregló para subir a un árbol y sus perseguidores lo atacaron durante diez minutos más; quizá porque llegó otro macho a escena, Figan y Faben se fueron y Evered, gimiendo, pudo finalmente escapar.

Un mes después Figan y Faben se encontraron con Evered tras dos semanas de separación. Curt observó la reunión, que tuvo lugar en uno de los árboles altos. Fue tensa y dramática. Figan y Evered se abrazaron y gritaron. Los otros chimpancés presentes los contemplaban fijamente. Estaban tremendamente excitados y gritaban con fuerza.

–Yo estaba mirando hacia arriba, intentando ver lo más exactamente posible qué estaba pasando –dijo Curt–, cuando ocurrió lo inimaginable.

Hizo una pausa dramática y nos preguntamos qué vendría a continuación.

–Bien, ya sabéis que el miedo y la excitación pueden revolverte las tripas –continuó Curt–. Una de esas pobres criaturas (estoy bastante seguro de que era Gigi) hizo de vientre repentinamente. ¡Me duchó con mierda caliente!

Por supuesto que lo sentimos por él, pero lo cierto es que todos nos echamos a reír a carcajadas mientras Curt aparentaba estar ajeno y dolorido. Pobre Curt; había tenido que dejar toda aquella excitación para ir a lavarse al arroyo. ¡Menos mal que tenía cerca un arroyo! Afortunadamente estaba con Eslom, que había anotado los detalles de la lucha que tuvo lugar.

En esa ocasión Evered fue atacado por un grupo de cinco agresores: Humphrey, Gigi y un macho adolescente que habían unido fuerzas con Figan y Faben. El ataque pareció –y así sonó– increíblemente violento y fue asombroso que Evered saliera sólo con unas pocas heridas. Permaneció con el grupo el resto del día, pero se fue antes de que los otros se instalaran en sus nidos para pasar la noche y no volvimos a verlo hasta dos semanas después.

Apenas nos sorprendió que, ante esa encarnizada persecución, Evered pasara cada vez menos tiempo en el centro del territorio de la comunidad. Parecía realmente que Figan, con la ayuda de Faben, pretendía echar a Evered de la comunidad de Kasekela.

Pero, de pronto, las cosas cambiaron. Casi exactamente dos años después de convertirse en macho alfa terminaron los días de poder absoluto de Figan. Faben desapareció, y esta vez para siempre. Poco a poco los otros machos se percataron de que había llegado el momento esperado y empezaron a capitalizar la vulnerable posición de Figan. En grupos de dos, tres o más, conspiraban contra él. Parecía que jamás conseguiría mantenerse firme frente a ellos.

Pero por aquella época, en junio de 1975, ya no había estudiantes americanos o europeos en Gombe que pudieran registrar los sucesos.

7. Cambio

En mayo de 1975 llegó inesperadamente una noche de terror: cuarenta hombres armados cruzaron el lago desde Zaire y secuestraron a cuatro de los estudiantes de Gombe. Después corrieron muchas y confusas historias sobre lo sucedido, historias de coraje e historias de horror. A mi viejo amigo Rashidi le golpearon en la cabeza en un vano intento de obligarle a recordar dónde estaba la llave del depósito de gasolina. Estuvo sordo de un oído durante meses. Las dos jóvenes tanzanas que entonces trabajaban en Gombe, la guardesa del parque, Etha Lohay, y la estudiante Addie Lyaruu, corrieron desde una casa de estudiantes a otra, moviéndose con rapidez a través de la oscura selva, para advertir a los demás del ataque.

¿Dónde habían llevado a las víctimas? ¿Estarían con vida? Se oyeron relatos sobre cañonazos oídos fuera, en el lago, y durante días creímos que los rehenes podían haber muerto. Fueron momentos de angustia. Por supuesto, todos abandonamos Gombe. Durante un tiempo permanecimos en Kigoma, pendientes, contra toda esperanza, de recibir noticias de nuestros amigos. Pero no llegaban. Pocos meses antes del secuestro me había vuelto a casar, y mi segundo marido, Derek Bryceson, tenía una casa en Dar es Salaam. Allí nos fuimos todos, los estudiantes se apretaron en la pequeña casa de invitados, y esperamos. Esperamos, esperamos y esperamos noticias durante lo que nos pareció una eternidad. Fue un verdadero infierno para los que nos habíamos librado. ¿Cuál no sería el sufrimiento mental de las víctimas, el de sus padres y familiares cercanos?

Después de aproximadamente una semana que se nos antojó un mes, uno de los estudiantes secuestrados fue enviado de vuelta a Tanzania con una demanda de rescate. Nunca olvidaré el alivio y la extraordinaria alegría que experimenté al saber que los cuatro estaban vivos e ilesos. Pero las negociaciones parecían durar una eternidad. La solución era políticamente delicadísima, pues involucraba las relaciones entre Tanzania, Zaire y Estados Unidos.

Fue una suerte para los cuatro jóvenes ser mental y físicamente fuertes, y también lo fue que se tuvieran unos a otros para darse apoyo moral. Quizá la angustia peor fue la de los últimos días, en los que quedaba un solo estudiante como solitario rehén después de pagar el rescate y quedar libres los demás. Pero fue liberado dos semanas después. Fue como si un negro nubarrón terminara por pasar y la luz del sol volviera a brillar.

Con el tiempo los cuatro se recuperaron de su terrible experiencia, o al menos así lo parecía a juzgar por su apariencia. Pero me preocupaba que su mente no hubiera quedado completamente liberada del tormento psicológico de aquellos días. La memoria está siempre al acecho, lista para emerger en forma de pesadillas en momentos de enfermedad, soledad o depresión.

Durante el periodo comprendido entre la noche del secuestro y el final de los largos días de cautiverio, mis pensamientos relacionados con la investigación en Gombe se habían visto sofocados, aplastados por la preocupación y la desesperanza. Organicé algunos análisis de datos e hice algún otro intento de mantener alta la moral de nuestro pequeño grupo en Dar, pero sin poner el corazón en ello. Pasaba gran parte del tiempo leyendo novelas; no había leído tanta literatura desde que estaba en el colegio. Pero cuando los rehenes fueron liberados, pude volver a pensar en el futuro de la investigación. Derek, Grub y yo efectuamos varias breves visitas al parque, incluso durante aquellas semanas de pesadilla. Teníamos que animar y manifestar nuestro apoyo al equipo de campo que, para su gran mérito, había continuado recogiendo datos básicos por iniciativa propia.

Inmediatamente después del ataque había sido enviado a Gombe un destacamento de las Fuerzas de Campo, un cuerpo especial de la policía. Estas fuerzas, altamente eficientes y entrenadas para solucionar cualquier emergencia, supusieron una gran ayuda para nosotros durante sus primeras visitas. Después de pocos meses fueron sustituidas por un pequeño grupo de policías ordinarios. Poco a poco volvimos a sentirnos seguros. Ya no nos preguntábamos si debíamos huir a la selva cuando veíamos un bote. Pero pasó más de un año hasta que pudimos volver a oír el motor de una barca en medio de la noche sin levantarnos, con el corazón desbocado, mirando hacia el lago con el miedo de tener que salir huyendo por la ladera de la montaña.

Sin la ayuda de Derek, dudo que hubiera mantenido Gombe después del secuestro. Le conocí en 1973 durante una visita a Dar es Salaam e inmediatamente nos sentimos fuertemente atraídos. Había llegado por primera vez a Tanzania en 1951. Durante la Segunda Guerra Mundial había sido piloto de caza en la RAF, pero tras unos cuantos meses de servicio activo, había sido derribado en Oriente Medio. Sobrevivió al accidente, pero sufrió lesiones en la columna vertebral y le dijeron que nunca volvería a andar. En aquellos momentos tenía diecinueve años. Decidido a probar que los médicos se equivocaban, aprendió por sí mismo, con absoluta determinación, a moverse con ayuda de un bastón. Tenía suficiente musculatura en una pierna para moverla mientras andaba, pero la otra colgaba de la cadera. Aprendió también a conducir, rápidamente y bien, aunque tenía que levantarse la pierna izquierda con una mano para poder pasar el pie del pedal del embrague al del freno.

Cuando fue capaz de moverse, Derek se marchó a Cambridge, donde consiguió un diploma en agricultura. Luego alguien le ofreció un trabajo en Inglaterra que rechazó instantáneamente. «Era una agricultura fácil, de sillón», me dijo, «apropiada para un inválido». En su lugar ahorró para poder ir a Kenia, donde se dedicó a la agricultura durante dos años. Más tarde solicitó del gobierno británico una de las hermosas granjas de las estribaciones del Kilimanjaro, en lo que entonces formaba parte del

Protectorado británico de Tanganica. Después cultivó trigo con éxito hasta que conoció a Julius Nyerere, que estaba entonces organizando el movimiento que, con el tiempo, llevaría a la independencia de Tanganica. Derek quedó profundamente impresionado por Nyerere y pasó a ser simpatizante de su causa. Eso cambió el curso de su vida. Se unió al movimiento nacionalista africano de Tanganica y pasó a estar de tal modo involucrado en política que abandonó su querida granja y se trasladó a la capital, Dar es Salaam. Ya estaba firmemente atrincherado en su país de adopción cuando, al fin, éste consiguió la independencia en 1961, inmediatamente después de mi llegada a Gombe.

Derek hizo mucho por Tanzania, nombre que adoptó Tanganica después de su unión con la isla de Zanzíbar. Fue elegido miembro del parlamento de Dar es Salaam por la circunscripción de Kinondoni, repitiendo su mandato por amplia mayoría cada cinco años. Asistió a muchos consejos de ministros. Pero se le conoció sobre todo por su contribución a la política agrícola tanzana durante los dos periodos de cinco años durante los que fue ministro de Agricultura, así como por el desarrollo que imprimió a los programas de medicina preventiva y de mejora de las normas dietéticas durante sus años como ministro de Salud Pública. Cuando le conocí, había dimitido del gobierno, pero todavía representaba a Kinondoni como miembro del parlamento, y recientemente había sido nombrado director de los espectaculares parques naturales de Tanzania por el presidente Julius Nyerere.

Después de que Derek y yo nos casáramos, yo continué viviendo en Gombe y él efectuaba visitas periódicas de un par de días, volando en un aparato Cessna de cuatro plazas. Le gustaba ver a los chimpancés, pero no le resultaba fácil subir la empinada cuesta que llevaba al campamento. Construimos escalones en los lugares más escarpados y en las zonas más traicioneras del recorrido y pusimos una barandilla de cuerda en el tramo peor, de manera que pudiera agarrarse a ella mientras utilizaba el bastón por el otro lado. Así pudo subir y bajar solo, sin apoyarse en un brazo amigo como antes se veía obligado a hacer. Pero, aun así, el recorrido que para nosotros significaba diez minutos suponía para él tres cuartos de hora de dura prueba. Una vez resbaló y cayó pesadamente sobre el extremo de la columna vertebral, lo que le causó un gran dolor durante varios días, cosa que nunca admitió. Otra vez se cayó y se dislocó la rodilla, que se inflamó hasta alcanzar un tamaño enorme. Pero, a pesar del riesgo, siempre insistía en que aquello valía la pena.

Durante estas visitas Derek llevaba a cabo su cometido como director de los Parques Nacionales, informándose de todo lo que ocurría en Gombe. Por tanto, estuvo en disposición de sernos de gran ayuda después del secuestro. Con su fluido suajili y su conocimiento del carácter tanzano, me ayudó a convencer a los miembros del personal de campo de que podían realizar por sí mismos un buen trabajo. Aunque habían adquirido gran conocimiento y experiencia durante los años anteriores y eran capaces de seguir hábilmente a los chimpancés a través del terreno montañoso de la selva, de trazar diariamente un esquema de los movimientos y los modelos de asociación y de identificar las plantas que les servían de alimento, siempre habían confiado en la dirección de los estudiantes y la constante presencia de la «doctora Jane». Ahora era necesario convencerles de que podían continuar sin nosotros.

Yo trabajaba en estrecho contacto con los hombres durante mis breves visitas, comprobando la exactitud y fiabilidad de sus informes. Juntos preparábamos charlas y seminarios y les hablaba sobre los análisis que estaba haciendo en Dar es Salaam, ya que había empezado a compilar los resultados del estudio para su futura publicación en un libro científico. Cuando entendieron cómo iba a utilizar la información que ellos recogían, fueron más cuidadosos en la elaboración de los informes y en la confección de esquemas y mapas. Poco a poco creció mi confianza en ellos. Eligieron a dos *viongozi* o líderes: Hilali Matama, que había empezado a trabajar con los chimpancés en 1968, y Eslom Mpongo, que se había unido a nuestro equipo poco después. En 1975 ambos sabían sobre los chimpancés y su conducta más que cualquiera de los llamados «expertos». Su trabajo se convirtió en una forma de vida, y ellos y los otros miembros del equipo de Gombe estaban completamente dedicados a su tarea y fascinados por las vidas de los chimpancés que estaban observando. Cuando volvía a Gombe, les enseñaba a recoger datos cada vez más sofisticados y sus informes se volvieron increíblemente interesantes. Les dimos un magnetófono para que, si tenían oportunidad de presenciar algún fenómeno raro o emocionante, pudiesen dictar un informe más detallado del que podían escribir. La mayoría de ellos escribía con bastante lentitud y trabajosamente (uno o dos, de hecho, habían aprendido a escribir recientemente para ingresar en nuestra organización).

Los tanzanos trabajaban en equipos de dos, siguiendo a un determinado chimpancé lo máximo posible durante todo el día: lo ideal era desde que dejaba el nido hasta que se acostaba. Uno de estos hombres registraba detalladamente la conducta del chimpancé. El otro marcaba la ruta, apuntaba lo que comía y tomaba nota de los otros chimpancés con los que se encontraba y del tiempo que estaba con ellos. Entre los dos anotaban también cualquier suceso destacable además de los citados. A menudo, después de cenar, los dos hombres que habían efectuado un seguimiento venían a contarnos lo que habían visto durante el día. Nos sentábamos amistosamente en la blanda arena, fuera de la casa, con las olas acariciando y haciendo rodar los guijarros y escuchando las melodiosas voces suajili describir una caza, una patrulla por la frontera o algún incidente emocionante que hubiesen podido observar.

Cada uno de los hombres tenía su propio interés individual. Para Hilali era la lucha de los machos por el dominio, y fue mucho lo que él y los otros hombres pudieron explicarnos durante los problemáticos meses posteriores a la muerte de Faben, cuando los otros machos, con frecuencia y entusiasmo crecientes, se agruparon contra Figan. Enseguida se vio claramente que Figan, que durante toda su vida había contado con el apoyo de un fiel aliado (primero su madre, luego su hermano), se vio en la tesitura de tener que encontrar un sustituto de Faben. Y eligió a Humphrey, su antiguo enemigo. Humphrey había sido aterrorizado por Figan y sufrido una estrepitosa derrota. Por eso ahora constituía una amenaza menor. Y aunque no llegó a ocupar el lugar de

Faben, ya que nunca apoyó a Figan cuando los otros machos lo desafiaron, infundió a éste una cierta tranquilidad, ya que nunca llegó a aliarse con los otros contra él.

Un atardecer de marzo, unos ocho meses después de que Faben desapareciese, Hilali llegó a casa impaciente por contarnos los sucesos del día. Había estado siguiendo a Figan, que, como siempre, formaba parte de un numeroso grupo. Durante un súbito estallido de excitación, cuando Satán se unió al grupo, cuatro de los machos adultos –el mismo Satán, Evered, Jomeo y Sherry– hicieron causa común contra su alfa en una serie de dramáticas exhibiciones conjuntas. En un intervalo de cuarenta minutos los cuatro cargaron tres veces contra Figan, rodeándole y consiguiendo que se fuera gritando. Terminó por refugiarse en uno de los árboles altos, pero los cuatro le siguieron hasta las ramas superiores. Aterrorizado, Figan saltó salvajemente a un árbol vecino, se descolgó hasta el suelo y corrió más de medio kilómetro como si le persiguieran todos los demonios del infierno. Hilali, exhausto y empapado de sudor, consiguió seguirlo y así pudo ver a Figan, gritando aún, saltar a un árbol y abrazar a Humphrey. Hilali pensó que probablemente Figan había visto a su único aliado desde el árbol, aunque pudo haber sido un encuentro fortuito. Los otros cuatro machos continuaron exhibiéndose ante Figan y Humphrey, que permanecían muy juntos, buscando cada uno seguridad en el otro.

Muchos sucesos similares fueron descritos en aquellos turbulentos meses en que las relaciones entre los machos adultos fueron tan tensas y tirantes. Y siempre Humphrey, cuando estaba presente, daba apoyo moral a Figan. El alcance de la confianza que Figan llegó a depositar en Humphrey quedó bien ilustrado en uno de los seguimientos de Hamisi Mkono. Durante una sesión de alimentación en el denso monte bajo, los dos amigos estuvieron cierto tiempo separados. Cuando Figan súbitamente se dio cuenta de que Humphrey ya no estaba con él, *alianza kulia kama mtoto,* como decía Hamisi, riendo, empezó a gemir como un niño perdido. Trepó a un árbol, mirando en todas direcciones, y luego buscó apresuradamente a su amigo gritando cada cierto tiempo –gritos de SOS– lo más fuerte que podía. Después de unos veinte minutos encontró a Humphrey, trepó hacia él y empezó a acicalar al viejo macho. Poco a poco se calmó y bajó del árbol.

Creo que todos nosotros pensábamos que Figan perdería su posición alfa definitivamente. De hecho, durante nueve meses no hubo un claro alfa en Gombe. Figan podía –y así lo hizo– mantenerse cuando se encontraba en solitario con otro macho, o una pareja. Pero huía de ellos gritando cuando formaban grupos de tres o cuatro. Todavía me pregunto qué tenía que impedía a los otros machos aprovechar su ventaja en esas ocasiones y unirse para atacarlo. Pero nunca lo hacían. Y muchas de las dramáticas confrontaciones, las cargas con el pelo erizado, las salvajes sacudidas de vegetación y los lanzamientos de piedras terminaban con todos los participantes avanzando juntos de pronto, gritando, e iniciando algunas frenéticas sesiones de acicalamiento social, durante las cuales todos los implicados se calmaban gradualmente y, después de cierto tiempo, se marchaban.

Coincidiendo con este turbulento periodo, la hembra Pallas, sexualmente muy popular, entró en celo después de perder una cría. Y al no haber un claro alfa, esto provocó un caos casi total entre los machos. Figan no tenía suficiente poder para poseer a Pallas, y tampoco lo tenía ninguno de sus rivales. Y por eso, casi cada vez que uno de los machos más grandes trepaba al árbol de la hembra (porque, probablemente en estricta defensa propia, ésta pasaba gran parte del tiempo muy por encima del suelo), se iniciaba un pandemonio entre los demás. Cualquiera que fuese el atrevido pretendiente, era cazado en lo alto del árbol y atacado por uno o más de los machos; o si conseguía lo que quería, la visión del acto sexual provocaba explosiones de agresividad entre los espectadores. Y entonces seguía un breve periodo de confusión con los machos exhibiéndose con el pelo erizado y furiosos gestos, tirando piedras y, ocasionalmente, golpeando a alguna desdichada hembra o adolescente que encontraban en su camino. Algunas veces se enzarzaban en breves pero furiosas batallas entre ellos mismos. Aunque Pallas rara vez era una víctima, debió de sufrir muchos momentos de casi insoportable tensión.

Durante este increíble periodo de diez días, Goblin –que, incidentalmente, continuaba siguiendo fielmente a Figan, a pesar del destronamiento temporal de su héroe– se mantuvo estrechamente pegado a Pallas contra viento y marea. Algunas veces era atacado por su audacia, pero conseguía muchas cópulas rápidas, mientras los machos mayores tenían que luchar entre sí para alcanzar el privilegio de acceder a la hembra.

Después de nueve meses de tensión y ansiedad, Figan volvió a instaurarse como macho alfa, aunque sus días de poder social absoluto habían pasado. Y de la misma manera que Faben se había beneficiado de su condición de hermano del alfa, ahora Humphrey se beneficiaba de su posición de «mejor amigo». Hilali registró un delicioso ejemplo de esta situación cuando Figan –que era el chimpancé favorito de Hilali– atrapó a dos pequeñas crías de colobo en la misma cacería. Encontró al primero casi inmediatamente: se lo arrebató a su madre tras arrancárselo de los brazos y lo mató con un rápido mordisco en el cráneo. Y luego, en vez de empezar a comer, se sentó, sosteniendo en una mano el cuerpecito de su víctima con la intención de que lo viesen los otros machos que aún estaban cazando. Después de unos momentos Humphrey trepó hacia Figan y se sentó junto a él. Humphrey no estaba interesado en cazar otra víctima, sólo en solicitar una parte de la presa de Figan. De golpe, para sorpresa de Hilali, Figan dejó el cadáver entero en las manos de Humphrey y luego, saltando del árbol, corrió para reincorporarse a la caza. A los pocos minutos, había encontrado a otra madre, a cuya cría arrebató y mató. ¡Y esta vez él mismo devoró a su nueva presa!

–*Ni fundi, Kweli,* es realmente un experto –dijo Hilali, soltando una risita. Miró fijamente al fuego un momento y luego, como si sintiera la necesidad de ser absolutamente justo, de dar a cada cual su mérito, añadió–: *Na kumbuka Sherry, anapofanya hivyo,* recuerdo a Sherry haciendo lo mismo.

En realidad, a Sherry le había ido, en cierto modo, mejor: había atrapado a una segunda presa mientras aún tenía agarrada a la primera. La guardó y ¡se comió las dos!

Durante los primeros años posteriores al secuestro, Derek continuó ayudando en la administración y organización de la investigación en Gombe, y, a medida que pasaban los meses, parecía cada vez más y más ocupado. Prácticamente tenía que cubrir dos circunscripciones, cada una con sus urgentes necesidades y problemas: Kinondoni, un distrito de Dar es Salaam, a cuyos habitantes había representado en el parlamento durante diecinueve años, y los Parques Nacionales de Tanzania, cuyos peludos y emplumados habitantes estaban igualmente necesitados de su habilidad política y de su prudencia. Los ocupantes no humanos de los Parques Nacionales de Gombe estaban seguros en un medio ambiente altamente protegido y necesitaban su ayuda menos que los otros, por lo que aumentaron las dificultades para justificar más de una breve visita ocasional para ver a los chimpancés que tanto amaba.

Por aquel tiempo, sin embargo, considerábamos que yo no corría peligro si iba a Gombe sola. Cuando Grub (que había seguido estudiando en Dar es Salaam en una pequeña habitación contigua a mi despacho) se marchó a una escuela preparatoria en Inglaterra, me sentí capaz de pasar en Gombe cada vez más tiempo. Al principio me pareció raro estar sola con los tanzanos como en aquellos primeros tiempos en que había pasado meses con Hassan, Dominic y Rashidi como toda compañía. Echaba de menos a los estudiantes, y durante algún tiempo pensé que sería imposible mantener Gombe sin ellos. Pero conforme fueron pasando los meses, me fui adaptando gradualmente a la nueva situación y descubrí que mi modelo de vida (vivir en Dar es Salaam y visitar

Gombe con tanta frecuencia como podía) tenía induda-
bles beneficios. Cuando estaba en Dar es Salaam, podía
concentrarme en analizar y escribir. Arreglé para mí un
alegre despacho en el que podía almacenar los datos, trabajar en mi mesa y contemplar, fuera, la buganvilla –un
exótico estallido de color, púrpura y rosa, carmesí y ana-
ranjado amarillento, blanco y verde– contra el profundo
azul del océano Índico. Y cuando estaba en Gombe, me
sumergía en el trabajo con los chimpancés, siguiéndolos
a través de la selva, inmersa en sus vidas.

Incluso durante los días en que yo estaba lejos de Gombe, Derek y yo manteníamos estrecho contacto con todo
lo que ocurría allí, hablando con los hombres a diario a
través de la radio. Y a través de la radio fue como nos en-
teramos un mañana de que Gilka había tenido una cría.
Yo estaba encantada, ya que su primer bebé había desaparecido misteriosamente cuando tenía menos de un
mes. Pero la alegría duró poco: tres semanas después
otro mensaje de radio referente a Gilka, distorsionado y
confuso, me trajo horribles noticias desde setecientos kilómetros de distancia. No es extraño que a Derek y a mí
nos resultan difícil de creer: *Passion amemwua na ame-
mla mtoto wa Gilka,* Passion ha matado y se ha comido
al hijo de Gilka. Derek apagó la radio y me miró.

«No puede ser verdad. No puede serlo», dije yo. Y, sin
embargo, sabía que era cierto. Nadie podía inventar un
incidente tan terrible. «¿Por qué?», grité. «¿Por qué tenía que pasarle esto a *Gilka?*»

8. Gilka

Los despreocupados días de la vida de Gilka terminaron cuando tenía unos cuatro años. Cuando era pequeña, Gilka nunca careció de compañía; su hermano mayor, Evered, solía estar cerca y su madre, Olly, pasaba mucho tiempo con Flo y con su familia. Pero Evered tenía ocho años más que Gilka (era casi seguro que Olly había perdido por lo menos una cría entre ambos) y él empezó a abandonar a la familia durante largos periodos cuando su hermana tenía sólo cinco años. Al mismo tiempo Olly comenzó a evitar a Flo porque Figan, que entraba en la adolescencia, desafiaba algunas veces a la amiga de su madre con violentas exhibiciones. Y así, Gilka pasaba las horas con su tímida madre por toda compañía. ¡Cuánto nos alegramos por ella cuando nació su hermano menor! Pronto iba a tener edad suficiente para jugar con ella y sus días de soledad se acabarían. Pero entonces llegaron los tristes días de 1966, los de la epidemia de polio, cuando la cría de pocos meses de Olly enfermó y murió, y la misma Gilka quedó paralítica de una muñeca y una mano. Por si todo esto no fuese suficiente, dos años más tarde Gilka contrajo una fuerte infección de hongos que, cuando tenía once años, le desfiguró su cara de duende en forma de corazón. La grotesca protuberancia en su nariz y la cresta de las cejas se extendían hasta sus párpados, de manera que apenas podía abrir los ojos.

Una vez que diagnosticamos la enfermedad, fuimos capaces de controlar los síntomas con medicación, pero cuando Gilka se trasladó, temporalmente, a la comunidad del sur, no pudimos darle las bananas con su medicina y seis meses después regresó casi ciega (quizá también estaba preñada, pero, si lo estaba, perdió el bebé). Una vez más fuimos capaces de controlar el celo, y pronto, con evidente satisfacción por parte de los machos adultos, reanudó sus interrumpidos periodos de hinchazón sexual. Gilka, al igual que la mayoría de las hembras adolescentes, disfrutaba con las interacciones sexuales, pero con frecuencia tenía dificultades para seguir a los grupos de machos que se movían rápidamente porque el ataque de polio le había debilitado los músculos del brazo izquierdo. Aunque sospecho que se sentía aliviada cuando pasaban los agotadores días de celo, se convertía en una hembra solitaria entre dos periodos de actividad sexual: su madre, la vieja Olly, murió por aquellas fechas, y aunque sus relaciones con Evered eran aún excelentes, éste no solía estar cerca para hacerle compañía.

En 1974 las cosas parecieron mejorar. Gilka apareció un día con una diminuta cría. Le llamamos Gandalf y esperamos que con él terminarían sus días de soledad, ya que cuando una hembra de chimpancé inicia una familia, rara vez pasa sola el resto de su vida. Además, el nacimiento de la primera cría de una hembra con frecuencia parecía inducir un respeto añadido para la madre por parte del conjunto de los miembros de la comunidad, fueran machos o hembras. Fue maravilloso ver a Gilka, que solía sentarse al margen de cualquier sesión de acicalamiento del resto del grupo, tomando por fin parte más activa en la vida de la comunidad. La llegada de aquel bebé hizo algo más por Gilka: después de su nacimiento, decidimos no continuar la medicación contra la infección de hongos que presentaba su madre por temor a que perjudicara al bebé. Pero la inflamación, en vez de empeorar como temíamos, se redujo. Al poco tiempo Gilka quedó simplemente con una nariz grandota y casi cómica.

Gilka era una madre atenta y cuidadosa, como lo había sido Olly, y Gandalf, cuando tenía un mes, parecía una cría saludable y bien desarrollada. Pero entonces desapareció. No teníamos ni idea de qué podía haber sucedido; sencillamente, Gilka apareció un día sin él. Una vez más, excepto durante los días que estaba en celo, empezó a vagar sola. Y su infección empeoró.

Casi exactamente un año después de la desaparición de Gandalf recibimos un mensaje por radio según el cual Gilka había tenido otro nuevo bebé. Era una hembra y decidimos llamarla Otta, planeando poner una O al principio de los nombres de la familia para mantener viva la memoria de Olly. Ésta fue la cría a la que Passion mató.

Cuando Derek y yo fuimos a Gombe, escuchamos la tremenda historia con todos sus horribles detalles. Gilka, según nos contaron, estaba pacíficamente sentada por la tarde, acunando a su pequeña, cuando súbitamente apareció Passion. Se detuvo un momento, mirando a la madre y a la cría, y luego cargó hacia ellas con el pelo erizado. Gilka huyó, chillando, pero se hallaba en doble desventaja, con una cría a la que sujetar y una muñeca lisiada. Passion la alcanzó en un momento. Saltó sobre ella y agarró a la pequeña Otta. Gilka intentó desesperadamente salvar a su bebé, pero no tuvo oportunidad y, casi sin esfuerzo, Passion consiguió arrebatarle a Otta. Luego llegó lo más macabro de todo; apretó al bebé robado contra su pecho y Otta se agarró desesperadamente mientras Passion volvía a atacar a Gilka. En ese momento Pom, adolescente en aquella época, se unió a su madre, y Gilka, superada en número, huyó seguida por Passion, que llevaba a Otta colgando de su vientre. Contenta por su victoria, Passion se sentó en el suelo, retiró a la aterrorizada cría de su pecho y la mordió profundamente en la frente: la muerte fue instantánea. Poco a poco, con toda cautela, Gilka volvió. Cuando estuvo lo bastante cerca como para ver el cadáver inerte y sangrante, profirió un solo grito –¿de horror?, ¿de desesperación?–, se dio la vuelta y se fue.

Durante las cinco horas siguientes Passion devoró al bebé de Gilka compartiendo la carne con su familia, Pom y el joven Prof. Entre los tres consumieron hasta el último pedazo.

Nos quedamos sin habla. No era el primer ejemplo de canibalismo en Gombe; cinco años antes un grupo de adultos machos se había lanzado sobre una hembra de una comunidad vecina; la atacaron salvajemente y durante la lucha le robaron al bebé; lo mataron y se comieron parte de su cuerpecillo. Pero aquello fue distinto porque la hembra era una forastera que había despertado la hostilidad de los machos. La habían atacado como un esfuerzo más para conservar la integridad de su territorio y su cría, al parecer, había encontrado la muerte casi por accidente. Sólo comieron una pequeña parte de su cuerpo y únicamente lo hicieron dos de los machos presentes. La mayor parte de los agresores se habían exhibido con el cadáver e incluso lo habían acicalado. Pero el ataque de Passion a Gilka parecía tener un único objetivo: atrapar a la cría. Y comieron su cuerpo como se comen las presas, poco a poco y con apetito, masticando cada mordisco de carne con unas cuantas hojas verdes. Empezamos a sospechar que el primer bebé de Gilka, el pequeño Gandalf, podía haber tenido un destino semejante.

Al año siguiente Gilka dio a luz a un hijo saludable, Orion. En esa época sentía pavor por Passion. La primera vez que se encontraron el bebé tenía apenas unos días. Afortunadamente había cerca dos machos adultos. Passion se aproximó a menos de diez metros y se quedó mirando a la cría. Gilka comenzó al instante a gritar con fuerza, mirando a Passion y a los machos. Como si entendiesen lo que pasaba, los machos, uno tras otro, atacaron a Passion. En esta ocasión fue ella la que tuvo que huir gritando.

Durante las dos semanas siguientes Gilka apenas salió del valle de Kakombe, donde estaba situado el campamento. Parecía intentar desesperadamente permanecer cerca de la protección de los grandes machos. La seguí una vez cuando se alejaba del campamento con Figan. Consiguió seguirlos durante diez minutos, pero gradualmente se fue quedando atrás a causa de su problema físico y porque tenía que ayudar a su hijo recién nacido. Finalmente Figan desapareció por el camino y Gilka se quedó sola. Me quedé con ella. Ella amamantó a Orion y se sentó un rato mirando a su hijito. Entonces empezó a comer. Casi dos horas después de que perdiese de vista a Figan, oyó los jadeos de Humphrey en el campamento. Inmediatamente se levantó, rehízo el camino y se reunió con él. Se acicalaron por un momento y luego, cuando Humphrey dejó el campamento, Gilka lo siguió. Otra vez Gilka se fue quedando atrás y veinte minutos después volvía a estar sola.

Era inevitable que, tarde o temprano, Passion encontrara a Gilka cuando no hubiese machos cerca para ayudarla. Sucedió un día que Gilka, bajo el calor del mediodía, estaba descansando a la sombra con su cría. Orion tenía tres semanas. Pom llegó primero, moviéndose silenciosamente entre la maleza. Se quedó mirando unos momentos a la madre y al hijo, que estaban cerca, acostados. Un individuo más inteligente probablemente se hubiese percatado del peligro instantáneamente. Pero Gilka, como Olly antes que ella, no se caracterizaba por una gran capacidad intelectual. Se quedó donde estaba, como si no se percatase de nada. Cinco minutos después apareció Passion. Pom corrió hacia su madre y tocó su espalda con la cara llena de excitación. Era el tipo de interacción que se da entre madre e hija cuando se encuentran un árbol cargado de una fruta deliciosa. Como una sola hembra, Passion y Pom atacaron a Gilka, que había empezado a huir al ver a Passion. Gilka gritaba y gritaba mientras corría, pero no había machos en las cercanías para responder a sus desesperadas llamadas de auxilio.

Pom corrió hacia Gilka, que giró hacia un lado intentando evitarla. En ese momento Passion la atrapó y la tiró al suelo. Gilka no intentó luchar, pero se agachó para proteger a su bebé. Pom se lanzó a la lucha, golpeando a Gilka mientras Passion agarraba a la cría y mordía su cabeza. Gilka golpeó a la atacante en vano mientras con su mano libre aguantaba desesperadamente a Orion. Passion mordió la cara de Gilka y la sangre salió a borbotones de su ceja. Entonces, trabajando en equipo, Passion y Pom tumbaron a Gilka y mientras Passion, que era la más fuerte, aguantaba a la madre, Pom cogió a la criatura y escapó con ella. Luego se sentó y le dio un profundo mordisco en la frente. Y así, Orion murió de la misma manera brutal que la pequeña Otta un año antes.

Gilka pudo librarse de Passion y corrió detrás de Pom, pero Passion se lanzó sobre ella en un instante y la atacó de nuevo, mordiéndole los pies y las manos. Gilka, sangrando ahora por incontables heridas, hizo un último intento para recuperar a su mutilada cría, pero fue en vano. Y entonces Passion, dejando a Gilka, cogió a la presa y corrió, seguida de Pom. El joven Prof, que había contemplado la lucha a vida o muerte desde un árbol seguro, bajó y corrió detrás de su madre. Gilka las siguió cojeando un trecho, pero pronto se quedó tan atrás que unos minutos después abandonó y empezó a lamer y a acariciar sus heridas. La familia de Passion, mientras tanto, desapareció silenciosamente en la selva.

Probablemente nunca sabremos por qué Passion y Pom se comportaban de esta horripilante manera. Gilka no era su única víctima: Melissa perdió una cría, posiblemente dos, a manos de las hembras asesinas, y durante los cuatro años que duraron sus depredaciones desaparecieron hasta un total de seis recién nacidos. Yo sospechaba que Pom y Passion eran las responsables de todas estas muertes. De hecho, durante aquella desgraciada época sólo una hembra de la comunidad consiguió que sus bebés creciesen: Fifi. Y luego, después de que Passion se quedase embarazada, los infanticidios terminaron. No es que abandonase inmediatamente; fuimos testigos de tres intentos más, pero, por una razón u otra, fracasaron. Luego Pom también se quedó embarazada y ya no fue capaz de ayudar a su madre. Cuando estos ataques caníbales finalizaron, las madres ya pudieron viajar con sus recién nacidos sin ningún temor.

Pero para Gilka era demasiado tarde. Nunca se recuperó de los espantosos ataques de Passion. Aunque las laceraciones de sus manos parecían curadas, pocos meses más tarde aparecieron en sus dedos llagas supurantes. Y cuando éstas parecían curadas, aparecieron otras peores que las primeras. Ahora Gilka era una auténtica lisiada que a veces ni siquiera podía caminar cojeando. Desarrolló una diarrea crónica que nunca la abandonó totalmente y empezó a estar cada vez más demacrada. Tenía sólo quince años, pero físicamente estaba tan deteriorada que nunca volvió a reanudar sus periodos de celo. Su época de reproducción había terminado. Si antes era solitaria, ahora lo era infinitamente más. Sus compañeros más cercanos en esta época eran otras dos hembras sin descendencia, la grande y estéril Gigi y la inmigrante Patti, que no había tenido hasta entonces ningún parto. Aunque algunas veces nos las encontrábamos juntas, pescando pacíficamente termitas o comiendo algunas frutas, esto solamente sucedía cuando Gigi y Patti estaban visitando el valle, ya que Gilka casi nunca iba muy lejos, pues estaba demasiado coja. Cuando sus amigas partían hacia nuevos pastos, Gilka se quedaba sola.

Empezó a rondar nuestro campamento, más por tener compañía, pienso yo, que por la posibilidad de recibir unas cuantas bananas. Permanecía sentada, sola, mirando el valle, vigilando y esperando. Algunas veces me sentaba cerca, detrás de ella, esperando que comprendiera que yo la cuidaba, que deseaba ayudarla. Mi relación con ella era tan estrecha, tal era su implícita confianza en ese ser humano al que había conocido y amado desde los despreocupados días de su infancia, que incluso aceptaba que le untase con pomada antibiótica las terribles úlceras de sus manos.

Durante aquellos horribles días la relación de Gilka con su hermano mayor adquirió un nuevo significado. Es verdad que no estaban juntos con frecuencia, pero cuando lo estaban, Evered le proporcionaba una clase muy especial de compañía. Cuando él se encontraba cerca, ella se relajaba instantáneamente y recuperaba la confianza en sí misma. Evered había sido su consuelo en una ocasión anterior, cuando murió la vieja Olly. Gilka tenía entonces nueve años; ya era casi mayor para arreglárselas para vivir, pero estaba muy sola porque carecía de un hermano más joven y de amigos íntimos. Y así, día tras día, buscaba la compañía de Evered. Cuando ella se retrasaba, lenta aún en aquellos días como resultado de la polio, Evered la esperaba. Y cuando, finalmente, continuaba su camino y la dejaba atrás, ella parecía seguir las huellas de sus pisadas, las mismas rutas en la selva, parando a comer donde él había parado más o menos una hora antes. Quizás seguía el rastro de su olor, ya que los chimpancés pueden reconocer a los individuos por su olor característico. O quizás lo vislumbraba, a unos quinientos metros de distancia, cuando estaba comiendo en las ramas más altas de los grandes árboles.

Con el tiempo Gilka y Evered pasaron menos horas juntos, pero sus relaciones siempre fueron amistosas y estuvieron caracterizadas por largos ratos de acicalamiento social. A diferencia de otros hermanos, jamás se había visto a Evered forzando a su joven hermana para someterla a su interés sexual durante sus periodos de celo. Algunas veces la cortejaba sacudiendo ramitas pacíficamente, pero cuando ella le ignoraba o le eludía, la dejaba en paz. En muchas ocasiones Gilka había encontrado un claro alivio en la presencia de Evered. Por ejemplo, después de ser amenazada o atacada, era característico verla acercarse a Evered si él formaba parte del mismo grupo. Y entonces, de modo muy visible, se relajaba. En una ocasión Gilka y Fifi tuvieron un altercado en el campamento. Habíamos dejado fuera un bidón de sal y durante cierto tiempo las dos hembras la compartieron. Pero entonces Gilka golpeó accidentalmente a Fifi, que le devolvió el golpe. Gilka, enfadada, contestó a su vez. Ante tamaña insubordinación, Fifi, que era jerárquicamente superior, atacó a su compañera de juegos infantiles. No fue nada serio, sólo una rápida sucesión de golpes y patadas, así que Gilka, aunque gritó y corrió un trecho, volvió pronto. Tendió la mano, Fifi respondió con un contacto tranquilizador y las dos hembras volvieron a lamerse. Pensé que la paz se había restablecido.

De repente, para mi sorpresa, Gilka emitió un ruidoso ladrido de amenaza y luego, gritando, se arrojó sobre Fifi, golpeándola y agarrándola. ¿Por qué lo hizo? Entonces lo comprendí: Evered había llegado. Él se quedó mirando cómo peleaban las hembras con el pelo ligeramente erizado. Repentinamente Fifi reparó en la presencia de Evered y, rápidamente, se retiró del conflicto, lanzando pequeños gritos de miedo, ¿o quizás de furia? Gilka permaneció ocupada lamiendo la sal con aire satisfecho, dirigiendo a Fifi unos cuantos ladridos burlones, y se instaló al lado de su hermano. Al rato, Fifi se acercó silenciosamente a los hermanos y acicaló a Evered unos momentos para luego lamer también la sal, manteniendo a Evered prudentemente entre Gilka y ella. Fue un buen día para Gilka. Y debió de ser más satisfactorio aún cuando, bajo la vigilante mirada de su hermano, se atrevió incluso a amenazar a Passion: con Evered mirando, Passion no podía hacer absolutamente nada.

Hacia el final de la corta vida de Gilka se produjo un incidente que ilustra claramente su innato coraje. El sonido de las fuertes llamadas de los babuinos y los gritos de un chimpancé me llegaron a través del bosque. Eventualmente pude presenciar una increíble escena. En lo alto de un arbolito estaba un joven babuino llamado Sorhab comiéndose el cadáver de un pequeño antílope.

Junto a él, en la rama, estaba Gilka. Para mi sorpresa, ésta pretendía quitarle parte de su presa. Cada vez que intentaba conseguir algo de carne, Sorhab se volvía y la amenazaba mostrando sus caninos y levantando las cejas de manera que dejasen ver sus brillantes párpados blancos. Cuando lo hacía, Gilka gritaba, pero no se movía. Al contrario, lo volvía a intentar. En ese momento Sorhab la empujó con ambas manos y con la carne en la boca. Y Gilka, débil como estaba, cayó de la rama. Afortunadamente aterrizó en una rama más baja, y después de unos momentos, regresó a su posición. Cuando Sorhab volvió a mostrar sus párpados, ella gritó más fuerte que nunca.

Miré asombrada. Bajo el árbol muchos babuinos se apiñaban buscando restos de carne y gritándose entre sí. A una distancia discreta estaban otras dos chimpancés hembras que parecían intimidadas por el bullicio y que, simplemente, miraban desde su segura ubicación. Pero como la pequeña Gilka, débil y lisiada, continuaba acosando al gran babuino macho, pensé que debía de haber descubierto el cadáver y Sorhab se lo había arrebatado. Seguramente un sentido de la propiedad frustrado fue lo que la llevó a actuar de forma tan temeraria.

De repente Gilka, gritando, alzó ambas manos y golpeó al babuino con fuerza. Sorhab, irritado, cogió la presa con la boca y saltó sobre Gilka agarrándola. Esta vez ambos cayeron al suelo. Instantáneamente llegó una de las hembras que miraban, agarró la presa y tiró de ella. Sorhab la sujetaba fuerte por una pata, pero Gilka consiguió llevarse el resto del cuerpo y escapar con él. Muchos de los babuinos y la otra hembra la siguieron. Pero Gilka trepó de nuevo al árbol siguiendo a Sorhab, que, al parecer, ya no aguantó más. Enfurecido por el robo de la mayor parte de su presa, saltó sobre la audaz hembra y ambos cayeron al suelo una vez más. Y ahora Sorhab la atacó en serio, presionándola contra el suelo e intentando morderla. Afortunadamente, aún tenía carne en la boca; de no ser así, las cosas habrían ido peor para Gilka. Resultó ilesa, aunque gritaba más fuerte que nunca, en una rabieta causada por su ira frustrada. De repente, Sorhab decidió que ya tenía bastante y corrió con las sobras de la matanza. No había manera de que Gilka pudiese seguirlo. Se sentó un rato y miró hacia donde se había ido. Luego fue a reunirse con los otros chimpancés, mendigando una parte. Pero ellos la rechazaron con irritadas amenazas y pronto se dio por vencida. Lentamente, regresó cojeando a la escena de su conflicto con Sorhab y buscó en el suelo algunos restos del festín. Pero los babuinos se habían llevado todo.

Solamente con que Evered hubiese estado cerca para oír sus llamadas de auxilio, el incidente habría tenido un final muy distinto. Pero Evered estaba lejos, ya que era la época en que, después de sus derrotas con Figan y Faben, se había visto obligado a pasar largas semanas errando por el norte de la zona de la comunidad. Siempre que se aventuraba a volver a la zona central, era atacado de nuevo por sus dos poderosos adversarios. Entonces se iba una vez más y permanecía lejos durante más tiempo. Hasta entonces no me había dado cuenta de que las relaciones entre machos de la misma comunidad, entre individuos que han crecido juntos, podían llegar a ser tan hostiles; en realidad, parecía que los dos hermanos estaban intentando echar a Evered de la comunidad.

Fue durante esa época tumultuosa cuando observé cómo la íntima y amistosa relación entre Evered y su débil hermana les beneficiaba tanto a él como a Gilka. Un día, por ejemplo, estaba yo en el campamento cuando Evered hizo una de sus extrañas apariciones. Quizá no fuera una coincidencia que en aquella época Figan y Faben se encontraran en el sur del territorio. Pero aunque Evered sospechara que los hermanos no estaban cerca, se mostraba tenso y nervioso, mirando a uno y otro lado y volviéndose ante cada ruido. De repente se puso en pie con el pelo erizado, mirando hacia el este, donde algo se movía en la maleza. Pero sólo era Gilka, y cuando ésta se acercó, soltando pequeños gruñidos de saludo, Evered se relajó. Se acicalaron el uno al otro un momento y luego abandonaron el campamento.

Yo les seguí. Durante el resto del día ambos deambularon juntos, con Evered ajustando su paso al de su hermana. En varias ocasiones él empezó a caminar mientras ella estaba comiendo, pero después, mirando atrás, se tendía esperando pacientemente a que ella terminara. Cada vez que él se alejaba durante el viaje, esperaba hasta que ella lo alcanzaba. Creo que en la compañía familiar de Gilka, en su presencia no amenazadora, Evered encontraba el mismo tipo de relajación y bienestar que habría encontrado en la compañía de su madre si hubiera estado viva. Sin duda eso le dio valor cuando, a la mañana siguiente, se enfrentó una vez más a sus encarnizados enemigos.

Pero fue vencido una vez más y también una vez más buscó refugio en el norte, dejando sola a Gilka.

No tenía ni veinte años cuando murió. La encontré un día yaciendo muy quieta junto a las rápidas aguas del arroyo de Kakombe y supe, aun antes de llegar a su lado, que no volvería a moverse nunca más. Mientras estaba allí, recordé la larga serie de desgracias que tuvo que padecer casi desde el principio. Su vida, que comenzó de modo tan prometedor, se había convertido en un relato de una tristeza infinita. Había sido una cría encantadora, llena de gracia y de irrefrenable alegría a pesar del carácter de su madre, más bien serio y poco sociable. En su infancia había disfrutado de la sociedad de los machos, excitándose intensamente cuando, de vez en cuando, Olly se unía a un grupo grande. En esas ocasiones, como la fanfarrona nata que era, hacía volteretas y daba vueltas de campana en un arrebato de alegría. Ésta era la chimpancé que, con su cara de duende transformada en una gárgola, se había convertido en una pobre lisiada y en la más solitaria de los chimpancés de Gombe.

La selva estaba verde y oscura, salpicada de manchas de danzarina luz allí donde los rayos del último sol de la tarde se filtraban a través de las hojas susurrantes del dosel arbóreo. Se oía el murmullo del correr del agua. Y entonces, con el corazón sobrecogido, oí el puro y encantador canto del petirrojo africano. Cuando la miré, me invadió una súbita sensación de paz. Gilka, por fin, se había librado de aquel cuerpo que se había convertido solamente en una carga.

9. Sexo

El linaje de Olly parecía condenado a la extinción pese a haber dejado al morir dos vástagos independientes. Su hija, Gilka, no había podido sacar adelante a una sola cría y por un tiempo creímos que su hijo, Evered, obligado a exiliarse, se vería condenado a vagar solo por los alrededores del área de la comunidad. Un domingo por la mañana Hamisi Mkono iba por la orilla del lago en su camino hacia el mercado. Se dirigía hacia el norte, a la ciudad de Mwamgongo, justo fuera de los límites del parque. Uno por uno, había cruzado todos y cada uno de los riachuelos que afluyen al lago desde la cumbre. Después del riachuelo del campamento de Kasekela viene, primero, el de este nombre; después, el de Linda, el de Rutanga y el de Busambo. Ahora había alcanzado la boca del amplio valle donde se unen los ríos Mitumba y Kavusindi. Allí, en lo alto de una palmera, no lejos de la playa, un chimpancé estaba comiendo.

Curioso, Hamisi se acercó un poquito más, esperando ver huir al chimpancé, pues se encontraba en el territorio de los asustadizos miembros de la comunidad de Mitumba, todavía poco acostumbrados a los hombres. Pero el chimpancé continuó comiendo tranquilamente: no era otro que Evered. Poco después Hamisi vio un segundo chimpancé mirándole desde detrás de una frondosa palma, una hembra que lucía una enrojecida hinchazón posterior. A pesar de la calma con que Evered aceptaba la presencia humana, ella no permaneció mucho tiempo allí. Estaba nerviosa; saltó rápidamente al suelo y huyó. Evered se dio prisa en seguirla y la pareja se esfumó en la espesa selva del valle de Mitumba.

¡Aquello no era un exilio solitario! Evered no sólo estaba en compañía de una hembra, sino de una hembra muy deseable en el punto máximo de su receptividad sexual. Aunque había sido expulsado de su propia comunidad, se hallaba en la mejor de las situaciones. Evidentemente, había persuadido a una de las hembras del vecindario para que le acompañara en una relación de pareja en exclusiva. Nos preguntamos cuántas relaciones sexuales habría tenido Evered durante los meses que llevaba fuera de la comunidad.

Era más o menos la época en la que tuvimos la oportunidad de ver la muerte de Faben y cómo con ella terminaba la persecución de Evered, porque sin la ayuda de su hermano mayor el poder de Figan había disminuido. Y así Evered, aunque permaneció sometido a Figan, más joven que él, durante el resto de su vida, pudo volver a ocupar su puesto en la comunidad de Kasekela. Sin embargo, eso no significó el fin de sus periódicas aventuras románticas;

más bien se incrementaron. Porque no sólo se relacionaba sexualmente con las hembras de Mitumba, sino que ahora encontraba más fácil relacionarse con el mismo fin con hembras de su propia comunidad, hembras adolescentes al final de su periodo infértil, listas para concebir, y también hembras más maduras durante el mes en el que se reanudaba la hinchazón estral entre una cría y la siguiente. Además, en la mayoría de las ocasiones en que las hembras en celo no copulaban con él en exclusiva, sino que eran buscadas por la mayoría de los machos de su comunidad, Evered podía aprovechar las oportunidades de copular con ellas como cualquier otro macho de Kasekela. Sospechamos que Evered podía haber engendrado más crías que cualquier otro macho contemporáneo suyo: los genes de Olly, después de todo, iban a estar bien representados el día de mañana en la comunidad de Gombe.

La meta de un macho consorte es mantener a su hembra alejada de los machos rivales durante el tiempo en que es más apta para la concepción: los últimos días de su hinchazón sexual, antes de que ésta pase, de pronto, a estar blanda y arrugada. Todos los machos de Gombe toman hembras en exclusiva, pero algunos lo hacen con más éxito que otros. Evered había demostrado una habilidad consumada no sólo en lo concerniente a hacerse seguir por las hembras, sino en impedir que huyeran antes de tener la oportunidad de fecundarlas. No pudimos registrar el progreso de sus flirteos con las tímidas hembras de Mitumba, pero sus técnicas fueron cuidadosamente observadas en innumerables ocasiones. Un buen ejemplo fue el apareamiento en exclusiva que inició y mantuvo con Winkle en agosto de 1978.

Empezó una mañana cuando Evered encontró a Winkle y a su hijo Wilkie, que entonces tenía seis años, en las laderas del norte del valle de Kasekela. Al acercarse el fuerte macho, Wilkie corrió a saludarle saltando a sus brazos y luego le acicaló brevemente. Winkle le siguió, más sosegadamente, emitiendo algunos suaves gruñidos. Estaba justo empezando una hinchazón sexual y Evered se mostró inmediatamente interesado, examinando cuidadosamente su parte posterior y olisqueando luego sus dedos. Hecho esto, ambos dieron comienzo a una sesión de acicalamiento.

Diez minutos después Evered se alejó; luego se volvió, miró fijamente a Winkle y empezó a sacudir una frondosa rama con movimientos rápidos y espasmódicos, lo que traducido toscamente significaba: «¡Vamos, sígueme!» (si el agitar de la rama iba acompañado de una erección del pene, significaba: «¡Ven aquí. Necesito copular contigo!»). Winkle dio cuatro pasos hacia Evered y luego se detuvo. Evered agitó la rama una vez más, aunque no tan enérgicamente, y cuando Winkle le ignoró, dejó de insistir. Diez minutos después volvió a probar, y esta vez Winkle respondió y ella y Wilkie siguieron a Evered cuando éste inició la marcha, dirigiéndose hacia el norte, su zona favorita.

Unos minutos después Wilkie, que se había quedado el último de la fila, trepó a un árbol para comer unos frutos. Winkle, como contenta con la excusa, paró inmediatamente y se sentó a esperar a su hijo. Evered volvió y agitó otra rama, pero Winkle no le prestó atención. Durante los veinte minutos siguientes Evered continuó repitiendo sus llamadas, y, como Winkle continuaba ignorándole, agitaba la vegetación cada vez con mayor violencia. Era obvio que su paciencia se agotaba poco a poco, hasta que terminó por agotarse por completo. Con el pelo erizado y los labios apretados, saltó hacia Winkle, golpeándola y llevándosela a rastras hasta que ella pudo liberarse y echar a correr gritando. Evered, jadeante por el esfuerzo, la llamó una vez más, pero ella se resistió a obedecer. Se sentó mirándole y sus gritos se convirtieron gradualmente en pequeños chillidos y luego en gemidos.

La paciencia de Evered era muy notable. Esperó cerca de media hora, agitando ramas de vez en cuando con irritación. Pero, como antes, comenzó a sentirse cada vez más frustrado y terminó por castigarla de nuevo, esta vez atacándola más severamente. Ahora, por fin, cuando él dejó de golpearla y de arrastrarla, ella respondió instantáneamente. Apresurándose a agacharse ante él, con nerviosos y jadeantes gruñidos, apretó su boca contra su muslo, besándolo. Y entonces, como es normal en los machos de chimpancé después de la agresión, Evered la tranquilizó, acicalándola hasta que ella se relajó bajo las suaves caricias de sus dedos. Pasado el castigo, llega el momento de hacer las paces para restaurar la armonía social. Cuando veinte minutos después Evered empezó a andar otra vez, se volvió y agitó una rama, Winkle fue tras él obedientemente y Wilkie, como la otra vez, se resignó a seguirles.

Durante algún tiempo viajaron de esta manera, sin ninguna otra desavenencia. En la cresta, entre los valles de Kasekela y Linda, pararon para comer. Una hora después Evered estalló de nuevo y, en respuesta a su ahora familiar llamada, Winkle le siguió, pero sólo unos cuantos pasos cada vez y con evidente desgana. Sin lugar a dudas estaba poco dispuesta a abandonar su territorio favorito por el del norte, menos familiar. Ahora Evered estaba más impaciente y no tardó mucho en volver a atacarla. Aquél fue el peor ataque: cuando la cogió y la golpeó, ambos cayeron en un barranco con un ruido sordo, desde una gran roca hasta otra situada más abajo, y de ahí a una tercera. Winkle quedó libre y huyó lejos de allí, gritando. Pero cuando Evered la llamó, recogió rápidamente a su hijo, que, asustado por el conflicto, gritaba con fuerza, y cargándoselo a la espalda siguió a su inflexible pretendiente.

Durante las dos horas siguientes Evered siguió su camino, implacable, más y más hacia el norte. En tres ocasiones más atacó a Winkle; una vez cuando ella se resistió a cruzar la corriente del Linda; otra, cuando corrió repentinamente hacia el sur asustada por el súbito griterío de los pescadores de la playa cercana, y, finalmente, cuando llevó a cabo un último intento de resistirse a él, justo antes de bajar al valle de Rutanga.

Hasta que oscureció casi por completo el pequeño grupo no se instaló para pasar la noche. Wilkie compartió el nido con su madre, como era habitual, y seguramente el contacto con su cuerpo pequeño y familiar proporcionó a ésta algún bienestar tras las contusiones y golpes sufridos durante el largo día.

Al día siguiente las cosas fueron muy distintas. Ahora que finalmente se movía por un territorio desconocido, Winkle estaba ansiosa por mantenerse cerca de Evered y, en la mayoría de los casos, le seguía diligentemente cuando él se movía. Los episodios consistentes en agitar las ramas pasaron a ser menos frecuentes y vigorosos. A las diez y media habían alcanzado ya Kavusindi; aquella noche durmieron juntos en el valle de Mitumba, cerca de la playa, donde Evered casi siempre tomaba a sus hembras. Durante los ocho días siguientes se quedarían allí.

En cuanto estuvieron instalados y seguros de no ser descubiertos por otros machos de Kasekela, Evered pasó a ser benigno y tolerante. Si cuando estaba listo para partir Winkle comía, reposaba o acicalaba a su cría, se tendía en el suelo y esperaba pacientemente. Se mostraba muy tolerante con Wilkie; a veces le acicalaba y en algunas ocasiones le daba parte de su comida cuando el pequeño se lo pedía. Pero la mayor parte del tiempo Wilkie permanecía malhumorado y deprimido, ya que estaba al final del destete. Pasaba mucho tiempo sentado en contacto con Winkle, y, al secarse la leche de su madre, desesperado e incapaz de tranquilizarse, reclamaba constantemente su atención.

Winkle se hallaba en el punto álgido del celo desde el tercer día de aquel emparejamiento en exclusiva. Era fértil y, hacia el final, estaba en su máximo atractivo sexual y sumamente receptiva. Evered aún copulaba con ella, pero rara vez: nunca más de cinco veces al día. Cuando le hacía la corte, Winkle respondía con prontitud y calma. Era todo tan pacífico que parecía una idílica luna de miel.

Evered no es el único que se vuelve benigno y tolerante una vez que ha llevado a su hembra a su territorio favorito: es la norma entre los machos de Gombe. La agresión intimidatoria cesa cuando el macho consigue su meta; entonces está preparado para adaptar su rutina diaria a la de su dama. Recuerdo que una vez Figan llevó a Athena hacia el norte hasta la corriente de Rutanga. Ella se mostraba extraordinariamente reacia a acompañarle y fue un día terrible para los dos. Sin embargo, a fuerza de repetir sus violentas exhibiciones –sin lucha–, Figan terminó por conseguir su propósito. A la mañana siguiente estaba claro que Athena quería seguir en la cama. Figan se levantó a la hora de costumbre y fue a sentarse bajo el nido de la hembra. Ella lo miró, emitió un suave gruñido, un soñoliento «buenos días» y se quedó donde estaba. Después de diez minutos, Figan miró hacia arriba y agitó una pequeña mata. Arriba no hubo respuesta. Ocho minutos más tarde probó otra vez, pero ella continuó acostada y no prestó atención a Figan. Aunque éste ejecutó una jactanciosa exhibición, continuó ignorándole. Y así, finalmente, Figan se marchó sin ella para atender su propio y acuciante deseo de desayunar. El árbol al que trepó, cargado de suculentos higos *mmanda,* no estaba lejos; pero ni siquiera desde las ramas más altas podía ver a Athena. Después de llenarse la boca de comida durante unos minutos, bajó deprisa de rama en rama, retrocedió un trecho, miró ansiosamente hacia el nido de ella y luego, tras asegurarse de que permanecía en él, volvió al árbol de los higos. Durante los tres cuartos de hora siguientes interrumpió su comida cinco veces más para ver si Athena se había escapado. Al día siguiente Figan la llevó mucho más al norte. Luego se relajó y los trece días siguientes de apareamiento transcurrieron pacíficamente y en calma.

¡Qué diferente es la situación cuando una hembra sexualmente atractiva se ve rodeada por un grupo de machos adultos! Si es popular como pareja, la tensión crece cuando sus pretendientes rivalizan entre sí por la oportunidad de copular con ella. En estas condiciones una hembra puede copular con seis machos o más en diez minutos. Y siempre que se produce alguna excitación en el grupo, como la reunión con otros chimpancés o la llegada a una fuente de comida, surge de modo característico una renovada explosión de actividad sexual. La vieja Flo, en sus buenos tiempos, copuló en una ocasión hasta cincuenta veces en un periodo de doce horas. Y con frecuencia, a causa de la alta tensión, empiezan las peleas, a veces por la más trivial de las razones. Aunque la propia hembra es rara vez la víctima, la situación la somete claramente a cierta dosis de estrés.

Es muy posible que la calma y la atmósfera de cordialidad de la pareja faciliten la concepción. Ciertamente, ocho meses después de que Winkle volviera de su luna de miel con Evered, dio a luz a una hija a la que llamamos Wunda, y fue la primera vez en la historia de Gombe que unos seres humanos observaban un nacimiento. Y puesto que la gestación de los chimpancés dura ocho meses, Wunda, sin sombra de duda, era hija de Evered.

Cuando una hembra de chimpancé queda preñada, su condición parece mantenerse en secreto, al menos por un tiempo. No existe en ellas una señal comparable al súbito cambio de color de la parte posterior de una hembra de babuino. No parece haber un olor especial, o feromona, que advierta de su condición a los machos. Más aún, durante los primeros meses de gestación desarrolla la hinchazón como es habitual y, por tanto, durante ese tiempo sigue despertando el interés de los machos adultos. Lo cual conduce a algunas situaciones absurdas cuando los machos se esfuerzan por llevarse a alguna hembra remisa que está ya preñada con el semen de sus rivales.

Con frecuencia un macho tiene que trabajar realmente muy duro para conservar a una hembra como pareja exclusiva. Si la dama concibe, el esfuerzo habrá valido la pena. Pero, por supuesto, el macho no tiene modo de saberlo. Probablemente por eso algunos machos se esfuerzan por tomar a sus hembras como pareja en exclusiva dos veces sucesivas, porque, en este sentido, queda garantizada la primera inversión. Si él falla al no dejar preñada a la hembra la primera vez, tendrá otra oportunidad en la segunda luna de miel y evitará que ella se vaya con un rival. Y aunque la hembra esté ya preñada, puede valer la pena aunque sólo sea por estar efectivamente seguro de que no se verá sometida al estrés y las tensiones provocadas por una excitación sexual, una situación que podría significar un peligro para el hijo no nacido. Así, Evered tomaba algunas veces a sus hembras para tres sucesivas lunas de miel.

Cada macho adulto tiene su propio y particular estilo para este tipo de asociación. Evered mantenía periodos de emparejamiento prolongados, muchos de los cuales fueron considerablemente más largos que los diez días que estuvo con Winkle. Una vez estuvo vagando por el norte con una de las hembras de Kasekela por lo menos tres meses, aunque no podemos asegurar que permanecieran juntos todo el tiempo.

Otros machos tienen emparejamientos muy cortos. Intentan iniciar la relación, no durante los primeros estadios de la hinchazón, sino cuando la hembra está en el punto máximo del celo. Existen diversas ventajas para el macho que actúa de este modo. Por un lado es más probable que la hembra, al ser altamente receptiva, colabore con él. Por otro, el macho no tiene que mantener la relación durante tanto tiempo, y eso es importante si se está esforzando por mantener su posición jerárquica: con una ausencia más prolongada, lo más fácil es que a su regreso tenga que hacer frente a uno o varios rivales.

Pero esta estrategia tiene sus inconvenientes. No es fácil fugarse con una hembra que está en el momento máximo de su atractivo. En realidad, si ella es sexualmente popular, puede ser imposible, ya que está rodeada por numerosos machos adultos que vigilan cada uno de sus movimientos. El macho aspirante a consorte debe permanecer, obligatoriamente, muy cerca de ella y estar preparado para aprovechar cualquier oportunidad de llevársela. Desde luego, aunque fracase, su constante proximidad le proporcionará las máximas oportunidades de copular con ella y, en consecuencia, las máximas oportunidades de engendrar un hijo.

Uno de los mayores expertos en emparejamientos cortos y amables era Satán. Su técnica era interesante. No sólo mantenía una estrecha proximidad con la hembra con la que deseaba irse, sino que también la acicalaba frecuentemente. Y luego, habiendo demostrado su bondadosa naturaleza —«mira qué pareja tan cariñosa voy a ser»—, esperaba su oportunidad. Si por cualquier razón, él y la hembra se encontraban temporalmente separados de los otros machos, Satán, de inmediato, agitaba la vegetación, encaminándose en dirección opuesta al grupo y esperando que ella le siguiera. En un par de ocasiones, cuando la hembra permanecía despierta al anochecer comiendo vorazmente como compensación a la escasa ingesta de los días ocupados en el sexo, Satán permanecía también despierto. Y luego, cuando ella había comido lo suficiente y los otros machos estaban seguros en sus nidos, intentaba llevársela a cierta distancia. Si tenía éxito, se levantaba muy temprano al día siguiente, y, despertando a la dama, le sugería una marcha apresurada.

Las estratagemas de este tipo sólo funcionan si la hembra colabora. Si ella se niega a seguir al macho y éste la ataca, sus gritos atraen de inmediato a uno o a varios pretendientes más. Satán tenía éxito en este aspecto y triunfaba con frecuencia, partiendo con las hembras más populares. Pero no sacaba demasiado beneficio, ya que casi siempre la hembra, después de estar con él unos días, le daba plantón y reaparecía, todavía en celo, en el centro del territorio. Y entonces los otros machos se precipitaban a copular con ella, recuperando el tiempo perdido. A pesar del evidente fracaso de su estrategia, Satán seguía probándola.

Algunos machos, utilizando una técnica que es exactamente la opuesta al método corto y amable, inician el apareamiento con hembras que están completamente «planas», es decir, que no muestran señales de desarrollo de su hinchazón sexual. Algunas veces se aparean con hembras recién salidas del celo o que han vuelto recientemente de un prolongado emparejamiento con otro macho. Para un macho que ocupa un puesto bajo en el escalafón, éste es un buen método para conseguir una hembra, ya que en ese estado sus superiores no se interesarán por ella y no pondrán obstáculos a su maniobra. Si consigue llevársela y conservarla hasta que vuelve a ser fértil, se sentirá en la gloria. Conocerá la felicidad de tener durante unos días a una hembra en el máximo de su hinchazón, y sólo para él. Podrá copular con ella cuantas veces quiera, sin miedo a ser interrumpido por sus superiores. Por otra parte, a menos que ella esté ya preñada, tendrá una buena oportunidad, con esta situación tan pacífica, de engendrar una cría y propagar sus genes, y de eso, después de todo, es de lo que se trata.

El principal problema para un macho que intenta llevar lejos a una hembra es que durante la fase «fría» de su ciclo sexual ella suele ser particularmente reacia a acompañar al macho. Nosotros observamos el desarrollo completo de lo que bien pudo ser el primer intento de emparejamiento del joven Freud. Tenía quince años cuando escogió como pareja a Gremlin, hija de Melissa. Ella estaba completamente plana y acababa de volver de estar una semana con Satán. Era evidente que no quería ir a ninguna parte con Freud.

Cuando los vi, Gremlin estaba sentada junto a un árbol y Freud la miraba furioso agitando las ramas. Solamente después de que se exhibiera varias veces, agitando violentamente la vegetación, ella le siguió y fueron hacia el norte. Gremlin no dejaba de mirar atrás, haciendo pucheros y emitiendo lloriqueos frecuentes y contenidos. Quería claramente reunirse con su madre, con la que había estado viajando al principio del día. Pero siempre que se daba la vuelta e intentaba regresar, Freud agitaba ramas hacia ella. Si Gremlin se negaba a seguirle, él permanecía erecto, agitando y sacudiendo la vegetación en otra magnífica exhibición. Gremlin probó suerte hasta el límite, ignorándole hasta el punto de que parecía inevitable un ataque. Pero entonces, en el último minuto, marchó precipitadamente hacia él con gruñidos jadeantes y gestos de apaciguamiento. De ordinario seguía una breve sesión de acicalamiento, después de la cual Freud probaba suerte de nuevo. Era dos años más joven que Gremlin, pero mucho más fuerte, y en una lucha ella podía muy bien resultar herida. Y así, por fin, se dio por vencida.

Sin embargo, pronto se las arregló para llevar a cabo su propia forma de protesta: después de dar unos pasos en la dirección requerida, trepó a un árbol y empezó a comer. Freud, después de mirar arriba con desgana y agitar un pequeño manojo de hierbas, se instaló para esperar. Esperó, esperó y esperó. Se tumbó y cerró los ojos. Se sentó y se acicaló. A continuación, después de casi una hora, empezó a dar muestras de impaciencia, rascándose cada vez más vigorosamente mientras miraba hacia Gremlin con más y más frecuencia. A continuación realizó una serie de espectaculares exhibiciones debajo de donde ella estaba sentada, sin moverse, mirándole. Sólo cuando Freud saltó realmente al árbol con el pelo erizado, Gremlin capituló por fin, bajó al suelo y le tocó para apaciguarle.

Cuando él se puso en marcha, dirigiéndose hacia el norte, Gremlin le siguió. Pero unos cuantos metros más allá subió a otro árbol y empezó a comer otra vez. Nunca he visto a un chimpancé trepar a tantos árboles en menos tiempo. Cualquier cosa era una excusa para detenerse. Y cada vez Freud esperaba como antes, acicalándose o tumbándose en el suelo hasta que ella, condescendiente, le seguía de nuevo otro par de metros. ¡Tardaron cinco horas en recorrer menos de quinientos metros! Cuando faltaba hora y media para acostarse, ella trepó a otro árbol y construyó un frondoso nido. Freud, después de mirar arriba, emitió un audible suspiro; luego, resignado, hizo su propio nido en las proximidades.

Estaban aún en pleno centro del territorio de la comunidad cuando, al día siguiente, encontraron a un par de machos de Kasekela. Esto marcó el final del intento de Freud de emparejarse, y Gremlin pudo reunirse con su madre.

Está claro que una hembra prefiere unos machos a otros y, por el mismo motivo, desea eludir a ciertos individuos. El agresivo Humphrey era comprensiblemente temido por muchas de ellas. Pero, aunque alguna hembra puede terminar algunas veces con una relación no deseada –mostrándose pasiva y atrayendo a otros machos, o aprovechando una oportunidad para escapar–, en la mayoría de los casos todas están obligadas a someterse a los caprichos de cualquier macho que quiera llevársela, y aunque a veces una hembra parece seguir complaciente a un macho, puede ser que lo haga debido, sencillamente, al amargo castigo sufrido por su desobediencia en ocasiones anteriores.

En una ocasión en que Passion, con los cuartos traseros enrojecidos e hinchados, se negó a seguir a Evered al norte, éste la atacó cuatro veces, incluso muy severamente, en menos de dos horas. Durante el tercero de estos asaltos, Passion se lesionó una mano y después no pudo apoyarla en el suelo. Pero lisiada y todo, se mostraba poco obediente a las imperiosas demandas de Evered, y el cuarto ataque fue el peor de todos. Esta vez sus gritos frenéticos, a los que se sumaron las llamadas de sus inquietas crías, Pom y Prof, suscitaron el interés de dos machos. Cuando llegaron, con el pelo erizado, a ver qué ocurría, Evered se apresuró a recibirles, y luego, sin dejar de volverse a mirar a Passion, se fue con sus amigos. Passion, que ahora emitía ligeros sollozos, sin duda compadeciéndose a sí misma, debió de sentir un gran placer al verle marchar.

Pero no iba a librarse de él tan fácilmente. Al día siguiente, Evered volvió a encontrarla, y esta vez ella se apresuró a obedecer de inmediato sus imperiosas llamadas, cojeando tras él tan rápidamente como podía. Había aprendido bien la lección. Evered, por lo que sabemos, la mantuvo apartada de los otros machos durante cerca de dos meses, o sea, por dos periodos completos de hinchazón. Cuando Passion reapareció, finalmente, en los lugares que frecuentaba, estaba embarazada; es de suponer que de un descendiente de Evered.

Un interesante aspecto de los largos emparejamientos de Evered es el hecho de que, con mucha frecuencia, copula con sus hembras cuando éstas no están completamente «enrojecidas», lo cual es muy poco frecuente entre los chimpancés en libertad. Un macho adulto casi nunca corteja a una hembra excepto durante los diez días de su máxima hinchazón, y ella, por su parte, no responde si el macho intenta llamar su atención en cualquier otro momento. Si él persiste, es característico que la hembra se asuste e intente evitarle. Pero durante sus largos emparejamientos con dos hembras, Athena y Dove, Evered copuló con ellas en numerosas ocasiones en las que estaban planas, o mínimamente hinchadas. Y las dos hembras aceptaban sus avances sexuales con tranquilidad. Probablemente ocurría lo mismo cuando pasaba semanas con otras hembras, pero no estábamos allí para presenciarlo.

Este prolongado periodo de relación exclusiva, con la atmósfera de calma y de relajación que prevalece y las inusuales interacciones sexuales, sugiere que los chimpancés tienen una capacidad latente para el desarrollo de una relación heterosexual permanente: una relación semejante a la monogamia que se ha convertido en una tradición cultural en gran parte del mundo occidental.

Sin embargo, hasta en la que puede parecer la más idílica de estas relaciones está presente la semilla de la infidelidad. Una vez Evered estuvo con Dove, en su zona favorita del norte, casi dos meses. Durante una brillante mañana, hacia el final de este periodo, su lealtad fue puesta a prueba. Después de haber dejado sus nidos, Evered y Dove, con la hija menor de Dove, comieron durante media hora unas flores amarillas. Luego, los dos adultos se sentaron juntos y se acicalaron el uno al otro mientras la pequeña jugaba sola en el nido vacío de Evered. En aquel momento Dove estaba plana y, como posteriormente descubrimos, embarazada de una cría de Evered.

De repente se oyó un ruido en la maleza. Evered se volvió y miró hacia allí con el pelo erizado. Sólo unos días antes su pequeño grupo había huido hacia el sur al oír los jadeos y los *huts* de los machos de la vecina comunidad de Mitumba; Evered estaba claramente preparado para otra retirada. Cuando un chimpancé empezó a tre-

par a un árbol a unos cien metros de distancia, Evered
enseñó los dientes en una silenciosa mueca, y cuando un
segundo chimpancé siguió al primero, tocó a Dove buscando seguridad.

Pero se tranquilizó enseguida al reconocer a dos miembros de su propia comunidad: Sherry, un joven macho en
su mejor momento, y Winkle, completamente hinchada.
¡Otra luna de miel! Evered les observó unos momentos
y luego, con el pelo erizado, fue hacia ellos, trepó a su árbol y empezó a agitar las ramas para Winkle. Si ella tenía
intención o no de obedecer a su llamada, no lo sabremos
nunca, ya que Sherry, normalmente subordinado a Evered, estaba preparado para defender sus derechos. Arremetió contra Evered y lo atacó. La batalla fue corta, y
pronto éste, más pequeño y ligero que Sherry, se retiró
gimiendo. Pero se quedó por allí, así que Sherry atacó de
nuevo a los pocos minutos. Esta vez Evered fue expulsado a patadas del árbol y cayó al suelo.

Aún gimiendo y visiblemente dolorido, volvió con su
Dove. Ella había permanecido donde la había dejado,
mirando todo lo sucedido. Cuando él se sentó junto a
ella, gimiendo y lamiéndose un dedo sangrante, ella empezó a acicalarlo y gradualmente él se calmó. Pero continuaba mirando a Winkle hasta que ésta, siguiendo a Sherry, se fue con su provocativa hinchazón al bosque.

Este incidente prueba el poderoso efecto de la hinchazón de la hembra en el aumento de los deseos sexuales
del macho. No estaba claro si Evered quería conseguir
solamente una cópula rápida con Winkle o si, como yo
sospechaba, quería que dejase a Sherry y llevársela consigo. Si su maniobra hubiese tenido éxito, ¿qué habría

sido de Dove? ¿Habría intentado Evered, como el viejo macho Leakey una década antes, quedarse con las dos hembras? Parece improbable. Lo más seguro es que Dove, plana y carente de interés, hubiese sido abandonada en favor de la atractiva Winkle.

Dove se habría encontrado entonces en una posición muy vulnerable. Habría sido abandonada sin la protección de un macho en una zona relativamente desconocida para ella, ya que sus refugios preferidos están en el sur. Donde se encontraban, ella y su cría habrían quedado a merced de los poderosos machos de la comunidad de Mitumba.

10. Guerra

La patrulla de Kasekela se movía hacia delante lenta y cautelosamente mientras penetraba aún más profundamente en el territorio de la comunidad de Mitumba. Satán iba a la cabeza; otros cinco machos y Gigi, en pleno celo, le seguían de cerca. Todos tenían el pelo erizado, señal de excitación y de recelo. Primero uno y después otro se inclinaron para husmear el suelo. Evered recogió una hoja y la olió cuidadosamente; Figan, en posición erecta, olisqueaba las ramas más bajas de los árboles. Repetidamente se detenían a escuchar, mirando a ambos lados entre la densa maleza. Era un día sin viento y el bosque permanecía en un silencio roto únicamente por los coros estridentes de las cigarras. De repente, se oyó el chasquido de una rama, un sonido agudo y frágil. Satán se volvió hacia los demás, cortada su cara por una amplia sonrisa, parte de miedo, parte de excitación; una amplia sonrisa formada por un conjunto de dientes blancos y brillantes encías rojas. Silenciosamente abrazó a Jomeo, que estaba detrás de él. Figan y Evered también se abrazaron. Mustard tocó a Goblin. Como Satán, todos estaban muy sonrientes.

Mientras permanecían allí, atentos, mirando hacia el origen del ruido, se oyó el chasquido de otra rama. Hojas que crujían bajo una fuerte pisada. Y entonces los chimpancés se relajaron al ver la sombra de un cerdo salvaje hozando entre la maleza. Ocupado en sus propios asuntos, ni siquiera advirtió a su audiencia y pronto desapareció.

Satán siguió adelante, pero cuando miró hacia atrás y vio que los demás no le seguían, hizo una pausa: no estaba preparado para continuar en solitario. Un momento después, sin embargo, Jomeo le siguió con el resto del grupo tras él.

Diez minutos después se oyó, justo delante del grupo, el débil lloriqueo de una cría. Los machos se miraron; instantáneamente, ellos y Gigi corrieron en dirección al lugar de donde procedía el ruido. Al llegar a un árbol grande y de escaso follaje, una hembra bajó de lo alto. Pudo haber escapado, pero su cría, de dos o tres años de edad, se había quedado entre las ramas y gritaba de terror. La madre retrocedió, cogió a su cría y volvió a saltar al suelo. Pero había perdido un tiempo valioso: la patrulla de Kasekela se le echó encima. Goblin fue el primero en agarrar a la desconocida, golpeándola, mordiéndola y dándole patadas en la espalda. Un joven, que también se encontraba en el árbol, saltó rápidamente al suelo y desapareció en el denso bosque. Satán y Mustard saltaron junto a Goblin, que continuaba el ataque, y un momento después Figan, Satán y Jomeo se incorporaban a la lucha.

Durante este asalto feroz, Evered agarró a la cría y la atacó entre los matorrales, golpeándola contra el suelo como si fuera la rama de un árbol. Luego, lanzando el cuerpecito ante sí, se volvió corriendo para reunirse con los otros machos, que aún estaban atacando a la madre. Gigi estaba allí, en los alrededores de la vociferante masa de cuerpos aullantes, asestando un golpe a la menor oportunidad.

Diez minutos después del comienzo del ataque, la hembra consiguió liberarse y trepó a un árbol, sin dejar de gritar. Goblin fue el único macho que la siguió. La atacó brevemente y luego miró a Gigi, que, evidentemente decidida a decir la última palabra, trepó al árbol y llevó a cabo la serie final de golpes. La desconocida consiguió liberarse; dio un salto tremendo hasta un árbol cercano y, desde allí, hasta el suelo para dirigirse a donde estaba su hijo, que gritaba todavía. El encuentro duró unos quince minutos. Había una gran cantidad de sangre en la vegetación del lugar en que se había producido la refriega y en una pequeña zona bajo los árboles donde Goblin y Gigi habían infligido el castigo final.

Durante los cinco minutos siguientes los chimpancés de Kasekela, en un estado de excitación que rozaba el frenesí, se exhibieron sucesivamente alrededor del escenario del conflicto, arrastrando y agitando ramas, lanzando piedras, moviendo la maleza y profiriendo gritos y rugidos. Finalmente, todavía de un humor bullicioso y alborotador, dieron media vuelta y se volvieron por donde habían venido.

Al menos una vez a la semana los machos de Gombe, en grupos de no menos de tres, visitaban las zonas periféricas de su territorio. No está claramente marcado el límite entre los grupos vecinos; de hecho, suele haber zonas en las que se solapan dos o más grupos. Cuando los machos descubren una buena fuente de comida en una de estas zonas de encabalgamiento, suelen volver al día siguiente para comer junto con las hembras y las crías. En expediciones de este tipo, los chimpancés normalmente se aseguran de dónde están sus vecinos antes de dar comienzo al festín. Así, cuando alcanzan alguna cumbre desde la cual pueden divisar el territorio, la expedición se detiene a observar. Si todo parece despejado, suelen proferir fuertes *huts* y escuchar luego atentamente. Si no oyen nada, o si la réplica es muy lejana, avanzan tranquilamente y empiezan a comer.

A veces, cuando un grupo de chimpancés deambula buscando alimento, parando ocasionalmente para descansar, los machos adultos, repentinamente, empiezan a moverse enérgicamente, dirigiéndose hacia alguna parte de la frontera de su territorio. Esta repentina decisión, este aire de determinación, suele indicar que acaban de percatarse de la presencia de sus vecinos. En este punto las madres y los jóvenes que viajan con los machos suelen rezagarse, excepto las hembras en celo, que acostumbran a seguirlos.

Cuando la patrulla de machos detecta la presencia de extraños, empieza a moverse cautelosamente, husmeando la vegetación, atentos al menor ruido. El descubrimiento de restos de frutas o de instrumentos para cazar termitas les interesa inmediatamente. Si ven un nido reciente, los machos lo investigan con cuidado y luego actúan vigorosamente en las ramas hasta dejarlo virtualmente destrozado. Si encuentran chimpancés de la comunidad vecina, su respuesta dependerá del tamaño del grupo, aunque es de especial importancia el número de machos adultos. Si uno de los grupos es más grande que el otro, o está formado por más machos adultos, entonces el más pequeño suele retirarse discretamente a un sitio más seguro. Si los otros machos se percatan, gritan y los persiguen, pero no los atrapan, ya que se conforman con realizar una demostración de poderío. Si las fuerzas están igualadas, con un número similar de machos en cada grupo, entonces los miembros de los dos grupos suelen mantenerse alejados unos cuantos metros, lanzándose amenazas. Primero un grupo y después el otro actúan y se exhiben, cargando a través de la maleza, golpeando el suelo y los troncos de árboles, arrojando piedras y profiriendo continuamente fuertes gritos y fieras llamadas. Finalmente, después de media hora o más, cada grupo se retira hacia la parte central de su territorio. Esta vigorosa y estridente conducta tiene por objeto proclamar la presencia de los legítimos propietarios del territorio e intimidar a los vecinos. La lucha no es necesaria.

Sólo cuando dos o más machos se encuentran a un forastero solitario o a una pareja de forasteras con sus crías, tienen lugar ataques feroces. En realidad, si las patrullas de machos oyen los gritos de una cría en alguna parte de los límites de su territorio y sospechan que hay alguna madre de otra comunidad, la buscan, persistiendo durante una hora o más en su intento. Y, si logran encontrarla, la atacan. Un macho forastero también puede ser atacado, pero en el transcurso de nuestros años de investigación en Gombe hemos observado sólo dos ataques, relativamente suaves, a machos de comunidades vecinas, comparados con dieciocho duros ataques contra hembras. Los machos, después de todo, son adversarios bastante más peligrosos, particularmente cuando no se conocen ni su fuerza ni su debilidad. Desde luego, un macho que está solo puede ser derrotado por un grupo, pero puede infligir serias heridas a uno o más de sus agresores durante la batalla. Una hembra, especialmente si está protegiendo a una cría, no supone un peligro para sus asaltantes.

¿Por qué estas hembras son tan salvajemente atacadas? En algunas sociedades de mamíferos –leones y monos langures, por ejemplo– un macho que ha derrotado al líder de un grupo y capturado a las hembras a veces mata a todas las crías. Con suerte, las hembras recién conseguidas serán sexualmente receptivas antes que si hubieran destetado normalmente a sus crías. El nuevo líder tendrá una doble ventaja: primero, será padre de los próximos bebés nacidos en el grupo; segundo, habrá eliminado parte de la descendencia de su derrotado rival, que, de haber sobrevivido, habría competido con él. En términos de la teoría de la evolución, este ejercicio representará una ventaja reproductiva para el macho agresor, ya que le supondrá en la futura población una proporción de familia biológica mayor de la que de otro modo le habría correspondido.

Los ataques observados en Gombe, sin embargo, estaban claramente dirigidos a las hembras adultas. Aunque en cuatro ocasiones las crías fueron efectivamente asesinadas, en cada una de ellas fue como consecuencia del ataque a sus madres. Siempre que pudimos ver a las víctimas que lograron escapar comprobamos que habían sido brutalmente heridas, mientras que las crías parecían haber salido ilesas. Sería relativamente fácil, incluso para un solo macho, quitarle una cría a su madre y matarla si ése fuese su objetivo. Por lo tanto, parece que los ataques constituyen una expresión del odio que sienten los chimpancés de una comunidad por los de otra. Aunque forasteros de ambos sexos pueden provocar estas hostilidades, las inofensivas hembras son atacadas bastante más a menudo. De este modo los machos las disuaden de trasladarse a su territorio –si es que sobreviven– y protegen las fuentes de alimentación de su zona para sus propias hembras y los jóvenes.

Hay, sin embargo, algunas ocasiones en las que las hembras permanecen a salvo de este tipo de agresiones intercomunitarias. Las hembras que están en la adolescencia tardía suelen trasladarse a otras comunidades vecinas durante los periodos de estro. Y los machos adultos de allí no solamente las toleran cuando están en pleno celo, sino que pueden reclutarlas, ya que las encuentran altamente estimulantes desde el punto de vista sexual. A veces una hembra joven se queda en la nueva comunidad después de resultar preñada. Es una decisión difícil. Por un lado, su presencia será rechazada por las hembras de la comunidad, al menos al principio, y por otro cortará los lazos que la unen a su familia y a sus compañeros de la infancia, ya que, una vez que haya dado a luz, ya no podrá volver a su comunidad. Si lo intentara, correría el riesgo de ser brutalmente atacada, a no ser que volviese completamente «enrojecida». Hemos observado algunos encuentros entre machos de una comunidad y hembras forasteras en estro y, aunque hubo algunos ataques, hubo también muchas cópulas. Pero estos incidentes son poco corrientes, ya que la mayoría de las hembras son cuidadosamente guardadas por sus machos cuando están en celo.

No cabe duda de que estos encuentros intercomunitarios son muy atractivos para algunos de los machos, especialmente cuando tienen entre catorce y dieciocho años de edad. Una vez seguí a Figan, a Satán y al joven Sherry mientras viajaban por el extremo sur del valle de Mkenke, que en aquella época formaba parte de la zona que se solapaba con la poderosa comunidad de Kalande en el sur. De pronto Figan se detuvo, con el pelo erizado, y, mirando hacia el sur, emitió un fuerte grito de alarma. Seguí la dirección de su mirada y vi a un grupo de al menos siete chimpancés adultos. Evidentemente, eran miembros de la comunidad de Kalande que ahora, alertados por el grito de Figan, comenzaban a desplegarse ruidosamente.

Los tres machos de Kasekela corrieron silenciosamente hacia el norte una corta distancia y después se detuvieron y miraron atrás. Cuando los extraños volvieron a desplegarse moviéndose en dirección a nosotros, Figan y Satán se giraron y huyeron en silencio hasta un lugar seguro. Pero Sherry, que acababa de salir de la adolescencia, no les siguió enseguida. Se quedó mirando a los extraños, absorto y fascinado. Sólo cuando dos machos adultos embistieron a cincuenta metros de distancia, se volvió y corrió tras sus compañeros. Más tarde, aquel mismo día, dejó a Figan y a Satán y volvió solo a la cresta del valle de Mkenke. Trepó a un árbol y permaneció sentado, mirando hacia el sur, durante más de media hora. Parecía que, simplemente, tenía que echar un último vistazo.

Otro joven chimpancé de Kasekela, Sniff, provocó a un gran grupo de chimpancés de Kalande que incluía al menos a tres machos adultos, y lo hizo él solo porque sus dos compañeros habían huido. El grupo de Kalande estaba en un barranco emitiendo fuertes gritos y cargando entre la maleza. Sniff, emitiendo fuertes *huts* que parecían rugidos, llevó a cabo una exhibición espectacular a lo largo de un camino cercano a lo alto del barranco. Arrojó al menos trece enormes piedras a los extraños. Sólo se retiró cuando dos machos de Kalande corrieron hacia él. Y seguía rugiendo desafiante, pateando el suelo y tamborileando en los troncos de los árboles cuando se reunió con sus dos cobardes compañeros.

El año 1974 marcó el comienzo de «la guerra de los cuatro años» en Gombe. Diez años después de mi llegada, la comunidad cuyos miembros había llegado a conocer tan bien comenzó a dividirse. Por entonces, hacia el final del reinado de Mike como macho alfa, había catorce machos totalmente adultos: seis de ellos, incluidos los hermanos Hugh y Charlie y mi viejo amigo Goliat, empezaron a pasar cada vez más tiempo en la parte sur del territorio de la comunidad. Sniff, que era entonces un adolescente, y tres hembras adultas con sus crías llegaron a formar parte también de lo que llamamos el «subgrupo del sur». El «subgrupo del norte» era mucho mayor; estaba formado por ocho machos adultos, doce hembras y tres crías.

Conforme pasaban los meses, la relación entre los machos de los dos subgrupos se fue haciendo cada vez más hostil. Los del norte solían mantenerse lejos de la zona ocupada por el otro grupo, pero los machos del sur, liderados por Hugh y Charlie, se movían con frecuencia hacia el norte. Y como casi siempre llevaban a cabo estas incursiones en un grupo muy unido, y dada la intrépida naturaleza de Hugh y Charlie, los machos del norte solían evitarlos. Aun así, los dos machos más viejos del norte, Mike y Rodolf, a veces vagaban pacíficamente con Goliat, el mayor de los del sur.

Dos años después de las primeras señales de división se hizo evidente que los chimpancés formaban ahora dos comunidades distintas, cada una con su propio territorio. La «comunidad de Kahama» había renunciado a la parte norte de la zona que antes había ocupado, mientras que la «comunidad de Kasekela» se vio expulsada de lugares del sur por los que antes vagaba a voluntad. Cuando los machos de las dos comunidades se encontraban en la zona que solapaba una y otra, se insultaban ruidosamente los unos a los otros, llevaban a cabo largas y enérgicas exhibiciones y luego se retiraban al centro de su propio territorio. Pero incluso entonces los tres machos más viejos renovaban a veces su amistad.

Las cosas continuaron de ese modo durante un año. Y entonces fue cuando tuvo lugar el primer ataque brutal de un grupo de machos de Kasekela a un macho de Kahama. Hilali y otro miembro del equipo de campo lo observaron. El ataque comenzó cuando una patrulla formada por seis machos adultos de Kasekela encontró de pronto a un joven macho, Godi, comiendo en un árbol. Los agresores se habían acercado tan silenciosamente que Godi no reparó en ellos hasta que estaban casi encima de él. Y entonces ya fue demasiado tarde. Bajó al suelo de un salto y huyó, pero Humphrey, Figan y el peso pesado, Jomeo, fueron tras él, corriendo codo con codo y seguidos por los otros. Humphrey fue el primero en atrapar a Godi, agarrando una de sus piernas y tirándolo al suelo. Figan, Sherry, Jomeo y Evered lo golpearon y patearon, mientras Humphrey lo mantenía contra el suelo sentado sobre su cabeza y sujetando sus piernas con ambas manos. Godi no tenía oportunidad de escapar ni de defenderse. Rodolf, el mayor de los machos de Kasekela, golpeaba y mordía a la desdichada víctima siempre que encontraba un hueco y Gigi, que también estaba presente, atacaba cuando podía alrededor de la melé. Todos los chimpancés gritaban fuerte: Godi de terror y de miedo; los agresores, en un estado de enfurecido frenesí.

Al cabo de diez minutos Humphrey se separó de Godi. Los demás detuvieron el ataque y se alejaron formando un grupo ruidoso y turbulento. Godi permaneció quieto por unos momentos en el suelo mientras sus asaltantes se alejaban, y luego, lentamente, se puso en pie y se quedó mirándoles, profiriendo débiles gemidos. Estaba malherido; tenía grandes cortes en la cara, en una pierna y en el lado derecho del pecho, además de fuertes contusiones debidas a los tremendos golpes que había sufrido. Indudablemente murió de estas lesiones, ya que ninguno de los estudiantes del grupo de campo que trabajaba en el área de Kasekela volvió a verle jamás.

Durante los cuatro años siguientes tuvimos el testimonio de cuatro asaltos más de este tipo. La segunda víctima fue el joven macho Dé. Quedó igualmente malherido como resultado de los veinte minutos de apaleamiento infligido por Jomeo, Sherry y Evered. También en esta ocasión estaba Gigi presente, y esta vez se unió a los machos en el ataque. Dé, extenuado y con numerosas heridas mal curadas, fue visto por última vez un mes después del ataque. Luego desapareció para siempre.

La tercera víctima fue para mí la más trágica de todas. No fue otra que mi viejo amigo Goliat, el segundo chimpancé que me había permitido acercarme a él. Goliat había ocupado la posición más alta de la jerarquía antes del reinado de Mike. Fue siempre uno de los más valientes y osados entre los machos adultos. Siempre será un misterio para mí por qué se trasladó al sur cuando la comunidad se dividió. Los otros machos de Kahama habían mostrado, desde el principio, estrechas relaciones con los demás y pasaban mucho tiempo juntos. Pero Goliat siempre había parecido tener más amistad con los machos de Kasekela, los que tan brutal y sorprendentemente terminaron por atacarle. Cuando aquello sucedió, era viejo y frágil, con su antaño poderoso cuerpo ya marchito, su brillante pelaje negro pardo y descolorido y sus dientes desgastados.

Una de las estudiantes, Emilie, estuvo presente durante el ataque que condujo a la muerte de Goliat. Lo que más le impactó fue la terrible rabia y hostilidad de los cinco agresores: Figan y Faben, Humphrey, Satán y Jomeo.

–Definitivamente intentaban matarle –nos contó más tarde–. Faben le retorció la pierna varias veces, como si estuviese intentando desmembrar a un adulto de colobo después de una cacería.

Cuando el ataque terminó, Emilie siguió a los asaltantes hacia el norte y registró su salvaje excitación. Aporreaban repetidamente los troncos de los árboles, lanzaban piedras y arrastraban y tiraban ramas. Y gritaban sin parar en señal de triunfo.

Goliat, como las demás víctimas, estaba muy malherido. Logró sentarse, pero con dificultad, y cuando miró después a los que en otro tiempo habían sido sus compañeros, tembló violentamente. Mecía una de sus muñecas con la otra mano, como si la tuviera rota, y su cuerpo estaba cubierto de heridas. Al día siguiente volvimos a buscarle, pero había desaparecido sin dejar rastro.

Después de la muerte de Goliat, sólo quedaban tres machos de Kahama: Charlie, Sniff, ahora un joven macho adulto, y Willy Wally, lisiado como resultado de la epidemia de polio de 1966. Hugh había desaparecido, probablemente había muerto como los demás.

Charlie fue el siguiente en desaparecer. Nadie vio cómo le atacaban, pero unos pescadores nos dijeron que habían oído el ruido de una batalla feroz, y, después de buscar en el área durante tres días, el equipo de campo encontró su cuerpo cerca del curso del Kahama. Sus terribles lesiones eran prueba suficiente de que había muerto a manos de los machos de Kasekela.

Estaba claro que los machos de Kahama estaban condenados: tarde o temprano los dos que quedaban serían perseguidos y acabarían muertos. Pero lo extraordinariamente sorprendente fue que la víctima siguiente no fue ninguno de los que esperábamos, sino una de las tres hembras, Madam Bee. Yo debería haber estado preparada para esto porque sabía de los brutales ataques a las hembras forasteras. Pero Madam Bee no era una extraña, y yo pensaba que los machos de Kasekela, tras eliminar a sus rivales de Kahama, intentarían probablemente tomar de nuevo a las tres hembras que habían «desertado» a las filas enemigas.

Igual que Goliat, Madam Bee era vieja. Y aún más frágil, con un brazo paralizado por la polio. Cuando ocurrió el asalto fatal, ya había sido objeto de ataques sucesivos y estaba débil por una serie de heridas mal curadas. Pero esta hembra indefensa fue tratada de la misma manera depravada: fue golpeada y arrastrada a revolcones. Después de la paliza final, quedó boca abajo, completamente inmóvil, como muerta. Pero mientras los agresores se exhibían vociferando ruidosamente, de un modo u otro consiguió arrastrarse hasta ocultarse en la densa vegetación.

Tan bien se ocultó que tuvimos que buscarla diligentemente durante dos días hasta dar con ella, y la encontramos sólo porque se había visto a su hija adolescente, Honey Bee, comiendo en un árbol. Durante los dos días siguientes la hembra herida yació en el suelo, arrastrándose a veces un trecho para derrumbarse de nuevo. Poco a poco fue debilitándose, víctima de incontrolables temblores. Cuatro días después del ataque, murió.

No habríamos podido hacer nada para evitar su muerte. Pero si se hubiera restablecido, no habría tenido futuro: ni siquiera los machos sanos en la flor de la vida habían podido evitar la implacable hostilidad de sus enemigos de Kasekela. Le llevamos alimento y agua al lugar donde yacía, pero apenas tomó un poco. Sólo parecía encontrar algún alivio en presencia de su hija adolescente. Honey Bee permaneció constantemente junto a ella en aquellos días terribles, acicalando a su madre e intentando apartar las moscas de sus heridas.

Willy Wally fue el siguiente en desaparecer. Y luego, durante un año, Sniff fue el único superviviente de los machos de Kahama, confinado en una estrecha zona emparedada entre la comunidad de Kasekela al norte y la poderosa comunidad de Kalande al sur. Deseé desesperadamente que, pese a sus escasas probabilidades, Sniff consiguiese de algún modo ser admitido en las filas de Kalande, o que se desplazase a algún territorio no reclamado fuera de los límites del parque, al este del risco. Era muy joven y muy querido.

Recuerdo cuando, en 1964, la madre de Sniff visitó el campamento por primera vez. Mientras permanecía nerviosa entre los matorrales en el borde del claro, Sniff, con su insaciable curiosidad, se aproximó a mi tienda, levantó la lona y miró dentro. ¡No pareció sobresaltarse cuando me vio sacando la cabeza! Lo habíamos visto crecer, desde que era una cría simpática y juguetona hasta que se convirtió en un robusto adolescente. Quedamos profundamente emocionados cuando, después de la muerte de su madre, Sniff (que entonces tenía ocho años) adoptó a su hermana de catorce meses. Aún dependiente de la leche de su madre, sólo sobrevivió durante tres semanas, pero durante este tiempo Sniff la llevó consigo a todas partes, compartiendo con ella su alimento y su nido, haciendo todo lo posible para protegerla durante los frecuentes incidentes de agresión que se produjeron en el campamento en la época de la alimentación intensiva con bananas.

Pero Sniff fue brutalmente asesinado como los demás. Fue perseguido, atacado e incapacitado; sangraba por innumerables heridas y tenía una pierna rota. Una vez más, fuimos a buscar el lugar al que se había arrastrado para morir. Su muerte marcó el final de la comunidad de Kahama. Durante algún tiempo fueron vistas ocasionalmente las dos hembras adultas que quedaban con sus crías, pero luego desaparecieron también. Probablemente encontraron el mismo destino que el resto de este pequeño grupo condenado a muerte. Solamente las hembras adolescentes habían sido, desde el principio, inmunes a la violencia.

Los cuatro años siguientes, desde comienzos de 1974, cuando Godi fue atacado, hasta finales de 1977, cuando murió Sniff, fueron los más negros de la historia de Gombe. No sólo fue aniquilada una comunidad entera, sino que además se produjeron los ataques caníbales de Passion y Pom, aquel horripilante festín de carne de recién nacidos. Y todo esto sucedía al mismo tiempo que los rebeldes de Zaire invadían la arenosa playa de Gombe y nos sumergíamos en la pesadilla de las semanas siguientes. Supongo que deberíamos agradecerle a Dios que el drama humano, aunque dio lugar a una indescriptible angustia mental, no se cobrara, al menos, ninguna vida.

El secuestro, a pesar del *shock* y de la tristeza, apenas cambió mi punto de vista sobre la naturaleza humana. La historia está llena de secuestros y rescates, y ha habido muchos estudios, particularmente en los últimos años, sobre el efecto que estos incidentes pueden causar a las víctimas. Desde luego el hecho de que yo me viese implicada en uno de ellos me dio una nueva perspectiva: tengo la seguridad de que cuantos vivimos aquellas semanas adquirimos una mayor compasión respecto a aquellas personas cuyas vidas habían sido violentadas de esta forma.

La violencia intercomunitaria y el canibalismo que se dio en Gombe, sin embargo, eran inéditos, y una y otro cambiaron para siempre mi visión de la naturaleza de los chimpancés. Durante muchos años había creído que, aunque mostraban sorprendentes similitudes con los humanos, en muchos aspectos eran, en general, más «amables» que nosotros. De repente vi que en ciertas circunstancias pueden ser igualmente brutales, que también hay un lado oscuro en su naturaleza. Y eso me dolió. Desde luego, sabía que los chimpancés luchaban y se herían de vez en cuando. Había visto con horror cómo los machos adultos atacaban sin inhibiciones a las hembras durante el frenesí de una exhibición, e incluso a débiles crías que se interponían en su camino. Pero estas explosiones, aunque impactaban a quienes las veían, casi nunca acababan en heridas serias. Los ataques intercomunitarios y el canibalismo eran un tipo de violencia completamente distinto.

Durante varios años me costó creerlo. A menudo me despertaba por la noche con visiones de imágenes terribles: Satán, recogiendo con la mano la sangre que perdía Sniff por la barbilla para bebérsela; el viejo Rodolf, tan tranquilo normalmente, lanzando una piedra de casi dos kilos a Godi; Jomeo arrancando un pedazo de piel del muslo de Dé; Figan atacando y golpeando repetidamente el magullado cuerpo de Goliat, uno de sus héroes de la infancia. Y, quizá lo peor de todo, Passion comiendo la carne del bebé de Gilka, con la boca rebosando sangre como el grotesco vampiro de un cuento infantil.

Poco a poco, sin embargo, aprendí a aceptar esta nueva imagen. Aunque los instintos agresivos del chimpancé son notablemente parecidos a los nuestros, su comprensión del sufrimiento que están infligiendo es considerablemente distinta a la nuestra. Es cierto que los chimpancés son capaces de sentir empatía y de entender, hasta cierto punto, las necesidades y los deseos de sus compañeros. Pero creo que sólo los humanos son capaces de una crueldad *deliberada,* de actuar con la intención de causar dolor y sufrimiento.

Mientras tanto, ajenos a lo que habían provocado en mí, los chimpancés prosiguieron sus vidas. Y los chimpancés de Kasekela tenían el premio en sus manos. Después de la muerte de Sniff, los victoriosos machos de Kasekela, junto con sus hembras y sus jóvenes, viajaron, comieron e hicieron sus nidos sin temor en su recién incorporado territorio. El tamaño de dicho territorio aumentó de doce a más de quince kilómetros cuadrados. Pero este feliz estado de cosas no duró mucho. La comunidad de Kahama parecía haber actuado como amortiguador entre los chimpancés de Kasekela y la poderosa comunidad de Kalande, en el sur. Ahora esta comunidad empezó a empujar más y más hacia el norte. Un año después de la victoria final de los machos de Kasekela sobre Sniff, éstos se vieron obligados a retirarse. Cada vez que viajaban a la zona que con tanta brutalidad habían arrebatado a los chimpancés de Kahama, los individuos de Kasekela se encontraban con las patrullas de Kalande. Empezaron a desplazarse hacia el sur con creciente precaución y, poco a poco, su territorio volvió a reducirse.

Se observaron algunos enfrentamientos dramáticos entre grupos de Kasekela y de Kalande. Una vez, por ejemplo, Figan y otros cuatro machos fueron interceptados por un grupo más grande de kalandeítas y huyeron, en silencio, hacia la seguridad del norte. Dos machos de Kasekela desaparecieron: primero, el fuerte y joven macho Sherry y, al año siguiente, el viejo Humphrey. Y aunque no estamos seguros, creemos más que probable que fueron víctimas de agresiones intercomunitarias. Después de aquello no sólo la comunidad de Kasekela, que contaba únicamente con cinco machos, continuó perdiendo territorio por el sur, sino que, por el norte, la gran comunidad de Mitumba, aprovechando la oportunidad, empezó a extender su territorio hacia el sur. Hacia finales de 1981, cuatro años después de la muerte de Sniff, el territorio de Kasekela había quedado reducido a cinco millas cuadradas y media, superficie casi insuficiente para la supervivencia de dieciocho hembras adultas y sus familias. Incluso temí llegar a perder a la comunidad completa. Dos de las hembras más solitarias y periféricas que permanecían con frecuencia en el sur perdieron a sus crías, y, como en los casos de Sherry y de Humphrey, sospechamos que los machos de Kalande podían ser los responsables.

Durante el año siguiente las cosas llegaron a un punto crítico. Cuatro machos de Kalande vinieron al campamento y atacaron a Melissa. Afortunadamente –quizá porque no conocían el entorno– fue un ataque ligero y su cría salió ilesa. Unas semanas después, cuando Eslom estaba pescando, oyó a unos machos de Kalande llamando desde el risco de Mkenke-Kahama, en el sur del campamento, y, quizá como respuesta, a otros machos de Mitumba llamando desde el risco de Linda-Kasekela, en un valle al norte del campamento. Los chimpancés de Kasekela estaban recibiendo su propia medicina. Durante varios días se movieron en silencio. Incluso dejaron la suculenta fruta que colgaba de los árboles junto al Kakombe, porque, según nos pareció, el ruido de las aguas les impedía oír acercarse al «enemigo».

Afortunadamente, en aquella época había un gran número de jóvenes creciendo en la comunidad de Kasekela. Con el tiempo comenzaron a pasar más y más tiempo lejos de sus madres, acompañando a los machos adultos en sus excursiones al norte y al sur. Estos jóvenes –Mustar y Atlas, Beethoven y Freud– carecían de la fuerza y la experiencia social necesarias para ser útiles en caso de ataque, pero el ruido de sus llamadas y sus estentóreas exhibiciones, añadidas a las de los cuatro machos adultos que quedaban, quizá llevaron a creer a sus vecinos que la comunidad de Kasekela era más poderosa de lo que en realidad era.

El peligro fue conjurado y se reiniciaron las patrullas de Kasekela, por el sur hacia Kahama y por el norte hacia más allá de Rutanga. No observamos más persecuciones dramáticas durante los encuentros entre machos de comunidades vecinas, aunque ambos grupos se desafiaban como antes, ni volvieron a desaparecer machos adultos ni crías de hembras periféricas. Al parecer, el *statu quo* se había restablecido.

11. Madres e hijos

Patrullar las fronteras es uno de los muchos deberes que un joven chimpancé debe aprender si quiere crecer como un miembro útil de la sociedad. Sus experiencias como adulto serán muy distintas de las de una hembra. Así pues, no es sorprendente que los hitos a lo largo de la senda que le conduce a la madurez social sean diferentes de los que marcan el camino de las hembras. Algunos, por supuesto, son compartidos, tales como el proceso de destete y el nacimiento de un nuevo bebé en la familia. Pero la ruptura inicial con la madre y los primeros viajes con los machos adultos no sólo tienen lugar mucho antes para el joven macho que para la hembra, sino que poseen un significado mucho mayor. En ese tiempo es cuando debe aprender muchas de las habilidades que le serán imprescindibles como adulto. El joven macho deberá desafiar a todas las hembras de su comunidad, una por una, y luego, cuando todas hayan sido dominadas, tendrá que abrirse camino en la jerarquía de los machos adultos. La forma en que el joven macho aborda cada una de estas tareas, y la edad en la que pasa de un hito al siguiente, dependen en gran medida de su primer entorno familiar y de la naturaleza de sus experiencias sociales. La comparación del desarrollo de los hijos de Fifi, Freud y Frodo, con el de Passion, Prof, ilustrará muy bien la cuestión.

Como hemos visto, a pesar de que Freud fue un primer hijo, disfrutó de una infancia relativamente sociable. Flint, el hermano menor de Fifi, fue una figura importante en los dos primeros años de la vida de Freud. Flint estaba fascinado por su sobrinito y Fifi se mostraba muy tolerante, permitiéndole jugar con su preciosa cría cuando sólo tenía dos meses. Los hermanos mayores de Fifi, Faben y Figan, solían estar cerca también, de manera que Freud estableció lazos de amistad con ambos machos, que ocupaban una alta posición en el escalafón. Como la misma Fifi en su momento, pasó gran parte de su primera infancia rodeado del apoyo de sus familiares. Como su madre antes que él, se convirtió en un ser positivo y lleno de confianza en sí mismo en su interacción con sus pares.

Cuando Flint, incapaz de sobrevivir a la pérdida de su anciana madre, murió a los ocho años y medio, Freud no sólo perdió a su más importante compañero, sino también a su modelo de macho adolescente. Incluso después de la desaparición de la vieja Flo, imán que había mantenido unidos a los miembros de su familia, Fifi pasaba mucho tiempo con sus hermanos mayores. Freud siempre se lanzaba a saludar a su tío Figan, saltando a sus brazos y subiéndose a su espalda no pocas veces. Esta amistosa relación persistió cuando Figan alcanzó la posición alfa. Además, Fifi no sólo era una hembra sociable que frecuentaba la compañía de otros chimpancés, sino que después de la muerte de Flo –y quizá debido a ésta– se hizo más amiga de Winkle, una joven hembra de aproximadamente su misma edad. Wilkie, el hijo de Winkle, tenía un año menos que Freud, y cuando las madres estaban juntas, sus crías retozaban interminablemente consumiendo su inagotable energía. Y sólo exigían la atención de su madre cuando ésta era el único chimpancé cercano: así, las horas que Fifi y Winkle pasaban juntas, comiendo o descansando, eran tan beneficiosas para ellas como para sus crías.

Desde luego, Freud no dejó de pasar la habitual depresión del destete; permanecía enganchado a Fifi cuando ella descansaba y la acosaba para que lo acicalase, buscando desesperadamente tranquilidad en esta nueva y desagradable experiencia. Y la misma Fifi pareció sorprendida durante la primera fase del destete cuando, por primera vez, la eficaz coordinación entre ambos, que siempre había caracterizado su relación, empezó a romperse. Gradualmente madre e hijo aprendieron a capear la situación, pero Freud aún estaba deprimido cuando, por primera vez desde su nacimiento, Fifi volvió a ser de nuevo sexualmente atractiva. Siempre que su madre copulaba con un macho adulto, Freud, con una agitación frenética, se tiraba sobre la pareja y, gimiendo y hasta gritando, apartaba al pretendiente de su madre. Durante la primera y la segunda hinchazón de Fifi, Freud raramente se perdió una cópula; su angustiosa y casi obsesiva interferencia recordaba la conducta de Fifí a su misma edad. La mayoría de los jóvenes parecen molestarse menos, aunque todos interfieren cuando sus madres copulan.

No obstante, cuando nació la siguiente cría de Fifí, Freud ya se había recuperado de la tensión del destete y de la popularidad sexual de su madre. Estaba encantado con su nuevo hermano Frodo, y tan pronto como Fifí se lo permitió, Freud lo tomaba de sus brazos y se sentaba para acicalarlo o para jugar con él. Casi siempre era amable con el pequeño, pero algunas veces lo utilizaba para conseguir sus objetivos. Si, por ejemplo, estaba preparado para partir antes que Fifí y ella se negaba a seguirlo, volvía, cogía a Frodo y se marchaba con su hermanito. A veces este truco funcionaba, y Fifí, con un suspiro, se incorporaba y seguía a sus dos hijos. Pero en muchas ocasiones perseguía a Freud, le arrebataba a la cría y volvía a sus actividades. Otras veces era Frodo el que rechazaba entrar en el juego de su hermano mayor y volvía con su madre por su cuenta.

Hubo un mundo de diferencias entre las primeras experiencias de Freud, el primogénito, y su hermano menor. Aunque Freud, en contraste con otros primogénitos, había disfrutado de un notable entorno social, había pasado muchas horas con Fifí por toda compañía. Y aunque ella, igual que Flo, había sido una madre alegre, hubo incontables ocasiones en las que estaba demasiado ocupada para dedicarle su atención. Para Frodo fue completamente distinto. Nunca estaba a solas con Fifí y su hermano mayor andaba siempre por allí. Y Freud le servía como compañero de juegos, como protector y consuelo y como modelo a imitar.

También fue distinto para Fifi ahora que tenía una segunda cría. Se veía libre de la constante molestia de un hijo aburrido siempre esperando a que jugara con él y a que lo acicalara. Así que estaba libre no sólo algunas veces, cuando unía sus fuerzas con Winkle después de la muerte de Flo, sino siempre. Podía sentarse, completamente relajada, mirando ociosa cómo Freud y Frodo jugaban juntos. Si pensaba en algo, y por supuesto lo hacía, podía dedicarse sin interrupción a sus pensamientos. Aun así, siguió siendo juguetona y con frecuencia parecía incapaz de resistirse a compartir los juegos de sus hijos cuando no tenía nada mejor que hacer.

A Frodo le fascinaba casi todo lo que hacía Freud. A veces lo miraba atentamente y luego intentaba imitar lo que había visto. Cuando tenía nueve meses, por ejemplo, y aún no andaba bien, contempló con los ojos muy abiertos cómo Freud realizaba una ruidosa e imprevista exhibición de tamborileo en las raíces de un gran árbol y luego hizo lo mismo lo mejor que pudo. Pero su coordinación no era buena; perdió el equilibrio y cayó por un terraplén gritando de terror, ¿o de cólera frustrada? En cualquier caso, su intento de imitar el comportamiento de un macho adulto acabó con el ignominioso rescate por parte de su madre. En otra ocasión Frodo, muy cerca de Fifi, miró a Freud mientras éste jugaba agresivamente con unos jóvenes babuinos, persiguiéndolos, pateando el suelo y agitando un gran pedazo de madera muerta. Cuando todos quedaron tranquilos y los babuinos se marcharon, Frodo se dirigió hacia el arma abandonada, sin duda intentando demostrar que podía blandirla con igual temeridad. Pero pesaba demasiado y no pudo levantarla del suelo.

Freud era muy cariñoso con su hermano menor y siempre le protegía. Cuando Frodo pasó a aventurarse por su cuenta y se situaba fuera del alcance de Fifi, Freud acostumbraba a seguirlo; siempre parecía vigilar al pequeño. Por eso cuando Frodo «se quedaba atascado», como tantas veces solía suceder, y lloriqueaba, Freud estaba cerca para acudir al rescate. Cuando Frodo tenía unos dos años, le gustaba jugar con los babuinos. Algunas veces se entusiasmaba y se aproximaba no sólo a los jóvenes, sino también a los adultos con sus pequeñas exhibiciones. A veces estos adultos se irritaban al verle con el pelo erizado, pateando el suelo y agitando ramas; entonces le amenazaban, palmeando con sus manos el suelo y enseñando sus grandes caninos. Frodo gritaba de miedo y era probable que Freud corriera a rescatarle con tanta celeridad como lo habría hecho Fifi. Con frecuencia, incluso, Freud permanecía cerca; se había nombrado a sí mismo su guardián.

Mientras que Frodo difícilmente podía rescatar a su hermano mayor, se mostraba triste cuando éste estaba herido o disgustado. Cuando Freud tenía siete años, había ocasiones en las que Fifi encontraba necesario disciplinarle mientras comía; por ejemplo, si intentaba coger algo que ella había reservado para sí. Dos veces llegó a coger una rabieta, tirándose al suelo y gritando, cuando ella amenazaba apaciblemente a su hijo mayor. Fifi le ignoraba, pero el pequeño Frodo se apresuraba a ir junto a su hermano, le abrazaba y permanecía junto a él hasta que Freud se tranquilizaba. Un año después Freud se lastimó gravemente el pie. No podía apoyarlo en el suelo y los primeros días se desplazaba muy lentamente. Fifi, de modo característico, le esperaba cuando se detenía, pero algunas veces se marchaba antes de que él fuera capaz de moverse. En tres ocasiones en que esto sucedió Frodo se detuvo, miró a Freud, luego a madre y de nuevo a Freud y empezó a llorar. Siguió llorando hasta que Fifi se paró de nuevo. Entonces Frodo se sentó cerca de su hermano mayor, le acicaló y miró su pie herido, hasta que Freud pudo continuar. Entonces toda la familia siguió su camino.

Más fascinante fue ver las interacciones entre Fifi y sus dos hijos que les llevaron a ocupar el más alto estatus en la comunidad. Freud empezó la larga lucha para intimidar a las hembras de la comunidad cuando tenía siete años. Cargando hacia ellas y a su alrededor, agitaba ramas y tiraba piedras, el típico comportamiento de un macho adolescente. Inicialmente cargó contra las jóvenes y adolescentes cuyas madres ocupaban en la jerarquía un rango inferior al de Fifi. Si una de ellas le contestaba –como solía ocurrir–, Fifi siempre le respaldaba, amenazando a la hembra en cuestión o incluso atacándola, por su poco recomendable venganza. Entonces la confianza de Freud crecía, y llegó el momento en que empezó a desafiar a las hembras mayores, de forma que cada vez con más frecuencia sus «víctimas» se volvían contra su débil atacante y le perseguían, o incluso le golpeaban. Como Fifi casi siempre salía en su defensa, se fue creando cada vez mayores conflictos con las otras hembras.

Algunas veces Freud apuntaba demasiado alto. Una vez, por ejemplo, tuvo la audacia de amenazar a la hembra dominante, Melissa, y ella lo castigó duramente por su temeridad. Fifi, aunque más joven y en una posición inferior a la de Melissa, era, como había sido Flo, de naturaleza valiente y firme. Como respuesta a los angustiados gritos de Freud apareció con el pelo erizado y profiriendo gritos de amenaza. Melissa se volvió inmediatamente hacia Fifi y las dos madres lucharon, enzarzadas y rodando. Freud corrió detrás de ellas profiriendo gritos inútiles. Desgraciadamente para Fifi, el hijo adolescente de Melissa, Goblin, estaba cerca, y al escuchar los gritos de su madre se abalanzó, atacando y persiguiendo a Fifi y también a Freud.

Pero Freud crecía y se hacía más fuerte por momentos, y como los niveles de la hormona masculina, testosterona, aumentan durante la pubertad, también se volvió más agresivo. En aquella época tenía nueve años y podía apoyar a su madre en sus altercados. En una ocasión en que Fifi se vio envuelta en una lucha con la dominante Passion, tanto Freud como Pom se unieron a la escaramuza en apoyo de sus respectivas madres. Pero Freud pudo perseguir a Pom para luego volver y arrojar una piedra a Passion, quien, sorprendida, dejó ganar a Fifi. De esta manera, a medida que pasaron los años, madre e hijo alcanzaron una posición social más alta.

Mientras tanto el joven Frodo también crecía. Seguro de que, si las cosas iban mal, Fifi o Freud –o ambos– sin duda le ayudarían, empezó a desafiar a las hembras de la comunidad a una edad muy temprana. Después de todo, había estado observando a Freud, aprendiendo de él y, de hecho, «ayudándolo» durante años. Una y otra vez, cuando Freud amenazaba a alguna hembra débil con sus jactanciosas exhibiciones, Frodo se le unía, con todo su pelo erizado, pateando el suelo, agitando pequeñas ramas y moviéndose como un personaje de dibujos animados de Walt Disney.

Frodo sólo tenía cinco años cuando empezó a desafiar en solitario a algunas hembras. Desde luego aún era muy pequeño, pero aprendió rápidamente que usar las piedras como armas intensificaba la efectividad de sus exhibiciones. Pronto se ganó una gran reputación como lanzador. Muchos jóvenes chimpancés tiran piedras durante sus exhibiciones intimidatorias, pero ésta era una característica particular de las actuaciones de Freud, y es más que probable que Frodo, al principio, estuviese imitando a su hermano mayor. Pero perfeccionó la técnica del lanzamiento, y, en poco tiempo, muchas de las jóvenes hembras, así como las que ocupaban una posición baja en la jerarquía, empezaron a temer a este precoz joven macho y se alejaban cuando se les acercaba con una piedra en la mano. Frodo era más certero que otros lanzadores de piedras, no porque tuviese mejor puntería, sino porque se acercaba a medio metro antes de arrojar sus misiles. También desarrolló otras técnicas igualmente desagradables.

Recuerdo perfectamente un incidente que tuvo lugar cuando estaba siguiendo a Fifí, Little Bee y sus familias. De repente Little Bee, mirando hacia la colina, empezó a dar pequeños gritos. Y allí, unos metros más arriba, vi a Frodo empezando una exhibición intimidatoria, con el pelo erizado y una piedra en la mano. La arrojó hacia nosotros, pero cayó entre Little Bee y yo sin dañar a nadie. No estaba claro quién era la pretendida víctima, si Little Bee o yo; Frodo siempre me había considerado una hembra que tenía que ser dominada como las demás. A continuación empezó a empujar una gran piedra. Era demasiado grande como para que pudiese levantarla, pero podía –y así lo hizo– hacerla rodar colina abajo. Cayó cada vez más rápidamente, rebotando de tronco en tronco. De habernos alcanzado, podría habernos dejado sin sentido, o matarnos. Y luego, cuando aún me preguntaba en qué dirección correr, Frodo puso en movimiento otra roca. Cuando estaba lanzando la tercera, ya todos habíamos echado a correr para salvarnos, no sólo Little Bee y yo, sino también Fifi. Afortunadamente Frodo no convirtió en hábito este tipo de bombardeo, aunque sí continuó arrojando piedras y pequeñas rocas durante años.

Uno de los hitos más importantes en la vida de un joven macho es empezar a viajar lejos de su madre con otros miembros de la comunidad. La ruptura de estos lazos es mucho más necesaria para los machos que para las hembras. Éstas pueden aprender casi todo lo que necesitan saber para tener una fecunda vida adulta simplemente quedándose con su familia. No sólo pueden ver cómo su madre y las amigas de su madre cuidan a sus crías, sino que pueden, de hecho, hacerlo por sí mismas, adquiriendo gran parte de la experiencia que necesitarán más tarde, cuando tengan su propio bebé. Y pueden aprender, durante los «días rojos», buenas lecciones de sexo y qué clase de demandas se les harán en esos casos.

El macho joven tiene otras cosas que aprender. Hay algunos aspectos de la comunidad que son principalmente, aunque no por completo, responsabilidad de los machos, tales como patrullar, repeler a los intrusos, buscar fuentes de alimentación lejanas y algunos tipos de caza.

El macho no puede adquirir la experiencia necesaria en estas cuestiones si se queda con su madre. Debe dejarla y pasar tiempo con los machos adultos. Freud había estado fascinado por los grandes machos durante su infancia. Desde que pudo andar, se desplazaba rápidamente para saludar a los machos que se unían a su madre y, a menudo, también los seguía un trecho cuando se iban. Recuerdo a Freud caminando a trompicones detrás de Humphrey una vez, cuando éste se marchaba después de una sesión de acicalamiento con Fifi. Su madre, que no quería marcharse, lo siguió e intentó llevárselo, pero él protestó vigorosamente, gimiendo y agarrándose con fuerza a la vegetación. Después de unos intentos, cada uno de los cuales provocaba una creciente indignación, Fifi cedió y siguió a su hijo, que continuó detrás de Humphrey. Por fin Freud se cansó, subió a la espalda de su madre y no se quejó cuando ésta eligió su camino.

Freud nunca tardaba en unirse a la diversión siempre que escuchaba las llamadas de los chimpancés reunidos en grupos excitados y ruidosos. Recuerdo una ocasión, cuando sólo tenía cuatro años. Habíamos pasado una mañana tranquila los tres solos. A mediodía Fifi descansaba acurrucada en el suelo, mientras Freud, siempre activo, jugaba con las ramas en la copa de un árbol. De repente hubo una explosión de gritos en el extremo del valle. Ciertamente algunos de los machos estaban allí –las voces de Figan, Satán, Humphrey y Jomeo eran fáciles de reconocer–, y también podíamos oír a hembras y jóvenes. Freud escuchó con atención, luego se unió al alboroto con sus agudos gritos infantiles y Fifi se incorporó y también gritó. Freud bajó del árbol y se puso en camino en dirección al grupo. Pero Fifí no se movió, y después de avanzar unos diez metros, Freud miró hacia atrás, se paró y gimió suavemente. Pero Fifí ignoró las súplicas de su hijo y se tumbó para continuar descansando. Decepcionado, éste retrocedió y se sentó junto a ella, levantando un brazo para pedir acicalamiento.

Cinco minutos después el grupo gritó de nuevo. Como antes, Freud quiso unirse a él inmediatamente, esta vez corriendo y golpeando con los pies en una pequeña exhibición. Volvió a encaminarse hacia las excitadas llamadas, deseando formar parte de ellas y unirse a los juegos. Pero Fifí tampoco dio señales de ponerse en movimiento. Esta vez Freud fue un poco más lejos, se paró y miró hacia atrás. No volvió, pero se quedó a unos veinte metros, justo antes de un recodo del camino que lo pondría fuera de la vista de Fifí. Gradualmente sus suaves gemidos aumentaron en frecuencia y volumen hasta que acabó llorando.

Y luego, quizá por la insistencia de Freud o porque quiso unirse a la diversión, Fifí se levantó y siguió a su hijo por el camino. Diez minutos después formaban parte del ruidoso y exuberante grupo. Fifí, con suaves gruñidos de placer, subió a comer los jugosos higos que habían atraído al festín a más de la mitad de los miembros de la comunidad, y Freud, excitado, corrió para unirse a una salvaje sesión de juego con otros jóvenes.

Un indicio muy claro de la creciente independencia en un joven macho es la frecuencia con la que se une a celebraciones de este tipo sin su madre. A veces los chimpancés se reúnen formando grupos ruidosos para comer las frutas de un árbol; otras, el imán es una hembra sexualmente popular. Las reuniones suelen durar una semana o más, con chimpancés llegando y partiendo continuamente. En muchos aspectos constituyen el centro de la vida social de los chimpancés, dando la oportunidad a los miembros de la comunidad de entrar en contacto con los demás, jugando, acicalando, exhibiéndose o haciendo ruido. A menudo, particularmente cuando varias hembras en celo están presentes a la vez, hay casi una atmósfera de carnaval.

Durante la infancia de Freud, Fifi, con su disposición social, se unía a muchas reuniones para que éste adquiriese experiencia y aprendiese (a veces duramente) a evitar el momento en que los grandes machos estaban tensos y era fácil llevarse algún golpe. Conforme pasaron los años, la seguridad de Freud en estas situaciones aumentó, y a los nueve años se unía regularmente a estas reuniones sin su madre. Frodo hizo lo mismo incluso a una edad más temprana, siempre que su hermano estuviera cerca para apoyarle en momentos de tensión. De hecho, cuando Frodo tenía cinco años, ya pasaba varias noches seguidas lejos de su madre, viajando con los machos adultos y con Freud.

La infancia de Prof fue muy diferente de la de Freud y aún más de la de Frodo. Aunque Passion fue bastante más atenta y permisiva en la educación de su segundo hijo, no podía compararse con Fifi en cuanto a solicitud, tolerancia y amabilidad. Además, con el paso de los años se había vuelto más y más antisocial; los grandes grupos de chimpancés que había reunido en el campamento a causa de las bananas eran cosa del pasado. Y Passion no tenía amigos, como Winkle, con quien su cría Prof pudiese jugar. Éste, desde luego, tenía una hermana mayor, pero aunque ésta, después de pasar la depresión del destete, mostró mayor interés por su hermano, nunca tuvo en su vida el papel que Freud había tenido en la de Frodo, o el que Flint había desempeñado, antes de morir, en la de Freud.

Prof, por lo tanto, tuvo menos oportunidades de interacción social que Freud o Frodo. Quizás porque jugaba con otros jóvenes con menos frecuencia que ellos, cuando lo hacía carecía de confianza. Apenas resistía por sí solo cuando el juego se ponía duro, y, si se metía en problemas, Pom o Passion generalmente le ayudaban. Pero probablemente la diferencia más importante en las primeras experiencias sociales de estos tres jóvenes machos fue el hecho de que Prof tuvo menos oportunidades de inteactuar con machos adultos.

Para Prof, como para su hermana anteriormente, el destete fue una época de desesperación, pero como macho fue bastante más agresivo en su desgracia de lo que lo había sido Pom. Cogía rabietas violentas, gritaba, se tiraba de los pelos y se revolcaba por el suelo. En la mayoría de las familias las rabietas son responsabilidad de la madre. Frodo también pasó por una etapa de violentas rabietas. Creo que en este caso fueron causadas por la furia que le producía no salirse con la suya. Fifi siempre le tendía la mano, intentando mantenerlo junto a sí. Si, como a menudo ocurría, se tiraba al suelo apartándose de su conciliadora madre, ella lo cogía y lo abrazaba. Y, por muy violenta que hubiese sido la rabieta, Frodo siempre se calmaba, quizás captando intuitivamente el mensaje de su madre: «No puedes tener leche (o montar a mi espalda), pero, de cualquier manera, te quiero todavía».

Pero el duro corazón de Passion solía ignorar completamente las rabietas de Prof. Ésta, por supuesto, era otra forma de mostrar su rechazo, y Prof, en consecuencia, pasó a estar cada vez más angustiado. Gritando fuertemente, corría a través de la maleza o se lanzaba por una pendiente. Una vez llegó a caerse de espaldas en un río; a los jóvenes chimpancés les asustan las rápidas corrientes de agua. Incluso entonces, cuando sus gritos de frustración se convirtieron en gritos de terror, Passion ignoró a su hijo. Este periodo conflictivo de su juventud ayudó muy poco a incrementar la ya casi mínima seguridad en sí mismo de Prof. Sin embargo, a diferencia de Pom, se repuso de la desaparición de la leche materna antes del nacimiento de su hermano, Pax; y al igual que Freud, quedó fascinado por su nuevo hermano, más de lo que Pom lo había estado por ellos.

Prof tenía más o menos la misma edad que Freud cuando le vimos por primera vez desafiando a una hembra; pero mientras que Freud, que estaba embarcado en la tarea de dominar a las hembras, repetía sus exhibiciones con progresiva frecuencia, las actuaciones de Prof eran escasas y distantes unas de otras. Y carecían de la determinación y el vigor que caracterizaban a las de Freud y a las de Frodo después. En realidad, su segunda tentativa finalizó un tanto ignominiosamente cuando su «víctima» alargó la mano, le cogió del cuello y le hizo cosquillas hasta que su erizada agresión terminó entre risas.

Prof, de pequeño, evidentemente deseaba pasar mucho tiempo con los grandes machos, como habían hecho

Freud y Frodo. Pero si se iba detrás de cualquiera de ellos, Passion nunca le seguía y él pronto dejó de intentar persuadirla. Además, dado que Passion evitaba los grandes grupos que Fifi y otras hembras sociales encontraban tan estimulantes, cuando estaba en una de aquellas reuniones Prof parecía incómodo. Y así, al carecer de la seguridad en sí mismo de Freud y Frodo, pasaba gran parte del tiempo con su madre hasta que ella murió, lo que ocurrió cuando él tenía casi once años.

Caben pocas dudas acerca de si las diferencias de comportamiento observadas en Freud, Frodo y Prof se debían o no, y en qué proporción, a las distintas personalidades y técnicas educativas de sus madres. Por supuesto, había diferencias genéticas entre estos tres jóvenes machos: diferencias temperamentales, seguramente debidas más a la herencia que a la experiencia. Algunas veces, sin embargo, se puede rastrear el comienzo de un comportamiento inusual hasta un incidente traumático concreto ocurrido en la primera infancia. Cuando Prof tenía dos años, por ejemplo, fue atacado por un macho adulto de mono colobo durante una cacería. Passion estaba sentada, mirando y sosteniendo a Prof, cuando, súbitamente, uno de los machos colobos, enfurecido, saltó y la atacó. Ella salió ilesa, pero a Prof el colobo le arrancó un dedo del pie de un mordisco.

Esta experiencia, a la vez dolorosa y aterradora, dejó aparentemente en Prof un miedo profundamente enraizado a los monos. Muchos machos empezaban a cazar cuando eran muy jóvenes. Freud cazó su primer mono (que Fifi le arrebató) cuando sólo tenía seis años. No vimos a Prof cazar monos hasta que tuvo once años, y aun entonces de modo escasamente decidido. Jamás vimos que llegara a cazar ninguno realmente. Era interesante ver cómo se aterrorizaba ante los babuinos como una criatura. Nunca le veíamos fanfarroneando, erizándose, jugando agresivamente con jóvenes babuinos, como veíamos hacer con frecuencia a Freud y Frodo. Si un babuino grande se le aproximaba, por ejemplo, mientras comía, lloriqueaba de miedo y se iba detrás de Passion. Al parecer, su miedo a los colobos podía haberse convertido en un temor generalizado a todos los monos y babuinos. Por supuesto, siempre existía la posibilidad de que se hubiera producido otra interacción igualmente traumática con los babuinos que pudiera justificar este miedo en la segunda infancia. Desde luego no habrían faltado oportunidades para ello.

12. Babuinos

Las interacciones entre chimpancés y babuinos, como comprobamos en Gombe, son más variadas y complejas que las que se pueden observar entre otras dos especies cualesquiera del reino animal, con excepción de nuestras propias interacciones con otros animales. Chimpancés y babuinos compiten algunas veces agresivamente por el alimento. Babuinos jóvenes pueden ser capturados, muertos y devorados por los chimpancés. Los jóvenes de ambas especies juegan juntos ocasionalmente, y los chimpancés jóvenes pueden incluso acicalar a babuinos adultos e intentar jugar con ellos. Finalmente, comprenden muchas de las señales de comunicación de los otros, y de ahí resulta, a veces, un esfuerzo común para intimidar y repeler a un depredador.

En Gombe hay más babuinos que chimpancés, pues, mientras que el número de individuos en cada grupo social –la tropa de babuinos o la comunidad de chimpancés– es aproximadamente el mismo, unos cincuenta, existen unas doce tropas de babuinos que viven dentro del territorio de la comunidad de chimpancés. Esto significa que es raro que pase un día sin que se produzca un encuentro entre individuos de las dos especies. La mayor parte de estos encuentros son pacíficos: con frecuencia, tanto los chimpancés como los babuinos se centran en su objetivo e ignoran por completo el de los otros. Pueden, por supuesto, utilizar el mismo tipo de recurso alimenticio. Durante la mayor parte del año los recursos alimenticios de Gombe son más que suficientes para cubrir las necesidades tanto de los chimpancés como de los babuinos, por lo que no es necesario que disputen entre ellos. En algunas ocasiones los individuos de las dos especies comen pacíficamente en el mismo árbol. Otras veces pueden variar los intentos e intensidades d e agresión. Durante la estación seca, de junio a octubre, cuando pueden escasear los recursos alimentarios, es posible observar una competencia más agresiva entre las dos especies de primates. Cuando llega un grupo de babuinos a un árbol en el que están comiendo tres o cuatro chimpancés, y sus miembros, uno detrás del otro, trepan a las ramas, los chimpancés se ponen cada vez más nerviosos. Moviéndose rápidamente de un sitio a otro, se llevan el alimento a la boca con mayor rapidez y luego suelen marcharse. Pero no siempre. Algunas veces, aun cuando sean mucho menos numerosos, los chimpancés no abandonan tan fácilmente. Depende de la edad, el sexo y la personalidad de los individuos presentes. Algunos chimpancés son más valientes que otros en situaciones de este tipo, y no hay duda de que los babuinos saben reconocerlos. Recuerdo bien una ocasión en que Goblin, Satán y Humphrey estaban comiendo pacíficamente en una higuera; la tropa D de babuinos llegó y los monos treparon al árbol cada vez en mayor número para participar en el festín. Liderados por Goblin, los tres machos chimpancés atacaron a los babuinos una y otra vez. Hubo violentas escaramuzas en las ramas; chimpancés y babuinos gritaban y rugían rompiendo la quietud de la mañana. Habían pasado sólo veinte minutos cuando los chimpancés decidieron dejarlo al fin. Aun entonces, hicieron una salida impresionante, con voces estrepitosas rugiendo y atacando a los babuinos que estaban comiendo en el suelo, dispersándolos con sus gritos en todas direcciones.

Algunos chimpancés son mucho más temerosos que otros en sus interacciones con los babuinos, y éstos, que lo saben, reaccionan en consecuencia tomándose con algunos chimpancés libertades que no se tomarían con otros. De igual manera, los chimpancés reconocen que hay ciertos babuinos adultos con los que no se puede jugar. Walnut, durante varios años macho alfa de la tropa Camp, inspiraba invariablemente un gran temor en los corazones de los chimpancés más aguerridos. Y con razón, porque algunas veces, en pleno frenesí, cargaba aquí y allí contra el pacífico grupo de chimpancés, profiriendo feroces gruñidos que sonaban tan aterradores como el rugido de un leopardo, hasta que el grupo se disolvía.

No obstante, a pesar de los ocasionales enfrentamientos provocados por algunas valiosas fuentes de alimentación, la mayoría de las disputas acababan pacíficamente con sólo algún que otro gesto amenazador. La competición quedaba minimizada por el hecho de que la dieta de los babuinos es más variada que la de los chimpancés. Consumen una mayor variedad de tallos, semillas y flores. Pasan horas escarbando en busca de raíces y tubérculos en la estación seca, cuando la comida es escasa. Levantan rocas en los torrentes y en las laderas buscando cangrejos e insectos. Sus mandíbulas, increíblemente fuertes, les permiten romper las duras cáscaras del fruto de la palma aceitera. Los chimpancés de Gombe, acérrimos conservadores, raramente muestran interés por cualquier alimento que no forme parte de su dieta habitual. Excepto las crías, que a veces parecen fascinadas cuando ven a los babuinos comer algo diferente.

Recuerdo claramente un incidente. Pom estaba descansando mientras su hijo de dos años, Pan, jugaba cerca. Unos cuantos babuinos vagaban pacíficamente por allí, y uno de ellos, el macho adulto Claudius, se sentó cerca de los dos chimpancés. Pan se le acercó y observó con los ojos muy abiertos cómo Claudius cogía un fruto de la palma, lo colocaba entre sus molares y, apretando su mandíbula inferior con una mano, rompía la cáscara. Se comió la nuez y dejó caer al suelo las dos mitades de la cáscara vacía. Pan, que mantenía los ojos fijos en la cara del babuino intentando adivinar su humor, se acercó con mucha precaución y cogió una porción de la cáscara. Sorprendido de su propio valor, volvió con Pom y, agarrándose a su pelo con una mano, examinó cuidadosamente su trofeo. Claudius, en ese momento, había cogido otro fruto caído y Pan contempló, con parecida fascinación, cómo lo abría. Luego, esta vez con mayor confianza, se aproximó de nuevo y cogió la cáscara desechada.

Si el fruto hubiese sido fácil de obtener, como las bayas de los matorrales, estoy segura de que habría cogido uno y se lo habría comido. Así habría podido comenzar una nueva tradición alimentaria aprendida originalmente de los babuinos. Pero la rocosa cáscara suponía un obstáculo demasiado grande para una cría de chimpancé.

La rica y nutritiva carne exterior del fruto de la palma aceitera es, sin embargo, una comida habitual para los chimpancés y los babuinos cuando los árboles maduran uno detrás de otro a lo largo del año. Cada palma ofrece sólo uno o dos sitios para alimentarse, y cuando la comida escasea, se producen feroces competiciones para acceder a los racimos de frutos rojos. Recuerdo una vez que seguía a Fifí a través del bosque; de repente se paró y, con el pelo erizado, miró a lo alto de una palma. Un momento después se encaramó tronco arriba y, cuando se acercó a la copa, un pequeño babuino saltó a la espesura gritando de miedo. Miré, conteniendo la respiración, ya que creí que Fifí pretendía atrapar al joven, a pesar de que en los últimos veinticinco años no teníamos noticia de que una hembra hubiese tomado parte en una cacería de babuinos.

Pero Fifí sólo quería llegar a uno de los racimos de frutas maduras que había allí. Cuando se sentó a comer, entre pequeños gruñidos de placer, su pelo se alisó poco a poco. Mientras tanto, el pequeño babuino se encontraba en un apuro. Es posible que también hubiera interpretado erróneamente la agresiva conducta de Fifí, creyendo que iba a por él. En cualquier caso, parecía decidido a no acercarse a la hembra que le había dado semejante susto. En el extremo de una rama parecía estar buscando en vano una vía de escape. No pesaba lo bastante como para que la rama bajase y lo dejase a unos tres metros del tronco. No había ramas cercanas a las que pudiese saltar. Durante más de tres minutos permaneció así suspendido, y luego, recuperando poco a poco la confianza, retrocedió silenciosamente hacia Fifí hasta que pudo alcanzar una rama vecina. De esta manera, ¡con cuánto sigilo!, fue de rama en rama hasta que pudo saltar a un árbol cercano y escapar.

Las altas palmeras, cuyas copas sobresalen del dosel arbóreo, han servido para atrapar a los babuinos en las ocasiones, relativamente raras, en que han sido cazados por los chimpancés. Si un cazador consigue bloquear el tronco mientras otros esperan abajo en el suelo, la presa puede encontrar dificultades para escapar. Una vez, por ejemplo, seis chimpancés machos que viajaban por el sur de su territorio se encontraron un babuino hembra que comía con una cría en una palmera. No era miembro de ninguno de los grupos estudiados y no la conocíamos por su nombre. Figan, que iba el primero, sonrió al verla, gritó suavemente y tocó a Satán. Los seis machos se incorporaron para mirar, con el pelo erizado. Cuando la hembra los vio, dejó de comer y, casi instantáneamente, empezó a dar muestras de angustia, emitiendo suaves llamadas y situándose al otro lado de la palmera. Jomeo, moviéndose suavemente, subió por un árbol vecino hasta que estuvo a la altura de ella, a unos cinco metros de distancia. Cuando se paró y la miró, la hembra comenzó a gritar, a pesar de que no parecía haber otros babuinos por los alrededores. Ciertamente no apareció ninguno.

Después de dos tensos minutos, Figan y Sherry subieron deliberadamente a otros dos árboles. Ahora había un cazador en cada uno de los árboles a los que podía saltar la víctima. Los otros tres esperaban en el suelo. De repente Jomeo saltó a la palmera donde estaba la hembra. Ésta saltó al árbol de Figan. Fue fácil para él arrebatarle al bebé. Lo mató con un rápido mordisco en la cabeza. Y luego, mientras la madre lo miraba y gritaba desesperadamente desde un árbol vecino, los seis cazadores compartieron el cadáver.

Puesto que también estudiamos a los babuinos en Gombe y conocemos por su nombre a los miembros de cinco tropas, además de las fascinantes historias de sus vidas, siempre nos resultaba traumático verlos muertos y devorados por los chimpancés. Y, sin embargo, nos invade una innegable excitación cuando estas cacerías empiezan y el suspense nos rodea. Normalmente las cacerías de babuinos fracasan. Si la tropa de aquella hembra hubiese estado cerca cuando Figan y sus amigos llegaron al lugar, las cosas habrían sido distintas. Los babuinos machos son feroces cuando se les excita, y tan pronto oyen el desesperado grito de una cría o de su madre, corren a rescatarla, rugiendo y arremetiendo contra cualquier chimpancé que esté por allí cerca. Las hembras adultas también se suman, añadiendo por lo menos confusión con sus gritos de miedo y de furia. Debido a eso, muchas cacerías se abandonan y los chimpancés desaparecen. En realidad, siempre me sorprende que, dada la furia con la que se defienden, los chimpancés cazadores consigan atrapar y matar a una víctima. Incluso es más sorprendente el hecho de que en todas las ocasiones en que hemos observado cacerías exitosas, los chimpancés, aunque hubiesen sido agarrados y tirados al suelo por los babuinos machos furiosos, nunca resultaron heridos. En cambio, si un leopardo caza a una cría de babuino, estos le atacarán y le infligirán heridas tan severas que no tardará en morir. Parece que los chimpancés, quizás por su habilidad para lanzar palos y piedras a sus oponentes, se han impuesto como especie dominante. Efectivamente, han hecho creer a los babuinos que son más fuertes y peligrosos de lo que en realidad son.

Los babuinos son también cazadores; se han registrado como carnívoros en casi todas las zonas de África donde se han podido encontrar. En Gombe suelen atrapar crías de antílope durante la estación de los nacimientos, cuando las madres dejan a sus hijos en el suelo en zonas de hierba alta. Como los babuinos pasan más tiempo que los chimpancés buscando comida en esos lugares, y como buscan por más sitios, tienen más probabilidades que los chimpancés de encontrar a las crías escondidas.

Una vez que un babuino ha capturado a su presa, suele producirse una buena dosis de violencia cuando el cazador es importunado por sus compañeros. A menudo, durante estas escaramuzas, el cadáver es arrebatado por una sucesión de machos adultos, lo cual produce mucho ruido, una cacofonía de gritos, rugidos y ladridos. Cuando los chimpancés escuchan un barullo de este tipo, dejan todo lo que están haciendo y corren hacia el ruido. A continuación se organizan sorprendentes actos de piratería.

Ya he descrito el encuentro entre Gilka y el babuino macho Sorhab. Ella no consiguió apoderarse de la presa porque era pequeña y débil, pero otras hembras han tenido más éxito. Uno de los sucesos más dramáticos fue el descrito por Hilali. Estaba siguiendo a Melissa y a sus dos vástagos: su hijo de cinco años, Gimble, y su hija de diez, Gremlin. Una súbita mezcla de ruidos procedentes de los babuinos de la tropa D, que vagaban por allí buscando comida, atrajeron inmediatamente a los chimpancés, que estaban acicalándose unos a otros. Entre muecas de excitación, se abrazaron brevemente y luego corrieron hacia el alboroto. Momentos después se encontraron al babuino adulto Claudius desgarrando el cadáver de un cervatillo al que acababa de matar. Otros tres machos estaban amenazándolo, golpeando el suelo con las manos, enseñando los caninos y el blanco de los ojos mientras proferían fieros rugidos.

Melissa y Gremlin se acercaron lentamente, mirando cómo Claudius arrastraba a su presa por el suelo. Luego, mientras se paraba para dar otro mordisco, le atacaron con ladridos amenazadores y moviendo los brazos. Cuando el babuino se dio la vuelta, rugiendo ferozmente, Melissa se detuvo. Emitió unos pequeños gemidos, luego cogió una gruesa rama muerta y, con el pelo erizado, la lanzó hacia Claudius, que saltó a un lado. Rápidamente, aprovechando su ventaja, Melissa atacó de nuevo, esta vez moviendo la vegetación salvajemente, saltando arriba y abajo y acercándose poco a poco. De pronto Claudius dejó caer su presa y arremetió contra Melissa, golpeándola y, según Hilali, mordiéndole un brazo. Melissa se encaró con él ladrando poderosamente, agitando los brazos y golpeando a su fuerte adversario. En aquel momento los otros babuinos machos, aprovechando la oportunidad, se lanzaron sobre la presa y Claudius se vio forzado a dejar a Melissa para recuperar su carne. Melissa le contempló unos momentos y entonces empezó otra salvaje exhibición. Gremlin se unió a su madre de nuevo y una vez más atacaron a Claudius en equipo. Éste se defendió, pero empezó a comer frenéticamente, arrancando pedazos de la rabadilla del cervato. Melissa miraba y, de tanto en tanto, agitaba la vegetación y gemía.

Cinco minutos después empezó a actuar de nuevo, esta vez incluso más salvajemente. Claudius cogió el cadáver con la boca e intentó llevárselo más lejos, pero se enredó con la maleza. Después de tirar desesperadamente de él en vano, arrancó un gran pedazo y escapó con él. Pero cuando Melissa alcanzó la presa y la cogió por una pata, él la agarró por el otro extremo. Sorprendentemente, a pesar de sus horribles rugidos y de la proximidad de los peligrosos caninos, Melissa, gritando, esperó. Y Gremlin, que se había encaramado a un árbol cuando Claudius agarró a la presa, pronto se descolgó sobre la escena del conflicto y empezó a agitar las ramas justo encima de su madre, aumentando la confusión. Y entonces Melissa, aún agarrando el cadáver, empezó a subir hacia su hija. De repente el babuino pareció perder interés por su presa y Melissa, echándose rápidamente el cadáver al hombro, subió más alto. Luego, aunque Claudius, rugiendo, saltaba detrás de su madre, Gremlin agarró una rama muerta, la rompió, la movió y se la tiró al babuino. Éste consiguió esquivar el misil y volvió a lanzarse sobre Melissa. Pero en aquel momento ella pareció perder el miedo y, once minutos después de que empezase el conflicto, comenzó a consumir tranquilamente la carne robada, compartiéndola con Gremlin y con el joven Gimble, que había contemplado el incidente desde un lugar seguro en los árboles. Por un momento Claudius se sentó cerca de allí y siguió amenazando, pero cuando otras dos hembras chimpancés llegaron para compartir la carne, abandonó y bajó para unirse a los babuinos que estaban debajo del árbol buscando pedazos caídos.

¿Cómo una hembra chimpancé, con unos dientes relativamente cortos y romos, puede enfrentarse a un babuino macho adulto, con unos caninos dos veces más largos y poderosos que los suyos, y ganar? ¿Es su espléndida exhibición lo que produce este milagro? ¿El pelo erizado, las ramas sacudidas salvajemente, la postura erecta tantas veces exhibida? ¿O es el empleo de armas, esas ramas blandidas o lanzadas? Probablemente una combinación de todas estas cosas, unidas al hecho de que los otros babuinos machos presentes no ayudarán al que posee la carne, sino que intentarán robársela, distrayendo su atención. Los babuinos machos, aunque ayudan en la defensa de su tropa contra otros machos rivales, no han sido vistos colaborando durante las cacerías ni compartiendo su presa después de matarla.

Sólo una vez vimos a un babuino robando carne a un chimpancé. Fue cuando Passion mató a un halcón herido, un gran pájaro con una envergadura de al menos un metro. Cuando se sentó a comer, compartiendo su presa con Pom y Prof, se aproximó Héctor, un babuino de la tropa Camp. Se sentó cerca, mirando. Entonces el joven Prof, que tenía siete años, consiguió persuadir a su madre para que le diese un ala entera. Dando gritos de felicidad, se apartó unos metros para comer. Aprovechando su oportunidad, Héctor corrió hacia Prof, agarró el ala y escapó con ella, dejando al chimpancé con una violenta rabieta.

Los ruidos emitidos por los babuinos cuando capturan una presa son muy parecidos a los que profieren en otros incidentes de agresión: ocasionalmente los chimpancés cometen un error y corren hacia una tropa de babuinos esperando llegar a un banquete y se encuentran solamente una feroz competición desatada por una hembra en celo. No resulta muy interesante para un chimpancé, aunque a menudo un macho adulto observa con expresión de experto el paso de una hembra de babuino con las nalgas completamente hinchadas. Si ella se detiene y vuelve su trasero hacia él, en la típica postura sumisa de los primates, puede llegar a tocarla, o por lo menos a olerla, como si fuese una chimpancé. Los chimpancés jóvenes suelen mostrar más interés en los traseros hinchados y rojizos de las hembras de babuino e intentan copular con ellas. Esto condujo una vez a la más increíble secuencia de comunicación que he visto nunca entre dos animales no humanos de diferentes especies.

Los actores del drama fueron Flint, de siete años, y Apple, una hembra adolescente de babuino de la tropa Beach. Flint estaba claramente estimulado por la visión del pequeño trasero rojizo de Apple. Para atraer su atención, utilizó posturas y gestos típicos del cortejo del chimpancé: se sentó y miró hacia Apple con las piernas extendidas, el pene erecto y agitando una pequeña rama con rápidos movimientos. Con la excepción del pene erecto, un babuino macho no hace ninguna de estas cosas; simplemente se aproxima a la hembra y va a lo suyo. Apple, sin embargo, pareció entender bastante bien lo que quería Flint, ya que era probablemente lo que ella deseaba también. Se acercó para copular. Lo hizo a su manera, miró por debajo del hombro y puso la cola a un lado. Pero ésta no es la manera en que una hembra chimpancé se ofrece a su macho, pues se acurruca en el suelo. Flint miró a Apple, perplejo. Agitó su rama de nuevo. Y luego, al ver que no era efectivo, se puso en pie, con los nudillos de la mano en el trasero de ella, en la base de su cola, y apretó. Ante mi sorpresa, Apple dobló las piernas, pero sólo un poco. Flint miró a Apple agitando su rama de nuevo y repitió el ejercicio anterior. Apple dobló las piernas un poco más. Ahora parecía que Flint estaba preparado para encontrar a medias a su pareja. El chimpancé macho normalmente copula en cuclillas, con el cuerpo más o menos erguido, a menudo con una mano descansando en la espalda de la hembra. En cambio el babuino macho agarra por los tobillos a la hembra con los pies, la rodea por la cintura con ambas manos y así, levantándola, efectúa la cópula. Flint agarró el tobillo derecho de Apple con el pie derecho, aguantando el otro pie contra un arbolito, y así consiguió la introducción.

En conjunto fue una secuencia increíblemente sofisticada: Flint y Apple parecían entender exactamente lo que el otro quería, y ajustaban su conducta a tal efecto, aunque eso suponía hacer cosas anormales para ambos.

A veces los babuinos jóvenes machos pueden excitarse por una adolescente chimpancé, agarran sus tobillos e intentan la introducción. Pero nunca hemos registrado una secuencia tan sofisticada como la que observamos entre Flint y Apple. El incidente más divertido ocurrió cuando la hija de Miff, Moeza, tenía nueve años. Aparecía ligeramente hinchada, y por algún motivo no estaba de humor para el sexo, quizás porque había perdido temporalmente a su madre, y por ello gemía suavemente. Cuando el joven Héctor de la tropa Camp se aproximó y se colocó sobre ella, tres veces seguidas, ella simplemente se puso en pie, con aspecto deprimido, e ignoró completamente aquellos inútiles esfuerzos para copular con ella.

Los chimpancés entienden claramente y pueden responder de modo apropiado a muchas de las posturas, gestos y llamadas del sistema de comunicación de los babuinos: señales de amistad, amenaza, sumisión y sexo. Igualmente los babuinos entienden mensajes similares transmitidos por los chimpancés. Los individuos de cada especie son alertados por las llamadas de alarma de la otra; en realidad, también prestan atención a los gritos de varios tipos de monos e incluso de pájaros. Esto es habitual en la naturaleza; la noticia de la existencia de cierto peligro, como un leopardo, es radiada por el individuo que lo descubre, y los miembros de otras especies han aprendido a reconocer la llamada. Esto es altamente beneficioso para las víctimas potenciales de los carnívoros, y seguramente es frustrante para el cazador.

Un día, mientras seguía a Fifi y a su familia a través de la selva, oímos las fuertes e insistentes llamadas de alarma de la tropa de babuinos Camp al otro lado del valle: «¡waa-hu!, ¡waa- hu!, ¡waa-hu!». Primero un babuino divulgó la noticia y luego el mensaje fue repetido por más y más compañeros. Agudos gritos juveniles y las voces más profundas de las hembras se añadieron al gran coro de los machos. Fifi se detuvo, con Flossi colgando a su espalda y Fanni unos pasos más atrás, y miró hacia el barullo. Pasados unos momentos, Fifi decidió investigar. Apartándose del camino que había estado siguiendo, saltó hacia la maleza de las colinas bajas. Con cuidado de no alejarme, me arrastré tras ella. Pronto cruzamos el torrente y empezamos a subir por la siguiente colina. A medida que nos acercábamos, Fifi se iba parando para mirar detenidamente a través de la vegetación. De repente se oyó cerca un susurro. Fifi se volvió y, con una amplia sonrisa –de miedo o excitación, o de ambas cosas a la vez–, alargó su mano hacia la oscura silueta de otro chimpancé sorprendido en la espesura. Era Goblin, que, con el pelo erizado, también sonrió cuando se sintió tocado por aquella mano. Reconfortados por el contacto, siguieron juntos. En aquel momento yo estaba atenta a otras silenciosas formas que se movían por allí, dirigiéndose todas hacia el lugar donde los babuinos se enfrentaban al desconocido peligro.

Los primeros babuinos que vimos estaban colgados en unas ramas bajas mirando el suelo del bosque. De tanto en tanto uno empezaba nuevas series de «¡waa-hu!, ¡waa-hu!, ¡waa-hu!». Los chimpancés –y había unos ocho en aquel momento– subieron a los árboles y miraron también hacia abajo a través de las hojas. ¿Qué habría allí? Me sentí decididamente inquieta hasta que encontré un árbol al cual yo también podía subir en caso de necesidad.

De repente Fanni emitió un suave «huu», sonido que significaba sorpresa y un poco de miedo. Fifi se acercó y miró en la misma dirección que Fanni. Luego emitió también un «huu», seguido casi a continuación por un repentino «wraa», la llamada chimpancé de alarma. Esto sirvió de señal a los otros chimpancés y me encontré en el centro de un terrible coro. Los machos, con el pelo erizado, empezaron súbitas exhibiciones en los árboles, saltando de rama en rama y agitando la vegetación.

Al principio no vi nada, pero de repente, cuando Satán saltó casi hasta el suelo, profiriendo una fiera llamada, también la vi, o parte de ella: era una serpiente pitón enormemente grande, tan ancha como el muslo de un hombre. Su camuflaje era tan perfecto que no la habría visto si la exhibición de Satán no la hubiese hecho moverse, lentamente, hacia un lugar iluminado por el sol.

Durante los veinte minutos siguientes, chimpancés y babuinos permanecieron en los alrededores. Ya no tenían miedo; sentían curiosidad y fascinación. Uno detrás de otro se movieron acercándose, saltando hacia atrás con grandes exclamaciones cuando la serpiente se desplazaba. Pero gradualmente, a medida que la serpiente se internaba en la densa maleza alejándose de la vista, los espectadores fueron perdiendo interés. Los babuinos se marcharon primero, y luego, en grupos de dos o tres, los chimpancés se fueron también.

No tenemos pruebas de que las pitones hayan matado alguna vez a jóvenes chimpancés o babuinos en Gombe, pero en teoría es posible. Circulan historias de pitones que atrapan, ahogan y tragan animales muy grandes. Al avisarse de este peligro potencial, los chimpancés y los babuinos se prestan un servicio recíproco de tanto en tanto.

De todas las interacciones entre chimpancés y babuinos, las más fascinantes de observar son, quizás, las exuberantes sesiones de juego. A veces una buena relación –una auténtica amistad– se desarrolla entre un joven babuino y un chimpancé, que aprovecharán la oportunidad de jugar juntos. La primera relación de este tipo que observé fue a principios de los años sesenta entre Gilka y una joven hembra de babuino, Goblina. Siempre que la madre de Gilka estaba cerca de la tropa de Goblina, las dos jóvenes se buscaban mutuamente y empezaban a jugar, agarrándose de los dedos o moviendo las mandíbulas. Sus juegos se acompañaban de suaves carcajadas. A veces una de ellas acicalaba brevemente a la otra. Lamentablemente, unos chimpancés cazaron, mataron y devoraron al primer bebé de Goblina. Gilka no participó en este incidente, pero sospecho que habría pedido algo de carne si hubiese estado por los alrededores. Hay pequeños grupos de ganaderos que se reúnen para comer juntos un cerdo que, al menos durante algún tiempo, casi ha formado parte de la familia. Gilka habría tenido menos razones para rechazar la carne de la cría de Goblina.

Más recientemente se desarrolló una relación parecida, aunque menos cordial, entre el joven Freud y el joven babuino Héctor. Una y otra vez los dos se perseguían y rodaban juntos salvajemente, y Freud, el más pequeño, reía histéricamente cuando el juego se endurecía. Nunca vi a Goblina ni a Gilka mostrarse agresivas la una con la otra, pero el juego entre Freud y Héctor degeneraba a menudo en violentas persecuciones e incluso en peleas. Héctor solía salir victorioso, y Freud, llorando, corría hacia Fifi buscando consuelo. Pero cuando se volvían a encontrar, Freud estaba tan dispuesto a jugar como siempre.

La mayor parte del juego chimpancé-babuino incluye persecuciones y breves episodios de lucha. Los chimpancés, particularmente los machos jóvenes, tienden a exhibirse agresivamente, golpeando con los pies el suelo, arrancando ramas y arrojando piedras. A menudo estas sesiones de juego acaban con la huida despavorida de los babuinos. A veces los babuinos derrotados se acercan a uno de los machos adultos y entonces, sintiéndose seguros, se dan la vuelta y amenazan a sus compañeros de juegos. Ocasionalmente los adultos de ambas especies intervienen en estas discusiones infantiles y empiezan a amenazarse: los chimpancés ondean los brazos, agitan ramas y profieren gritos; los babuinos rugen, enseñan el blanco de los ojos y muestran sus terribles caninos mientras intimidan a sus oponentes. Pero esto no suele ser más que aquello de «perro ladrador, poco mordedor», y, después de una tregua, el juego continúa.

Quizás el incidente más extraordinario que haya observado nunca entre un chimpancé y un babuino fue uno en el que estuvieron involucrados Pom y Quisqualis de la tropa Camp. Desde su más tierna infancia, Pom había mostrado una característica ausencia de respeto por los babuinos machos adultos y sus poderosos caninos. En esta particular ocasión, cuando tenía unos diez años, su conducta pareció tender a la completa locura. El incidente tuvo lugar en el campamento, durante los días en que ocasionalmente coloqué un lamedero de sal que entusiasmaba tanto a babuinos como a chimpancés. Passion y su familia llevaban cierto tiempo allí cuando Quisqualis llegó e intentó desplazar por la fuerza a los chimpancés. Muchos de éstos se apartaron al ver la seria amenaza del babuino. Pero no Passion ni Pom, ni siquiera cuando las amenazas de Quis se hicieron realmente intensas. Enseñaba sus enormes caninos más y más abriendo completamente la boca en unos bostezos exagerados. Mostraba el blanco de los ojos, saltaba hacia los chimpancés y se incorporaba moviendo las mandíbulas y chasqueando audiblemente los dientes. Intentaba sobre todo mirar a los chimpancés a los ojos, ya que para un babuino parece difícil, si no imposible, atacar a un adversario sin antes mostrar su hostilidad a la vista de su oponente. Con este objetivo Quis daba vueltas primero amenazando a uno y después a otro. Passion y Pom lo ignoraron tranquilamente –sólo el joven Prof, como cabía esperar, demostró tener miedo, moviéndose repetidamente de modo que siempre hubiese una de las hembras entre él y el babuino.

De repente Pom pareció cansada de lamer la sal y se irguió. Quis, seguramente humillado por su falta de respeto, se inclinó sobre ella y le mostró los caninos a pocos centímetros de su cara.

Pero Pom, en vez de amilanarse ante tal demostración de armamento, se levantó ¡y pellizcó juguetona en la nariz al irritado babuino! Sorprendido, éste retrocedió y gritó, y una vez más Pom, ahora con semblante alegre, le golpeó. Pero Quis no podía tolerar semejante insubordinación. Con un furioso rugido, la amenazó y la golpeó en la cabeza. El humor juguetón de Pom se acabó: su pelo se erizó agresivamente, cogió una rama y le azotó salvajemente. Y Quis abandonó. Con toda la dignidad que pudo, se fue, dejando tranquilos a los chimpancés.

A veces un joven chimpancé se burla de un viejo macho babuino de la forma más irreverente. Nunca olvidaré cuando Freud, de cinco años, empezó a molestar a Heath, de la tropa Camp. Heath estaba sentado pacíficamente en la sombra, ocupándose de sus asuntos, y siete chimpancés estaban descansando y acicalándose cerca de él. Freud subió a un árbol sobre Heath y empezó a columpiarse sobre su cabeza, dándole patadas juguetonamente. Durante algún tiempo Heath demostró una notable paciencia. Cuando el pie de Freud le daba en un ojo o en una oreja, se limitaba a apartar la cabeza. Pero a los diez minutos se hartó. Saltando, agarró a Freud, le sacó de la rama y le mordió. Freud empezó a gritar lo más fuerte que pudo, aunque de hecho los dientes de Heath estaban desgastados y es poco probable que le hiciese mucho daño.

Goblin tenía doce años y estaba tumbado a unos siete metros de allí. Se incorporó y fue a rescatar a Freud, golpeando a Heath en la cabeza. Freud escapó a un árbol, Goblin volvió a descansar y Heath se sentó bajo la misma rama. Volvió la paz, pero no por mucho tiempo. Unos minutos después, Freud, para mi sorpresa, empezó a molestar como antes al viejo babuino. Y quizá de manera más irritante. Heath, una vez más, demostró una considerable paciencia. Pero Goblin no. Poco después se levantó y fue hacia Freud. Con el pelo erizado y una furiosa expresión en la cara, lo golpeó severamente. Freud, disciplinado, ni siquiera gritó, pero fue silenciosamente a sentarse junto a su madre. El viejo babuino se sentó de nuevo y volvió a sus asuntos al suave sol de la tarde, mientras Goblin, aún con el ceño fruncido, continuaba su interrumpida siesta.

13. Goblin

Vi por primera vez a Goblin en 1964, cuando apenas tenía unas horas. En aquel momento escribí: «... Melissa, cansada, miró durante un largo rato la diminuta cara. Nunca habría imaginado un rostro tan pequeño y divertido. Era cómico en su fealdad, con gus grandes orejas, sus labios pequeños y una piel increíblemente arrugada y más negra y azulada que rosa. Cerraba fuertemente los ojos para protegerlos de la potente luz del sol, y parecía un gnomo o un *goblin*»[1].

Diecisiete años después, Goblin se convirtió en el indiscutible macho alfa de su comunidad. No fue una victoria fácil, ya que durante seis años tormentosos desafió a machos mayores en edad que él y, la mayoría, más grandes. Se arriesgó mucho para triunfar frente a obstáculos a menudo excesivos para él. Ahora el relato de su vida

1. *Goblin* significa «duende» en inglés. *(N. del T.)*

constituye una parte importante de la historia registrada de Gombe.

Mirando hacia atrás me doy cuenta de que Goblin mostró desde temprana edad muchas de las cualidades que son necesarias en los altos estratos de la sociedad de los chimpancés. Siempre decidido a hacer las cosas a su manera, odiaba ser dominado; era inteligente y valeroso y no podía tolerar disputas entre sus subordinados. El incidente descrito al final del capítulo anterior, cuando Goblin rescató primero y luego disciplinó a Freud, es un típico ejemplo de su deseo de control social.

Además de estos rasgos personales, un factor clave del temprano éxito de Goblin fue su extraordinaria relación con Figan, tanto antes como durante el tiempo en que fue el macho alfa. Esta relación empezó cuando Goblin era muy pequeño. Sin duda fue la presencia de Figan, su apoyo, lo que otorgó a Goblin la confianza necesaria para empezar a desafiar a los otros machos a una edad desacostumbradamente temprana.

Como todos los machos adolescentes motivados, Goblin empezó a desafiar a las hembras de su comunidad pronta y vigorosamente. En este esfuerzo Figan desempeñó un pequeño papel, ya que este tipo de exhibiciones raramente se llevan a cabo en presencia de machos adultos. Melissa solía ayudarle en aquellas frecuentes situaciones en las que caía víctima de la vengativa furia de una hembra de posición superior. Pero ella no siempre estaba cerca y a menudo Goblin tenía que resistir solo. A medida que sus exhibiciones se hicieron más enérgicas y su confianza aumentó, desafió a más hembras mayores, y muchas veces era rechazado, en ocasiones, por dos hembras temporalmente aliadas. Estos incidentes acostumbraban a acabar en peleas que, al principio, Goblin perdía. Pero aunque escapaba corriendo, siempre estaba dispuesto a desafiar a las mismas hembras en cuanto volvía a encontrarlas. Nunca abandonaba.

Fue durante este periodo de su vida cuando Goblin empezó a desafiarme más y más a menudo. Goblin, como Flint, mostró desde la infancia una tendencia a «molestar» a los humanos. Cuando tenía unos cuatro años, nos dimos cuenta de que iba a ser un auténtico fastidio. Se acercaba a mí o a uno de los estudiantes, nos cogía por las muñecas y se agarraba cada vez con mayor fuerza si tratábamos de quitárnoslo de encima. El registro de datos se fue haciendo cada vez más difícil cuando se encontraba por los alrededores. Finalmente se nos ocurrió la idea de armarnos con latas de grasa, lubricante o margarina, cualquier cosa. Cuando se acercaba nos untábamos rápidamente las muñecas y las manos. Y puesto que odiaba tener las manos grasientas, pronto aprendió a dejarnos en paz. Pero a medida que entró en la adolescencia, empezó a molestarnos de otra manera, o mejor dicho, ¡a molestarme *a mí!*

Los chimpancés pueden distinguir perfectamente entre machos y hembras humanos. Son bastante más respetuosos con los hombres, particularmente con los hombres grandes de voz profunda y resonante. Con las mujeres se toman ciertas libertades. Y creo que Goblin sentía realmente la necesidad de dominarme como había hecho con el resto de las hembras. El hecho de que yo fuese de una especie distinta no parecía preocuparle. Así que estuve unos años sin saber cuándo me atacaría Goblin desde la maleza, cuándo correría detrás de mí o saltaría sobre mi espalda o incluso me golpearía. A veces estaba llena de moratones. Esta irritante –y a veces dolorosa– conducta se moderó al cabo de un tiempo. Yo nunca me rebelaba, y por eso creo que supuso que me había sometido y ya no me volvió a molestar. En realidad, cuando tenía doce años, ya era bastante menos agresivo con las hembras chimpancés. Como ya había atacado y derrotado a la mayoría de ellas, lo consideraba una pérdida de tiempo. Pero continuaba atacando a las tres que quedaban: Passion, Fifi y Gigi. Las tres lo atacaban también de vez en cuando, pero Goblin se tomaba con calma estos contratiempos. Pronto tendría otra oportunidad. Cuando tenía trece años conquistó a Gigi, la más dura de las tres.

Ahora ya podía dedicar toda su atención al más bajo en el escalafón de los machos, Humphrey. El pobre Humphrey, rey destronado, ¡desafiado por un joven! Al principio, cuando Goblin se exhibía frente a él, Humphrey le ignoraba o movía un brazo en señal de amenaza. Pero Goblin insistió. Llegó el momento en que Humphrey se dio cuenta que no se trataba de la habitual demostración de valor de un joven de trece años. Significaba el principio del fin. Luego la irritación de Humphrey dio paso a una nerviosa tensión y empezó a responder a los impertinentes desafíos de Goblin.

Esta disputa por el poder entre Humphrey y Goblin puso a Figan en una situación difícil. Su lealtad estaba dividida entre Humphrey, ahora considerado su «mejor amigo», y el joven Goblin, con el cual había disfrutado durante mucho tiempo de una relación pacífica y casi paternal. Cuando estaba presente durante una de estas disputas, Figan acostumbraba a exhibirse entre los dos, lo cual terminaba generalmente con el incidente.

El primer conflicto real que vimos entre Goblin y Humphrey tuvo lugar a finales de 1977. Mientras Humphrey se exhibía frente a él, Goblin lo azotó con un arbolito todavía enraizado en el suelo. Humphrey cargó hacia él, pasó a su lado, y Goblin empezó a comer. Pero Humphrey no. Miró ferozmente al joven macho durante cerca de media hora, como si estuviese meditando, y luego actuó otra vez frente a Goblin. Esta vez los dos machos se incorporaron y se golpearon con el pelo erizado. Humphrey empezó a gritar, mientras Goblin permanecía en silencio. Al final fue Humphrey quien perdió los nervios y, gritando aún, dejó a Goblin dueño del campo.

El segundo incidente se resolvió en una victoria aún más clara de Goblin. Humphrey acababa de copular con una hembra en celo y la estaba acicalando pacíficamente cuando Goblin se aproximó, con el pelo y el pene erectos, claramente deseoso de copular a su vez. Humphrey cargó furiosamente en el acto contra su joven rival. Pero Goblin, lejos de amilanarse, se incorporó. Ambos lucharon entre las ramas, y Humphrey, que pesaba cincuenta kilos frente a los treinta y siete de Goblin, fue arrojado del árbol. Huyó corriendo y Goblin, después de mirar un momento, volvió con la hembra y copuló con ella tranquilamente.

Y así entró Goblin en la jerarquía de los machos adultos cuando sólo tenía trece años, como mínimo dos años antes que otros machos cuyos progresos habíamos registrado. Humphrey quedó por debajo de él; cinco machos quedaban por encima. De distintas maneras quedaba patente que Goblin estaba dejando atrás la adolescencia. Pasaba más tiempo acicalando a los machos adultos, y en ocasiones ellos lo acicalaban a su vez. A menudo se unía a las exhibiciones que se producían cuando, por ejemplo, su grupo llegaba a un nueva fuente de comida, o cuando dos grupos se encontraban. Solía copular con hembras en celo a la vista de los machos adultos en vez de retirarse a un rincón más privado. Cuando efectuaba una matanza, podía quedarse una porción razonable de carne en vez de perderla toda a manos de los mayores. Y empezó a tomarse en serio el deber de patrullar.

Goblin aún mantenía una buena relación con Figan. Cuando el alfa se exhibía, Goblin, si estaba por allí, se le unía pisando los talones a su héroe e imitando sus acciones. Cuando Figan realizaba una de sus devastadoras actuaciones matinales o vespertinas por los árboles, sacando de la cama a sus chillones subordinados, Goblin solía correr por las ramas sacudiendo la vegetación.

Al año siguiente los progresos de Goblin fueron espectaculares. Sistemáticamente empezó a desafiar a los machos mayores; primero, a los inferiores en el escalafón, al tranquilo Jomeo, al hermano de Jomeo, Sherry, a Satán y finalmente a Evered, por este orden. Sólo Figan quedó excluido. En realidad era su relación con Figan lo que le permitía desafiar a aquellos machos mayores y con más experiencia: nunca se hubiese atrevido a hacerlo de no ser porque Figan estaba cerca; y Figan, si estaba allí, casi siempre cargaba en ayuda de su joven seguidor. Una vez, por ejemplo, Goblin y Evered empezaron a luchar cuando estaban en un árbol. Evered se defendió y ambos cayeron al suelo, enzarzados, golpeándose y dándose patadas.

Goblin, que estaba perdiendo claramente este combate, empezó a chillar, momento en el cual Figan cargó por los alrededores y Evered salió corriendo.

Otro incidente tuvo lugar cuando Figan no estaba cerca. Empezó cuando Goblin intentó ir a por Satán en un momento en que todo el grupo se estaba desplazando. Esto no podía tolerarse y Satán, mucho mayor y más pesado, atacó al joven macho. Goblin se retiró gritando, pero una hora después, cuando Figan se unió al grupo, empezó a amenazar a Satán, profiriendo potentes rugidos y exhibiéndose ante él. Y Satán, sin duda anticipándose a la respuesta del alfa, se subió a un árbol y se sentó allí, gimiendo para sí, mientras Goblin actuaba debajo.

Poco después de cumplir los catorce años, Goblin podía intimidar a todos los machos mayores, *uno por uno,* excepto, claro está, a Figan. Y entonces llegó el día en que vimos por primera vez a Goblin desafiando a los hermanos Jomeo y Sherry cuando estaban juntos. Tres veces se exhibió delante de ellos mientras se acicalaban, acercándose cada vez más. Y luego, durante la cuarta actuación, golpeó de hecho a Jomeo. Enfurecidos, los hermanos, cada uno de los cuales pesaba más que Goblin, lo persiguieron. Éste se retiró, pero no tiró la toalla. Cuatro meses después, casi en el decimoquinto cumpleaños de Goblin, se produjo un conflicto dramático. Jomeo y Sherry se estaban acicalando y al principio ignoraron, o al menos fingieron hacerlo, a Goblin cuando empezó a actuar hacia ellos. Pero cuando estuvo realmente cerca, profirieron fieros rugidos y agitaron los brazos. La situación fue cada vez más tensa, y cuando la hembra adulta Miff llegó a la escena, fue inmediatamente atacada con violencia, primero por Sherry y luego por Jomeo. Así los hermanos trataron de resarcirse de algunas de sus agresiones frustradas.

Goblin sacó el mayor provecho de la distracción. En cuanto Jomeo empezó a golpear a la pobre Miff, Goblin atacó a Sherry con ferocidad. Rápidamente Jomeo dejó a Miff y se acercó corriendo, pero sólo ayudó a su hermano con amenazas orales. Goblin y Sherry rodaron juntos; unas veces Goblin estaba arriba, y otras, Sherry. Batallaron en silencio hasta que Goblin mordió profundamente a Sherry en el cuello, y entonces, con fuertes gritos, Sherry se apartó y huyó. Jomeo lo siguió, gimiendo también. Y Goblin inició la persecución. Veinte metros o más los persiguió mientras corrían; luego se detuvo, se sentó y los miró fijamente con los ojos brillantes. Tenía rastros de saliva por todo el cuerpo. Fue en verdad una victoria sorprendente y decisiva. A partir de entonces, Goblin fue capaz de dominar a los hermanos incluso *cuando estaban juntos.*

Al mes siguiente observamos el primer cambio de actitud de Goblin respecto al que había sido su héroe. Durante algún tiempo habíamos estado esperando que Goblin se volviese contra Figan. En realidad, aún no entiendo cómo éste, tan listo en tantos otros aspectos, no había podido predecir el resultado inevitable de su apadrinamiento con respecto a Goblin. El primer signo de deslealtad se registró una pacífica tarde en la que, en vez de apresurarse para saludar a Figan, Goblin le ignoró. Después de esto, le ignoró cada vez más a menudo, y Figan, notando obviamente el implícito desafío, fue poniéndose nervioso y tenso. Un día en que Goblin apareció súbitamente, Figan comenzó a emitir grititos de miedo y corrió a abrazar a Evered en busca de seguridad. Cada vez fue más habitual ver a Figan, temeroso, correr a buscar la ayuda de uno u otro macho. Y a partir de entonces los sucesos fueron avanzando lentamente hasta su inevitable y previsible conclusión.

Durante la estación seca de 1979 Figan se lesionó de algún modo los dedos de la mano derecha. Cojeaba al andar. Del mismo modo que Figan había aprovechado inmediatamente cualquier signo de debilidad en un superior, Goblin hizo lo mismo ahora. Empezó a desafiar a Figan seriamente, exhibiéndose hacia él una y otra vez y a veces golpeándolo cuando huía. Si uno de los machos estaba cerca, Figan siempre buscaba apoyo. Y siempre lo conseguía, así que un fuerte sentimiento de unidad creció entre los cinco machos mayores: iban juntos, manteniendo el viejo orden de cosas frente al joven advenedizo. De esta manera Figan disponía de cuatro aliados potenciales mientras que Goblin, habiéndose enemistado con su amigo de siempre, estaba solo. Se apoyaba simplemente en el efecto devastador de sus repetidas y vigorosas exhibiciones.

Estaba claro que Goblin había aprovechado su asociación con Figan; había aprendido un montón de «trucos de dominación». Por ejemplo, la ventaja psicológica que supone sorprender a los otros machos mientras duermen con una vigorosa demostración arbórea sobre sus nidos por la mañana temprano. Y el valor de la sorpresa, escondiéndose en la maleza cuando un grupo se aproximaba para luego atacar. Ambas técnicas dieron resultados que debieron de ser altamente satisfactorios para el joven

macho. Pero era evidente que, a pesar de lo envalentona-
do que estaba, aquella era una época tensa para él. Cuando
se encontraba con parejas de machos mayores, Goblin revelaba repetidamente su tensión con repentinas
exhibiciones dirigidas a las hembras o a los jóvenes de
los alrededores, aparentemente sin ningún fin. Una vez
más fui yo la frecuente vía de escape de su ira. Recuerdo
una vez que Derek y yo mirábamos cómo intentaba intimidar a Satán y a Evered, que estaban acicalándose. Goblin los atacó hasta siete veces en total, moviendo ramas
y tirando piedras. Cada vez se acercaba a menos distancia de donde estaban sentados, pero ellos ni siquiera le
miraban. Goblin se fue frustrando, y después de cargar
contra los dos machos por octava vez, vino hacia Derek
y hacia mí. Evitó a Derek, que estaba sentado a mi lado
en el suelo; se volvió hacia mí y me dio un empujón con
ambas manos y un golpe doble con ambos pies antes de
exhibirse; luego se sentó, mirando ceñudo al mundo en
general.

A finales de septiembre vimos la primera lucha seria
entre Figan y Goblin. Goblin ganó decisivamente, pateando a Figan desde un árbol al que se había encaramado. Figan cayó de una altura de unos nueve metros y
huyó gritando. Una semana más tarde, después de que
Goblin se hubiese exhibido frente a él unas cinco veces,
Figan buscó de nuevo refugio en un árbol. Nunca olvidaré el día en que me senté y vi a Figan, en otro tiempo
el más poderoso alfa de Gombe, cada vez más nervioso y
desconcertado a medida que pasaban los minutos. Se
movía sin parar. Una vez, con mucho cuidado, empezó a
bajar hacia el suelo, pero Goblin, con el pelo erizado, lo

miró tan ferozmente que Figan, gritando de miedo, renunció a bajar. Yo tenía reciente el recuerdo de incidentes similares cuando Figan hizo sufrir a Evered las mismas humillaciones. Esta vez tuve una interesante visión del humor de Goblin. Terminó por alejarse del árbol de Figan y marcharse con Melissa, que estaba sentada en unos matorrales cercanos. Se tumbó en el suelo y ella empezó a acicalarlo. Y luego, casi imperceptiblemente, alcanzó la mano de su madre y empezó a jugar con sus dedos. Allí se quedó, relajado y pacífico, entreteniéndose con Melissa. Y cuando Figan bajó del árbol con grandes precauciones, Goblin le siguió con la mirada, pero continuó jugando.

Era evidente que Figan ya no podía ser considerado el macho alfa. Pero tampoco Goblin, porque, aunque podía mandar sobre cualquiera de los otros machos si se los encontraba a solas, normalmente no podía controlar la situación cuando había dos o tres juntos. Con sólo quince años, su posición era destacada, pero para este individuo tan notable no era suficiente. Estaba claro que no iba a descansar hasta llegar a lo más alto, y con ese objetivo actuaba incansablemente, exhibiéndose en las cercanías de los machos sénior a la menor oportunidad.

Luego, a mitad de noviembre, vino el Gran Ataque, que durante casi un año volvió a situar a Figan en la cumbre del dominio. Empezó durante una sesión carnívora, cuando la tensión llega al máximo y estallan a menudo incidentes de agresión. Goblin, que se había quedado sin carne, actuó frente a Figan, que disponía de su ración. Figan se mantuvo firme, rodeado de potenciales aliados. Hubo una pelea dramática, que duró más de un minuto, con los dos machos luchando en medio de un silencio roto únicamente por las dentelladas. De repente, como en respuesta a una llamada silenciosa, los otros machos adultos presentes –Evered, Satán, Jomeo y Humphrey– se unieron a la refriega, luchando bajo los colores de Figan. Ante aquel problemático cinco contra uno, Goblin empezó a gritar y a luchar por escapar. Cuando finalmente consiguió liberarse, huyó, con Figan pisándole los talones y los otros machos cargando a diestro y siniestro, muy excitados y gritando. Goblin resultó malherido durante la lucha, con una gran laceración en el muslo que todavía sangraba una hora después.

Después de aquello, Figan recuperó parte de la confianza en sí mismo, mientras que Goblin, a su vez, se mostraba incómodo en presencia del macho mayor. Un mes después del Gran Ataque, Figan tuvo la satisfacción de ver a Goblin huyendo de una de sus exhibiciones. Aún mejor: cuando Goblin se refugió en un árbol, Figan lo mantuvo allí, tenso y descontento, durante los veinte minutos o más que permaneció sentado debajo. Las cosas habían cambiado. Los otros machos sénior, con la confianza adquirida a raíz del Gran Ataque, se apoyaban ahora entre sí contra Goblin con más entusiasmo. Un macho más débil habría abandonado la pelea después de una derrota tan seria como aquélla. Pero Goblin, desesperadamente infeliz con su posición actual, estaba hecho de otra pasta.

En cuanto se curaron sus heridas, Goblin, aunque por el momento evitó las confrontaciones directas con Figan, volvió a desafiar a otros machos sénior. No tardó en repetir sus actuaciones y la armonía social volvió a tambalearse. Gradualmente, durante los diez meses posteriores al Gran Ataque, Goblin fue recuperando su posición hasta que pudo dominar a los otros en solitario, como antes. Y luego empezó a enfrentarse de nuevo con el alfa reinstaurado. El pobre Figan, cuya recién recuperada confianza era inestable incluso en sus mejores momentos, acabó derrotado. Su mejor amigo, Humphrey, había muerto, víctima tal vez de los machos de Kalande. Y aunque Figan había intentado cimentar una amistad con Jomeo y Evered y éstos pasaban mucho tiempo con él, no tenía a nadie en quien confiar realmente. Cuando Goblin estaba cerca, sus peticiones de ayuda a los tres machos se volvieron cada vez más desesperadas.

Al cabo de pocos meses, Goblin, una vez más, intimidaba absolutamente a su héroe de juventud. Pronto el propio Figan desapareció. Quizás fue víctima de una agresión intercomunitaria. O quizás murió, solo, de alguna enfermedad. Nunca lo sabremos. Me apenó su muerte, ya que lo conocía desde hacía muchos años y había admirado su inteligencia y su persistencia.

Con Figan desaparecido, las exhibiciones de Goblin fueron ganando en violencia. Y, como respuesta, los machos mayores se sentaban juntos y se acicalaban casi frenéticamente. Goblin, más duro, intentaba interrumpir este acicalamiento, pero ellos continuaban. Cuanto más intensamente lo hacían, mayor confianza en sí mismos adquirían y por más tiempo podían ignorar, o pretender ignorar, su tempestuosa conducta. Goblin se fue frustrando. Por una parte, es muy difícil amenazar a un rival que huye y ni siquiera te mira; por otra, sus rivales estaban dando muestras de amistad, y eso, para Goblin, resultaba difícil de asumir. Tenía que interrumpir estas sesiones de acicalamiento a cualquier precio.

Pero los machos mayores, cuyos ojos parecían sólo unas manchitas entre la piel, pudieron mantener su actitud de desinterés durante más de quince minutos. Una y otra vez Goblin actuaba frente a ellos. Entre una y otra vez, se sentaba, jadeando, y los miraba con furia. Finalmente atravesó el umbral de la precaución y atacó efectivamente a uno de los acicaladores.

Estos incidentes eran sorprendentes de ver. Un día, por ejemplo, Goblin llegó repentinamente al grupo que yo había estado siguiendo toda la mañana y que incluía a Satán y a Jomeo. En cuanto apareció, los dos machos mayores, como siempre, se acercaron y empezaron a acicalarse mutuamente. Goblin, de pie, con el pelo erizado, se quedó mirándolos, pero ellos no le prestaron atención alguna. Después de unos minutos, Goblin empezó una de sus exhibiciones. Los dos machos continuaron acicalándose con una concentración casi fanática. Las hembras y los jóvenes gritaron y se subieron a los árboles. Pero Goblin no estaba interesado en intimidarlos a ellos, sólo a sus rivales. Se detuvo y luego se exhibió de nuevo más cerca de los dos machos. Ellos continuaron acicalándose más frenéticamente aún. Y así siguieron.

Goblin actuó vigorosamente siete veces hasta que llegó a un estado de furia desatada. Durante la octava exhibición, atacó a Satán, saltando a un árbol por encima de él y golpeando la cabeza del macho. Ahora los que se acicalaban se vieron obligados a responder. Gritando sonoramente, atacaron a Goblin, agitando los brazos. Y a pesar del hecho de que sus adversarios pesaban cuarenta y seis y cincuenta kilos respectivamente, Goblin, con sus treinta y siete kilos, se puso en pie y se atrevió con los dos. Durante más de un minuto se golpearon y luego, para mi sorpresa, Satán y Jomeo huyeron mientras Goblin los perseguía, arrojándoles piedras. Y entonces, como para constatar su dominio, Goblin volvió a atacar a Satán. Después de aquello, como si la tensión acumulada fuese excesiva para él, Goblin abandonó el grupo.

En una ocasión se produjo una confrontación similar, esta vez con Satán y Evered, que finalizó sin una clara victoria de nadie. Goblin dejó a los dos y, de nuevo, se fue solo. Esta vez Hilali lo siguió. Una hora más tarde se encontró a Fifi e inmediatamente la atacó. Luego también golpeó a Freud y a Frodo. Acompañado de rugidos y gritos, seguía actuando y realizando sus solitarias persecuciones. Cuarenta y cinco minutos después de dejar a Fifi, Goblin encontró a otra hembra, que también fue atacada ferozmente, y, al menos por lo que a ella concernía, sin razón aparente. Podemos imaginarle, todavía furioso, avanzando por la maleza y desahogando su contenida furia, dirigida en realidad hacia Satán y Evered, con el primero que encontraba.

Durante las tensas interacciones entre los machos mayores, hubo muchas ocasiones en las que Goblin atacaba súbitamente a cualquier inocente que rondara por allí. Estas víctimas solían ser machos o hembras adolescentes, o yo misma. Cuando advertía una de estas reacciones de Goblin, siempre me ponía en pie y me agarraba a un árbol. Así, si Goblin me golpeaba, sería menos probable que me cayese al suelo, ya que nunca me había gustado la idea de estar en el suelo bajo un chimpancé. Normalmente Goblin sólo me golpeaba un par de veces en la espalda al pasar. Tres veces sus ataques fueron peores. Una vez me tiró de un árbol al suelo y me pegó patadas deliberadamente. Otra vez empezó a tirar de mí colina abajo; yo estaba aterrorizada temiendo perder pie y caer encima de él. Dios sabe lo que habría pasado. Creo que el tercer incidente fue el peor. Empezó con sus habituales tácticas. Agarrando el árbol al que yo estaba cogida, saltó y golpeó con fuerza mi espalda con sus pies. Pero luego se puso frente a mí y me dio una patada en el pecho. Mientras lo hacía, su enorme boca abierta con cuatro brillantes y afilados caninos permanecía a cinco centímetros escasos de mi cara. Ocasionalmente Goblin golpeó también a algunos de los trabajadores de campo. Creo que todos, tanto chimpancés como humanos, esperábamos fervientemente que alcanzase la posición de dominio lo antes posible y quedase satisfecho de una vez.

Fue por esa época cuando Goblin empezó a aterrorizar sistemáticamente a Jomeo. Incluso a pesar de que estaba claro que Jomeo era el más sumiso al joven macho, Goblin no perdía oportunidad de atacarlo durante las reuniones u otros periodos de excitación social. En realidad, Goblin lo persiguió tan ferozmente que, durante un tiempo, Jomeo, a no ser que estuviese con otros machos sénior, abandonaba el grupo en cuanto oía cerca la voz de Goblin. Luego, tras reducir al peso pesado de Gombe a un estado de completa inferioridad, Goblin comenzó a hacerle propuestas de amistad. De repente lo acicalaba más que a ningún otro macho, compartía la comida con él y le tranquilizaba en momentos de tensión. Ambos se convirtieron en compañeros de paseo y de comidas. En otras palabras, se hicieron amigos, y Goblin, por primera vez desde que cinco años antes se había vuelto contra Figan, disponía ahora de un aliado. No muy fuerte, quizás, pero, al menos cuando estaba con Jomeo, Goblin tenía la oportunidad de relajarse y disfrutar de la compañía de un macho.

Aproximadamente un año después de la muerte de Figan los otros machos parecieron abandonar finalmente. Cansados de los repetidos desafíos de Goblin, le dejaron salirse con la suya. Y así, a los diecisiete años, Goblin se convirtió en el indiscutible alfa, capaz de controlar cualquier situación. Aunque continuaba exhibiéndose a menudo, sus actuaciones disminuyeron en violencia y cada vez era menos frecuente que acabaran en un ataque. Finalmente, la paz volvió para los otros miembros de la comunidad.

Al recordar esta fascinante historia, queda claro que, por genética o por aprendizaje, Goblin, como Mike, Goliat y Figan antes que él, mostró un gran coraje y persistencia para llegar a lo más alto a pesar de los contratiempos. ¿Podemos decir que algunos aspectos de los primeros cuidados de Melissa contribuyeron al desarrollo de estas características? Fue una madre atenta, aunque no indulgente. Cuando Goblin tenía dificultades durante sus primeros intentos de andar y trepar, su madre solía dejar que se las apañase solo aun cuando gemía, a menos que estuviese realmente en un apuro, en cuyo caso se apresuraba a ayudarle. No era represiva, pero tampoco muy permisiva. No era una madre que castigase, y no siempre conseguía una obediencia inmediata por parte de Goblin. Éste aprendió pronto que, si lo intentaba repetidamente, a veces podía salirse con la suya. Sin embargo, cuando se trataba de cosas realmente importantes para ella, como el destete, Melissa imponía su voluntad. En general puede decirse que fue una buena madre con respecto a sus técnicas educativas. Y en la medida en que la conducta de Goblin era heredada, al contribuir con el cincuenta por ciento de sus genes, fue, sin lugar a dudas, una buena madre también en ese sentido.

14. Jomeo

La personalidad de Jomeo era completamente distinta a la de Goblin. Mientras Goblin estaba fanáticamente decidido a alcanzar una alta posición jerárquica, Jomeo, desde su adolescencia, careció casi por completo de ambición social. Fue el macho con más peso que conocimos en Gombe, sobresalía entre los demás con sus más de cincuenta y cinco kilos, y era un terrible enemigo para los individuos de las comunidades vecinas. Sin embargo, hacía lo posible para evitar conflictos con los machos de su propia comunidad. Era como un enigma, con una personalidad única y una historia única.

No sabemos nada de su infancia, ya que cuando lo conocimos, al principio de los años sesenta, ya era un joven adolescente. Raramente se le veía con su familia, quizás porque su madre, Vodka, era tímida y pasaba casi todo el tiempo en la parte sur del territorio junto con sus dos jóvenes vástagos, Sherry y el pequeño Quantro. Jomeo, sin embargo, se convirtió en un visitante habitual del campamento. En muchos aspectos era un adolescente normal, pero tenía su propia idiosincrasia. Cuando venía al campamento con uno o dos de los grandes machos, Jomeo, como cualquier otro adolescente, raramente podía conseguir alguna banana. Y por eso, como los otros machos adolescentes, solía venir solo, lo cual significaba que podía quedarse con las que nosotros le dábamos. Fue entonces cuando empezó a mostrar un comportamiento extraño: en el momento en que ponía los ojos en la fruta, comenzaba a gritar. No se trataba de unos cuantos gritos de excitación irreprimible, lo que habría sido comprensible, sino de unos gritos fuertes que duraban un par de minutos. Naturalmente, todos los chimpancés que estaban en las cercanías corrían al campamento para ver qué pasaba y le quitaban todas las bananas. Durante al menos seis meses se comportó de este modo tan peculiar. Y luego, de repente, dejó de gritar.

Cuando tenía unos nueve años, empezó sus intentos de intimidación con las hembras de la comunidad, erizando el pelo y realizando esas exhibiciones tan características de la adolescencia en los chimpancés machos. Al principio estas demostraciones eran vigorosas, impresionantes y audaces. Una vez incluso se atrevió a competir con Passion por unas cuantas bananas. Cuando esta hembra dominante, la más agresiva, empezó, con total confianza, a coger la fruta, Jomeo se quedó erguido, con los pelos de punta, de manera que parecía el doble de su ya gran tamaño y se contoneó delante de ella moviendo los brazos con semblante furioso. Passion, probablemente sorprendida por su temeridad (para ella Jomeo era todavía una cría), permaneció firme mientras él parecía derrotado y empezó a recoger las bananas esparcidas por el suelo. Pero Jomeo sólo había ido a equiparse mejor para la batalla. Cogiendo una gran rama muerta que había por allí, atacó de nuevo y empezó a mostrarse más impresionante blandiendo su arma. Y Passion, aunque se quedó con las bananas que ya había recogido, no disputó a Jomeo su derecho a las que quedaban.

Jomeo parecía estar entonces en el camino adecuado para alcanzar el puesto más alto de la jerarquía. Pero entonces ocurrió algo. Un día de 1966, justo unos meses después de su triunfal enfrentamiento con Passion, llegó cojeando al campamento cubierto de profundas heridas. La peor era un gran corte en la planta del pie derecho que tardó semanas en curarse y le dejó los dedos permanentemente doblados. Nunca sabremos quién o qué atacó a Jomeo, pero fuera lo que fuese, pareció afectar a toda su trayectoria posterior. Sus explosivas exhibiciones hacia las hembras de la comunidad, incluso hacia las de más bajo nivel, se interrumpieron bruscamente. Un año después observé un incidente que simbolizaba la posición de Jomeo en la comunidad. Empezó cuando la cría de Passion, Pom, se instaló demasiado cerca de Jomeo cuando estaban comiendo. Cuando él la golpeó, avisándola para que mantuviese la distancia, ella no se movió, mirando hacia su madre; luego dio la espalda al gran macho y emitió un grito pequeño pero desafiante. Instantáneamente, Passion cargó hacia Jomeo y esta vez, en claro contraste con el conflicto del año anterior, él huyo de ella y se refugió en una palmera gritando de miedo. Cuando ella empezó a trepar tras de él,

Jomeo, gritando aún más fuerte, saltó a otro árbol, cayó al suelo y echó a correr.

En aquella época Jomeo ya era el macho con más peso de Gombe y su comportamiento cobarde le convirtió en el hazmerreír de los observadores humanos. Incluso cuando tenía quince años y pesaba cerca de cincuenta kilos, Passion podía a veces obligarle a huir. Y así hubiese continuado el resto de su vida de no ser por su hermano Sherry. Ambos habían empezado a pasar más y más tiempo juntos después de la desaparición de su madre en 1967. Si ella había muerto, o simplemente había decidido quedarse en algún grupo periférico, no lo sabemos: simplemente, ella y su hijita dejaron de aparecer por el campamento y nunca volvimos a verlas. Pero Sherry y Jomeo se hicieron casi inseparables, y en cierto modo el hermano mayor actuaba *in loco parentis*. Cuando Sherry, durante sus tempranos intentos de intimidar a las hembras, se veía amenazado –lo que solía pasarle a menudo, como a todo joven adolescente–, Jomeo corría en su defensa como hubiese hecho Vodka de estar allí. Pasó el tiempo y Sherry empezó a enfrentarse a hembras que ocupaban posiciones más altas de la jerarquía, por lo que necesitaba con mayor frecuencia la ayuda de Jomeo. Y cuando luchaba, Jomeo era un chimpancé que había que tomarse en serio. ¡Qué importaba si su técnica no era siempre la mejor! Seguía pesando al menos diez kilos más que la mayoría de las hembras rivales de Sherry, y les hacía daño les diese donde les diese. Cuando levantaba a su víctima por los aires y la dejaba caer, cosa corriente, el castigo era horrible de ver. Y por eso, por fin, las hembras empezaron a respetar e incluso a temer a Jomeo y los días de la supremacía de Passion sobre el gran macho terminaron para siempre.

La frecuencia con la que un macho se exhibe es, desde luego, un importante factor para determinar la posición que ocupa en la jerarquía masculina. La frecuencia de Jomeo había descendido casi hasta cero después de su horrible herida del pie, seis años antes. Pero ahora, a causa de su nueva confianza en sí mismo, empezó a exhibirse con más frecuencia. Pobre Jomeo; a veces me pregunto si esas tempranas exhibiciones suyas, con la intención de inspirar temor en los corazones de los que estaban cerca, eran tan divertidas para ellos como para nosotros, los humanos. Tenía mucho que aprender en cuanto a técnica. Por ejemplo, una vez intentó mejorar una carga colina abajo haciendo rodar una enorme roca. Pero en lugar de correr ruidosamente hacia abajo, añadiendo una nueva dimensión a la actuación de Jomeo, la roca permaneció firmemente atascada en el duro suelo. Cualquier otro macho habría cargado igualmente, pero Jomeo no. Se detuvo totalmente, se volvió y empujó la roca causante del agravio. Finalmente la sacó de su sitio, pero de nada le sirvió. Era demasiado grande, y después de rodar perezosamente medio metro, se detuvo. Jomeo, con el efecto de su exhibición totalmente arruinado, continuó corriendo desganadamente sin ella.

En otra ocasión, mientras abordaba a un grupo de hembras y jóvenes, tropezó con la raíz de un árbol y cayó entre la maleza. Las hembras, en vez de gritar y huir de la manera que tan satisfactoria habría sido para un joven macho, treparon silenciosamente a los árboles cercanos y, cuando él se levantó, estaban mirándolo desde un lugar seguro.

Lo más divertido de todo (desde nuestro punto de vista) fue «el caso del arbolito tozudo». Era un árbol pequeño, con una bonita copa que parecía idónea para blandirla en una exhibición. Pero cuando lo agarró al pasar corriendo junto a él, no pudo ni romperlo ni desarraigarlo. Entonces, como ocurrió con la piedra, interrumpió su actuación para pelearse con él. Por fin, después de treinta segundos, consiguió arrancarlo. Para entonces yo ya tenía muy claro que era demasiado grande para ser una herramienta efectiva de exhibición. Pero Jomeo, habiéndole ganado la batalla, estaba decidido a usarlo igualmente y cargó, arrastrándolo tenazmente detrás de sí. O, por lo menos, lo intentó. Pero tenía tantas ramas a los lados que una u otra se enganchaba con las otras plantas: antes de abandonar la actuación, Jomeo se vio obligado en tres ocasiones a retroceder y desenredar el arbolito con las dos manos.

A pesar de todo, las demostraciones de Jomeo mejoraron con el paso del tiempo y desarrolló una poderosa técnica, única entre todas.

Lo mismo pasó con la caza. Al principio Jomeo cazaba muy mal. Una vez, por ejemplo, intentó atrapar a un mono azul adulto. La persecución fue rápida y furiosa y el mono, desesperado, pasó a otro árbol de un salto. Jomeo se lanzó tras él, pero no le alcanzó. «Se cayó a medio camino», me dijo más tarde David Bygott (que había observado el incidente). Pobre Jomeo: se estrelló desde una altura de nueve metros, y para un chimpancé tan pesado como él fue sin duda una buena caída. Se quedó quieto unos momentos, mareado y probablemente dolorido. Luego se incorporó, contempló cómo se esfumaba su banquete del mediodía y se limitó a comerse unos higos.

Cuando cazan, los chimpancés de Gombe capturan principalmente crías o presas jóvenes y suelen renunciar si aparece un mono adulto. Por eso no es de extrañar que Jomeo, cuando capturó un macho colobo adulto, tuvo que morderle un buen rato y golpearle antes de que su víctima cayera muerta a través de las ramas. Luego, antes de que Jomeo pudiese disfrutar de un solo bocado de su valiosa conquista, los otros chimpancés machos se acercaron y se la arrebataron. Fue Richard Wrangham quien observó este drama, y recuerdo que me explicó el resto de la historia después:

—Se sentó y se quedó mirando mientras los otros se dividían la presa. Todos estaban muy nerviosos y gritaban, pero él se mantenía tranquilo. No se unió a las hembras y a los jóvenes para suplicar un pedazo; se apartó y lamió unas cuantas hojas donde había caído la sangre. Y luego se fue. Me dio tanta lástima que estuve a punto de echarme a llorar.

Conforme pasó el tiempo, llegaron otros informes según los cuales Jomeo perdía su presa a manos de machos situados en los puestos altos de la jerarquía –incluso una vez a manos de Gigi–, así que todos empezamos a sentir lástima por él. Pero también nos dimos cuenta de que muy a menudo desaparecía durante las cacerías, o después de ellas. Y empezamos a preguntarnos si quizás de vez en cuando conseguía atrapar a un mono pequeño durante la confusión y se lo llevaba antes de que los demás se percibiesen de ello. Un día, después de atrapar una cría (que luego Figan le arrebató), Jomeo desapareció como de costumbre. Un par de horas después apareció solo, con la barriga visiblemente llena y aferrando los restos de la mandíbula de un antílope. ¡Entonces vimos con claridad que no teníamos por qué sentir lástima por Jomeo!

Pero en todo momento, a pesar de sus recientes éxitos –su indiscutible autoridad sobre las hembras, sus mejores técnicas de exhibición y su creciente habilidad para la caza–, Jomeo continuaba siendo víctima de incontables humillaciones. Todas ellas, desde luego, le hicieron ganarse nuestra simpatía. Por ejemplo, un día estaba yo observando cómo escalaba palmo a palmo un árbol muy alto, lentamente y con aire de intensa concentración. Había llovido durante toda la mañana y el tronco, reluciente como el ébano pulido, estaba muy resbaladizo. Cuando llegó a la rama más baja, que estaba a unos siete metros del suelo, intentó asirse a ella, pero empezó a resbalar. Comenzó a caer al suelo con creciente rapidez, agarrándose al tronco con fuerza, pero todo fue inútil. La tierra de Gombe tembló cuando aquel peso pesado llegó al suelo. Miró las ramas por encima de él, se puso en pie y, con gran obstinación, comenzó el dificultoso ascenso por segunda vez. Nadie, ni un entusiasta de las ferias, habría sido capaz de intentar subir por un poste engrasado con semejante persistencia. Esta vez lo consiguió. Empleó la hora siguiente en consumir hojas verdes tiernas, y cuando llegó el momento de bajar, el tronco se había secado al sol de la tarde y consiguió llegar al suelo con dignidad.

Entonces tuvo lugar un incidente con un mono colobo. Los machos adultos colobos son extremadamente valientes al defender a sus hembras y a sus crías. Incluso cuando los chimpancés cazan en grupo, los colobos cargan contra ellos sin miedo alguno y suelen tener éxito en echarlos. Es posible que sea porque los colobos, aunque son más pequeños, están dotados de largos caninos y casi siempre intentan morder al cazador en los genitales. Así, no es raro ver a dos o más chimpancés saltando de rama en rama profiriendo grandes gritos y perseguidos de cerca por un par de enfurecidos monos colobos. Pero lo que le pasó aquel día a Jomeo fue realmente extraño. Estaba sentado, comiendo pacíficamente fruta y ocupándose de sus propios asuntos, cuando un gran macho colobo le asaltó. Lanzándose desde una rama, el mono casi aterrizó sobre Jomeo y le golpeó en la cabeza con los pies profiriendo curiosos gritos agudos a manera de amenaza. Jomeo, sorprendido, soltó un chillido de sorpresa y salió huyendo.

—Y quién sino Jomeo —dijo Richard riendo una noche— echaría a correr al ver a tres puercoespines recién nacidos haciendo crujir ruidosamente la hierba seca.

Hasta un suceso esencialmente trágico terminó por convertir a Jomeo en un personaje cómico. No sé cómo se hirió en el ojo izquierdo. Durante más de dos semanas lo mantuvo cerrado, con gran cantidad de líquido fluyendo de él, lo que debía de ser indudablemente doloroso. Le dimos antibióticos con las bananas y la herida terminó por curarse, pero no sólo le dejó la vista dañada, sino también con un ojo medio blanco a causa de una cicatriz en los tejidos. Debería de haber parecido siniestro, y en realidad así era, especialmente cuando miraba desde el espeso follaje entre la suave luz del bosque. Pero normalmente parecía más bien un juerguista. Pobre Jomeo; no sólo tenía el carácter de un payaso, sino que ahora también lo parecía.

A pesar de que había terminado por dominar a las hembras adultas, Jomeo casi nunca mostró mucho interés en mejorar su posición *vis-à-vis* con los otros machos. Mantenía una profunda rivalidad con Satán, que tenía su misma edad. Observamos los primeros síntomas en 1971, cuando eran adolescentes mayores y a veces se contoneaban el uno frente al otro con el pelo erizado cuando competían por la comida, o durante la excitación de una reunión. En aquella época el puesto que ocupaban en la jerarquía parecía ser el mismo, así que estas confrontaciones solían acabar con los dos rivales abrazados y sonriendo. Un par de años después, Satán, tras ganar unas cuantas batallas, imponía su dominio sobre el gran macho, excepto cuando Sherry estaba allí para apoyar a su hermano, en cuyo caso Satán abandonaba frente al equipo fraternal.

Cuando Sherry empezó a desafiar a los machos adultos de bajo nivel, sus exhibiciones se hicieron tempestuosas, atrevidas e imaginativas. Emergía súbita e inesperadamente de entre los matorrales arrojando pesadas piedras y agitando ramas con tal ferocidad que los machos acostumbraban a apartarse. De esta manera reforzaba su ego y en consecuencia empezó a desafiar más y más a menudo a los mayores. Siempre que su impetuosidad le metía en líos, Jomeo, si estaba allí, cosa que ocurría casi siempre, cargaba y se exhibía de modo impresionante para apoyar a su hermano menor. Parecía que Sherry lo tenía todo para alcanzar una alta posición, y muchos predecían que acabaría por relevar a Figan, el alfa reinante en aquel momento.

Pero luego llegó la derrota decisiva. Satán, exasperado por las largas series de exhibiciones del joven macho, fi-

nalmente se le encaró y lo atacó ferozmente, infligiéndo-
le numerosas heridas. Jomeo, como siempre, acudió en
ayuda de Sherry, y aunque de hecho no atacó a Satán, actuó tan violentamente en el conflicto que Satán dejó a su
víctima y fue a por el hermano mayor. Esto salvó a Sherry de peores heridas.

Fue una lucha histórica, ya que acabó con la carrera de
Sherry hacia el puesto dominante. Después de aquello,
aunque a veces luchaba contra los machos mayores, solía
hacerlo en el contexto de comidas o de sexo; en otras
palabras, cuando existía una compensación inmediata.
Pero durante el resto de su vida jamás se volvió a esfor-
zar por conseguir una posición alta. Así pues, Sherry re-
accionó ante la adversidad, como lo había hecho su hermano Jomeo diez años antes en aquel ataque que nadie
presenció. ¡Qué diferentes eran estos dos hermanos de
aquellos machos que luchaban heroicamente para llegar
a ser, a cualquier precio, el número uno, como Mike, Figan o Goblin!

¿Y qué decir de las hazañas de Jomeo con el bello
sexo? Si un macho puede conseguir una adecuada repre-
sentación genética en futuras generaciones, compensa
con ello otros aparentes problemas en otras esferas. Por
desgracia, en este aspecto Jomeo era, en general, un fracaso. Es posible incluso que no engendrase ni a una sola
cría. Carecía del valor necesario para competir agresivamente con otros machos en los excitados grupos que rodean a las hembras en celo; carecía de la imaginación
necesaria para aprovechar oportunidades para copular
cuando sus superiores estaban ocupados en otras cosas y
de las habilidades sociales que se requerían para persua-

dir a las hembras deseables de que lo acompañasen en románticas escapadas en pareja. En realidad, en este último aspecto, su récord era pésimo: a menudo intentaba llevarse a una hembra, pero normalmente fracasaba. Que nosotros sepamos, sólo tuvo quince parejas en quince años, y en casi todas las ocasiones las hembras se las arreglaban para escapar de él antes del momento crucial de los últimos días de celo. Lo peor de todo –pobre Jomeo– fue que siete de sus damas, cuando las cogió, ya estaban preñadas con la progenie de otros machos.

Sin embargo, a pesar de su idiosincrasia y de sus fracasos –o quizás a causa de ellos–, Jomeo se convirtió en un respetado ciudadano sénior de la comunidad. Tenía tan poco interés en disputar el poder a los machos de categoría superior que no representaba amenaza alguna para aquellos que consideraban el estatus como algo muy importante. Y por eso Jomeo fue elegido como amigo íntimo primero por Figan (después de la muerte de Humphrey) y luego por Goblin. Y aunque ambos machos, con aspiraciones de dominio, habían considerado necesario aterrorizar a Jomeo y subyugarlo antes de aceptar su amistad, tan pronto los convenció de su subordinación recibió los beneficios que los machos alfa otorgaban a sus colaboradores: protección frente a otros machos sénior y un cierto grado de tolerancia en cuanto a comida y a sexo.

Jomeo llegó también a infundir seguridad a los machos jóvenes. A menudo, durante sus primeros viajes lejos de sus madres, era al viejo Jomeo al que buscaban como compañía debido a su benigna tolerancia. Una vez lo seguí mientras erraba de un lado a otro con no menos de cinco adolescentes machos trotando pacíficamente a su alrededor. Durante las cinco horas que estuve con ellos, no lo vi amenazar a ninguno, ni siquiera cuando comían muy cerca de él. Una vez Jomeo se puso en pie para alcanzar un suculento racimo que colgaba de una rama. En cuanto lo cogió y comenzó a masticar, Beethoven se acercó, le arrancó un pedazo y empezó a comer a su vez. Sabíamos que Beethoven era su favorito, pero aun así me sorprendió que el gran macho no hiciese el menor gesto de protesta.

Me he preguntado muchas veces por el fascinante carácter de Jomeo, su extraña carencia de cualquier clase de ambición de dominio. De no ser por su herida de adolescente, ¿se habría convertido en el macho dominante? Probablemente no, ya que después de todo su hermano Sherry mostró la misma incapacidad para enfrentarse a la adversidad. ¿Era un rasgo genético, heredado? Aunque eso es posible, supongo, parece más probable que procediera de la personalidad y de las técnicas de educación que su madre, Vodka, puso en práctica con ellos. Es una lástima que no llegásemos a conocer bien a Vodka, ya que era demasiado tímida. Pero podemos decir que era una hembra poco sociable, que pasaba la mayor parte del tiempo vagando, sólo con su familia, por las zonas periféricas de su territorio. Prof, hijo de la poco sociable Passion, tampoco ha dado señales de querer dominar a sus colegas. Por otro lado, Figan y Goblin, que llegaron a lo más alto y nunca aceptaban la derrota, tuvieron madres que no sólo eran dominantes, sino también muy sociables: Flo y Melissa.

15. Melissa

Melissa merece claramente una atención especial, aunque sólo sea como madre de uno de los machos alfa más dinámicos de Gombe. Su vida también fue notable en otros aspectos. Ante todo, en 1977 dio a luz a los dos únicos gemelos conocidos en Gombe. Nunca olvidaré la primera vez que vi a los bebés, a los que llamamos Gyre y Gimble. Melissa estaba sentada al último sol de la tarde sosteniendo los dos minúsculos cuerpos junto a su pecho, de manera que era casi imposible verlos. Uno estaba mamando; el otro parecía dormir. Cuando Melissa se fue, seguida por su hija Gremlin, yo fui con ellas, y cuando volví a casa aquella noche, ya tenía una idea del enorme trabajo que esperaba a Melissa. La mayoría de las crías, cuando tienen dos o tres semanas, pueden estar colgando de su madre sin ayuda durante largo tiempo. Los gemelos se agarraban bien, pero uno de ellos siempre se colgaba de su hermano por equivocación: arrastraba a su gemelo y ambos empezaban a caer profiriendo grandes gritos de terror. Melissa tenía que ayudarles constantemente, agarrándolos con fuerza con un brazo o viajando con las piernas dobladas para aguantarlos con los muslos. Una vez, aquella primera tarde, uno de los gemelos estuvo a punto de caerse y se golpeó la cabeza contra el suelo. Chilló con fuerza; el otro chilló también y pasó un buen rato antes de que Melissa consiguiera calmarlos. También tuvo muchos problemas para hacer su nido. Yo no podía verlo bien, ya que estaba entre un denso follaje, pero pude oír llorar a los bebés en varias ocasiones.

Aquella noche Derek y yo hablamos con Hilali, Eslom y Hamisi alrededor del fuego. Hamisi describió sus primeras observaciones cuando los bebés tenían pocos días. Melissa había viajado con mucha lentitud; caminaba unos cuantos metros de una vez y luego se sentaba y acunaba a los gemelos un par de minutos antes de seguir. Parecía exhausta, y no preparó su nido temprano. A la mañana siguiente Eslom consiguió encaramarse a uno de los árboles vecinos, de modo que podía ver el nido. Gremlin dejó su cama a las siete de la mañana y empezó a comer cerca de allí. Pero Melissa no dio señales de actividad hasta hora y media después. Entonces se sentó y empezó a acicalarse; de vez en cuando acicalaba también a uno u otro de los gemelos. Diez minutos después se incorporó, preparándose para partir, pero los gemelos, repentinamente, comenzaron a gimotear. Melissa se sentó de nuevo, miró impotente a los bebés por un momento y luego se volvió a tumbar. Un cuarto de hora después volvió a intentar la partida, pero, como antes, los bebés empezaron a llorar, así que Melissa, después de acunarlos y acicalarlos un ratito, volvió a tumbarse. La escena se repitió varias veces; hasta casi dos horas después de su primer intento no pudo Melissa ponerse en camino. Agarrando con fuerza a los gemelos e ignorando sus frenéticos gritos, bajó un tanto precipitadamente del árbol. Sólo cuando los tres estuvieron a salvo en el suelo, se detuvo para consolarlos.

Durante los tres primeros meses de vida de los gemelos seguimos a Melissa cada día, pues todos temíamos que Passion y Pom la atacasen de nuevo y habíamos decidido intervenir si así lo hacían. Y también en la mente de Melissa debía de permanecer el recuerdo de los crueles ataques a su anterior cría, pues, a pesar de las dificultades que tenía para viajar con los dos pequeños, durante el primer mes procuró mantenerse en todo momento cerca de alguno de los grandes machos. Las ventajas de esta conducta se pusieron de manifiesto un día, cuando los gemelos tenían un mes. Yo había seguido a Melissa, Gremlin y Satán, que subían a la cima de una montaña que llamábamos Sleeping Buffalo. Era una tarde gris y fría de noviembre, con truenos resonando hacia el sur. Había llovido con fuerza, y nuestro valle estaba húmedo y helado bajo el cielo plomizo. Tiritaba mientras observaba a Melissa comer nueces por encima de mí. De repente una ramita crujió: me di la vuelta y vi, horrorizada, cómo se acercaban Passion y Pom, moviéndose sin hacer apenas ruido sobre el húmedo y mullido suelo del bosque. Ahora estaban en pie, sin moverse, mirando hacia Melissa y sus bebés. Ninguno de los chimpancés de arriba las había visto. Con movimientos lentos y suaves, Pom empezó a trepar hacia Melissa. Passion, bajo el peso de su embarazo, también subió, pero pronto se detuvo para mirar desde una rama baja. Pom, silenciosamente, se acercó más y más, y cuando yo estaba a punto de emitir un grito de aviso, Melissa las vio. Instantáneamente empezó a gritar con fuerza y, de modo temerario a causa de su pánico, dio un salto increíble hacia la rama más cercana del árbol vecino aguantando a los bebés sólo con los muslos. El corazón se me salía del pecho. Pero de algún modo los tres lo consiguieron y Melissa se apresuró a sentarse junto a Satán, que dejó de comer y miró fijamente a Pom. Melissa, con una mano en los hombros del gran macho, se volvió gritando de manera desafiante a la joven hembra. Así fue como el intento fracasó. Pero si Satán no hubiese estado allí, seguramente se habría producido otra cruel batalla y yo me habría visto impotente para ayudar.

Poco después de ese incidente los gemelos desarrollaron unas erupciones malignas en el abdomen y en los muslos y Melissa, como pudimos apreciar, había perdido una buena cantidad de pelo en la región inguinal. La causa fue que los tres estaban sucios de orina y de heces. Normalmente los excrementos de un bebé caen limpiamente entre los muslos de la madre, y si por casualidad hay un error, la madre coge rápidamente un manojo de hojas y se limpia. Pero con los gemelos era otra historia; Melissa, sencillamente, no daba abasto. Y por si fuera poco, Gyre se hirió en el pie. Se notaba que le dolía, pues cada vez que Melissa se movía, profería un grito extraño y agudo, semejante al de algunas aves marinas en peligro. Pobre Melissa: por si no tenía bastante con una cría llorando, se le sumaba Gimble, asustado quizás por los gritos de su hermano. A veces, cuando chillaban, Melissa se sentaba y los acunaba hasta que se tranquilizaban. Pero otras veces, aguantándolos con fuerza, se movía rápido, profiriendo gruñidos como si tosiera; parecía amenazarlos. Entonces solían gritar más fuerte, y después de unos minutos, Melissa, completamente confusa o harta, o ambas cosas, subía a un árbol y, con los mismos rápidos movimientos, hacía un gran nido. Durante el proceso los gritos se redoblaban y se podían oír desde lejos. Pero en cuanto Melissa se tumbaba con ellos, volvía la calma.

Ahora que Melissa no podía acompañar a los grandes machos, ella y Gremlin pasaban mucho tiempo cerca del campamento. Fue una suerte que Passion, cuyo embarazo estaba muy adelantado, perdiese el interés en devorar a las crías de los demás. Y Pom, aunque ciertamente podría haber agarrado a uno de los gemelos sin dificultad, carecía del valor necesario para enfrentarse a una hembra adulta sin el apoyo de su madre. Sin embargo, aunque el peligro de un ataque caníbal parecía remoto, otra cuestión nos preocupaba: Melissa, ocupada con la tarea de transportar y tranquilizar a los gemelos, pasaba cada vez menos tiempo comiendo. De hecho, algunos días sólo empleaba una hora en comer, cuando lo normal es que un chimpancé adulto pase comiendo de seis a ocho horas al día. Le dimos raciones extra de bananas, y los hombres recogían frutos salvajes y se los ofrecían también.

Una semana después decidí dar a Melissa una dosis de antibióticos. Esperaba que ayudasen a curar el pie infectado de Gyre a través de su leche. Así, durante cinco días, llevábamos unas cuantas bananas cuando seguíamos a Melissa y, a intervalos regulares, le dábamos una rellena de medicina. No sé si esto ayudó, pero el pie de Gyre mejoró y pronto Melissa pudo ocuparse de sus asuntos cotidianos sin mayor dificultad, igual que antes.

La herida de Gyre, sin embargo, fue una rémora de la que nunca se pudo librar, y a partir de entonces se vio claro que Gimble se desarrollaba mucho más rápido que su gemelo, aunque también éste crecía más retrasado que una cría normal. Hasta que tuvo seis meses, cuando la mayoría de las crías dan sus primeros pasos, Gimble no empezó a adoptar diferentes posiciones sobre el cuerpo de su madre. Tan pronto comenzó estos ejercicios, Gimble ya fue capaz de encaramarse a la espalda de Melissa. En cuanto dominó este truco, solía montar sobre su madre mientras viajaban, o se agarraba con la cabeza colgando sobre su hombro cuando ésta se sentaba a comer. A veces incluso se dormía en esta posición. Probablemente quería alejarse del ocupado regazo de su madre. Hasta los diez meses no se separó por vez primera de Melissa para dar sus primeros e inseguros pasos y trepar a unas ramas bajas. Gyre, sin embargo, nunca intentó andar ni trepar. Se quedaba quieto en el regazo de su madre, a menudo con los ojos cerrados.

La estación seca de 1978 fue desacostumbradamente severa y en agosto había menos comida de lo habitual en Gombe. Melissa nunca había parecido tener bastante leche para las dos crías; así que ahora era obvio que ambos estaban permanentemente hambrientos y no pasaba un minuto en todo el día en que uno de los gemelos, o ambos, no estuvieran tirando de los pechos de su madre. Es casi seguro que Gimble, más fuerte y activo que su hermano, se apoderaba de más de lo que le correspondía del escaso alimento y por eso Gyre se volvió más y más letárgico. Cuando cogió un resfriado, su debilitado sistema no resistió. El resfriado se convirtió en neumonía y un día Melissa llegó al campamento llevando a Gyre, un pequeño cuerpo inerte, en una mano. Estaba demasiado débil para sostenerse, respiraba con dificultad y tenía los ojos cerrados. Cuando Melissa subió a un árbol, aguantando a Gyre sólo con los muslos, él cayó y aterrizó en el suelo con estrépito tres metros más abajo. Melissa bajó para levantarlo, lo abrazó y lo acicaló. Aún respiraba cuando ella lo movió, pero lo llevaba como si estuviese muerto, colgado sobre su hombro y sosteniéndolo con la barbilla. Cayó varias veces, durante las cuales yacía inmóvil en el suelo hasta que ella lo recogía. A la mañana siguiente estaba muerto.

Me sentí triste cuando murió Gyre y decepcionada por la oportunidad perdida de comparar el desarrollo de unos gemelos en libertad y estudiar la relación entre ellos. Sin embargo, no pude evitar pensar que fue lo mejor para Melissa y Gimble. Entonces, Gimble empezó en verdad a recuperar el tiempo perdido. Aunque era pequeño para su edad, pronto comenzó a realizar acrobacias por las ramas y a jugar con los otros jóvenes. Se fue volviendo más activo, yendo de un lado a otro, efectuando pequeñas exhibiciones, dando volteretas y, en muchas ocasiones, jugando salvajemente con las hojas caídas. A veces las reunía con las manos en un gran montón y luego las arrastraba. O las iba empujando ante él hasta formar un montón más y más grande. Acostumbraba a revolcarse en las hojas, y una vez empezó a tirárselas por la cabeza y por la espalda y finalmente a frotarse con ellas la cara.

Melissa aún tenía problemas, pero ahora eran distintos. Gimble solía negarse a seguirla cuando estaba preparada para partir: si no lo arrastraba, tenía que esperarle. Una vez intentó tirar de él, pero él se agarró con fuerza a la vegetación y se mantuvo enganchado hasta que su madre pudo arrancarlo de allí. Terminó por cargárselo a la espalda, pero después de dar unos pocos pasos, él saltó y se puso a jugar. Rápidamente Melissa lo cogió y volvió a arrastrarlo. Pronto se escapó y una vez más corrió para jugar. Melissa lo persiguió, pero él la evitó y se escondió detrás de un árbol. Melissa lo siguió, y, mientras Gimble retozaba, lo agarró. Él empezó a jugar de nuevo. Melissa miró un momento, lo cogió cuidadosamente y empezó a arrastrarlo tras de sí. Gimble le mordió la mano, aunque en broma, y ella empezó a hacerle cosquillas. Pronto estaba riendo a carcajadas. Después se lo puso de nuevo a la espalda y esta vez se quedó ahí.

Durante la infancia de Gimble, Gremlin fue parte integrante de la familia. En la sociedad chimpancé de Gombe no hay otra relación más íntima que la de una madre y su hija adulta. Las hembras rara vez dejan a sus madres, ni siquiera unas horas, hasta que tienen diez años, y sólo cuando son sexualmente atractivas. Esto les proporciona ciertos beneficios. Por un lado, pueden vencer a hembras mayores porque su madre intervendrá si las cosas van mal. Y es típico también que la madre una sus fuerzas a las de su hija en los primeros desafíos a los jóvenes machos. Pero no todo son ventajas. La joven hembra ha de pagar un precio por su protección y apoyo: su

madre la dominará claramente, mostrando una disciplina autoritaria digna de la época victoriana. Mamá elige
qué dirección tomar, mamá decide si hay que ir más rápido o más lento, mamá selecciona el sitio donde comer.
Gremlin, como las demás hembras jóvenes, pronto lo
descubrió por sí misma.

Por ejemplo, cuando estaban pescando termitas, Melissa apartaba una y otra vez a Gremlin de su puesto de
trabajo o le quitaba la herramienta. Al principio Gremlin
solía estallar en rabietas. Recuerdo una ocasión en
que Melissa le arrebató una espléndida herramienta que
Gremlin había preparado: Gremlin la agarró con fuerza,
gimiendo, y luego profirió una serie de grititos. Entonces
Melissa la abrazó y la tranquilizó y luego ¡le quitó la herramienta! Pero a medida que pasaba el tiempo, Gremlin
se lo fue tomando con más filosofía: solía gemir cuando
su madre la despojaba de este modo, pero se iba a buscar
otro sitio o se fabricaba otra herramienta. A veces Melissa sólo tenía que dirigir a su hija una mirada presunta-
mente posesiva para que Gremlin renunciase a su derecho a una porción de comida; por ejemplo, un nido de
termitas o una rama cargada de frutas. Cuando Gremlin
subía a un árbol donde estaba su madre y decidía, después de echar una ojeada, que no había comida suficiente,
se marchaba y dejaba a Melissa el campo libre. Así debía
ser. Melissa había amamantado a Gremlin y compartido la
comida con ella durante años, y ahora era importante
que se alimentase bien para poder nutrir y amamantar a
crías. Y Gremlin, que únicamente tenía que cuidar de sí
misma, no sólo no necesitaba suplementos nutritivos,
sino que tenía la energía ilimitada de la juventud. Ade-

más, ella podía comer en las ramas delgadas que no soportaban el peso de su madre.

Desde luego, Gremlin era libre de dejar a su autoritaria madre cuando así lo deseara, pero entonces pasaría a estar a merced de todas aquellas hembras que le mostraban respeto cuando estaba con ella. Además, Melissa, a pesar de su egoísmo en materia de comida, apoyaba enormemente a su hija en muchos aspectos. Fue de lo más dramático cuando Satán atacó a Gremlin y, en respuesta a los gritos de su hija, Melissa saltó sobre él, golpeando y mordiendo al gran macho. Salió muy mal parada de esta refriega. Y por eso Gremlin, como la mayoría de las hijas, eligió quedarse unida a su madre.

No hay duda de que el vínculo madre-hija también es beneficioso para la madre. Gremlin se mostraba leal y valiente en defensa de Melissa. Una vez, cuando aún era una cría, llegó a intentar rescatarla de un brutal ataque de Satán. Lo cierto es que, aunque era demasiado pequeña y ligera para servir de alguna ayuda, su valentía fue notable. Se arrojó sobre el gran macho, pegándole con los puños; luego se fue corriendo hacia Goblin, que estaba cerca, tirándole de la mano mientras miraba en dirección a la pelea. Le estaba pidiendo claramente ayuda. Pero Goblin, cuya relación con Satán en esa época era muy tensa, no estaba de humor para actuar como caballero andante y se sentó a mirar. Así que Gremlin se lanzó de nuevo a la disputa con valor, aunque inútilmente, uniéndose a los gritos de Melissa y desafiando a Satán hasta que, finalmente, éste se marchó.

Gremlin se comportó de manera igualmente valerosa cuando Melissa intentó salvar a la cría Genie de Passion y Pom. Una y otra vez también Gremlin saltó sobre las hembras asesinas, golpeándolas con sus puñitos. Incluso corrió hacia el personal del campamento en busca de ayuda. De pie frente a ellos los miraba a los ojos, luego se volvía hacia donde Melissa estaba batallando por la vida de su cría y luego otra vez hacia los hombres. Ellos comprendieron que pedía ayuda y quisieron intervenir, pero la batalla fue demasiado rápida y furiosa. Al sentirse impotentes, no hicieron nada. Por tanto, Gremlin volvió sola y se lanzó sobre las asaltantes de su madre justo cuando Pom había arrebatado el bebé de las manos de Melissa. Y su intervención fue tan feroz que, en un momento, Melissa pudo arreglárselas para recuperar a su cría sólo para que se la arrebataran de nuevo. Y esta vez definitivamente.

Cuando Gimble creció, Gremlin ayudó cada vez más a su madre, aunque de otra manera: cuidando a su hermano menor. Si Melissa hubiese permitido a Gremlin ayudarla cuando los dos gemelos estaban vivos, su tarea habría sido mucho más sencilla. En vez de eso, confusa con el cuidado de los bebés, se mostró muy protectora manteniendo a Gremlin siempre alejada. Cuando Gimble tenía tres años, sin embargo, había pocos momentos en los que Gremlin no estuviese llevándolo a alguna parte; y cuando la familia estaba reunida comiendo, Gimble acostumbraba a estar más cerca de su hermano que de su madre. Si se metía en problemas, era Gremlin quien respondía a sus gritos o gemidos de auxilio, corriendo a reunirse con él. Una vez el adolescente Atlas, copulando con Gremlin, golpeó con fuerza a Gimble cuando éste se puso en medio para evitar la cópula. Gremlin, enfurecida, terminó la cópula bruscamente, se volvió y atacó a Atlas.

El interés de Gremlin por Gimble iba más allá de una mera respuesta a sus llamadas de auxilio: como una buena madre, se anticipaba a los problemas. Así, cuando Gimble jugaba con los babuinos jóvenes, Gremlin solía vigilar de cerca, y si el juego se complicaba, antes de que el mismo Gimble pareciese preocupado, se lo llevaba de allí. Una vez, cuando lo estaba llevando por un sendero, vio una pequeña serpiente cerca. Cuidadosamente, puso a Gimble en su espalda y lo mantuvo alejado mientras agitaba ramas para alejar a la serpiente. En otra ocasión, Gremlin, con Gimble a su espalda como era habitual, se paró de repente justo antes de que el camino se internase en una zona de hierbas altas. Melissa continuó, pero cuando Gimble, que había bajado al suelo, intentó seguir a su madre, Gremlin lo detuvo. Lo empujó detrás de sí, golpeó aquí y allí en la hierba y luego cruzaron por encima de la hierba pisada. Yo esperaba encontrar otra serpiente escondida allí; en cambio, encontré centenares de garrapatas.

Gremlin era muy tolerante con su hermano. Durante la temporada de pesca de termitas, una cría suele tener la oportunidad de hurgar en un agujero abandonado por un chimpancé que había ido a buscar una nueva herramienta. Si el propietario regresa, la cría puede recibir un buen empujón, pero Gremlin a veces permanecía sentada durante cinco minutos o más mirando a su hermano mientras éste probaba varias herramientas abandonadas; sólo reclamaba el agujero cuando él perdía interés. Una vez, cuando ya era un poco mayor, Gimble intentó apoderarse del agujero cuando su hermana estaba aún trabajando en él, y al llamarle ésta la atención, tuvo la audacia de amenazarla, levantando el brazo y profiriendo un grito infantil. Gremlin no hizo caso de esta combinación de falta de respeto y caradura, sino que lo apartó suavemente y siguió con su trabajo.

No es de extrañar que fuera una buena madre para su primer hijo, Getty, eficiente y cuidadosa en su educación desde el principio. Entre Getty y su abuela se estableció una relación realmente maravillosa. Melissa lo vio por primera vez cuando tenía un día, pues no había estado presente durante el parto: Gremlin, como la mayoría de las hembras, había buscado la soledad. Cuando Melissa se aproximó aquella primera vez, Gremlin retrocedió, asustada, quizás pensando que su dominante madre querría apropiarse de su nueva y preciada posesión de la misma manera que se quedaba con todo. Pero Melissa se sentó junto a ella tranquilamente y se limitó a mirar a la cría de vez en cuando, así que pronto Gremlin se relajó. Hasta que Getty tuvo diez meses, no vimos a su abuela tocarlo, y entonces fue simplemente para acicalarlo un rato durante una sesión con Gremlin.

Poco después observé un incidente fascinante. Empezó cuando Melissa estaba acicalando la espalda de Gremlin y Getty se puso entre las dos. Melissa lo miró, lo subió a su regazo y empezó a acicalarlo como si fuese su propia cría. Gremlin miró y pareció ponerse seria. Poco a poco se volvió, con cautela, mirando la cara de su madre, y se dirigió hacia Getty con un suave gemido. Él respondió y se subió a sus brazos. Rápidamente Gremlin se apartó, sentándose para descansar a cinco metros de distancia. Era evidente que había temido otra vez que Melissa intentase robarle a su querido hijo.

A medida que pasaban los días, Melissa parecía estar más y más encantada con Getty, y el lazo que les unía creció. Cuando Melissa y Gremlin se estaban acicalando, Getty solía interrumpir saltando sobre su abuela desde alguna rama cercana, y Melissa, que nunca había jugado mucho con ninguno de sus propios hijos, dejaba de acicalar y le hacía cosquillas. Durante estos juegos, que a veces duraban un cuarto de hora, Gremlin acostumbraba a sentarse a mirar. A veces era Melissa la que empezaba el juego; otras llegaba a seguir a Getty cuando estaba con otra cría y se lo llevaba para jugar con él. Esto no siempre gustaba a Getty, ya que era un pequeño voluntarioso, que entonces luchaba por escapar de su abuela y correr con sus compañeros.

De todas las crías que he conocido en Gombe, Getty fue la que más se hizo querer. Era vivo y aventurero, siempre dispuesto a unirse a cualquier actividad social. También era capaz de entretenerse solo. Una vez, mientras Gremlin cogía termitas, Getty estuvo jugando con la arena durante más de diez minutos. Tumbado boca arriba con la boca abierta de par en par, recogía puñados de arena suelta y, manteniendo las manos altas, la dejaba caer espolvoreándose todo el cuerpo y la boca.

Cuando Gimble tenía seis años, Melissa reanudó sus ciclos sexuales. Esto condujo a la más extraordinaria serie de incidentes; Goblin, que tenía diecinueve años, de repente manifestó un incestuoso interés sexual por su madre. Durante las anteriores hinchazones de Melissa, Goblin, como otros hijos maduros, no había mostrado el menor interés por copular con ella. Pero esta vez fue distinto. Un día, a mediados de su primer periodo de hinchazón, Goblin se aproximó a Melissa y la intimidó, agitando poderosamente la vegetación. Ella comenzó por ignorarle y luego, cuando vio que insistía, lo amenazó. Esto pareció enfurecerle; con el ceño fruncido, saltó hacia ella y, al ver que huía, la persiguió y la golpeó en la espalda. Melissa se volvió furiosa y, mientras Goblin se exhibía, le golpeó gritando de rabia. Entonces él se marchó, pero al día siguiente la intimidó de nuevo y, cuando ella intentó evitarlo, una vez más la amenazó con el pelo erizado. Luego, ante mi sorpresa, Melissa se agachó ante su hijo para copular. El acto sexual no se completó porque Melissa se apartó, chillando, a los pocos segundos. De nuevo Goblin saltó hacia ella y la golpeó. ¡A su propia madre! No podía evitar sentirme indignada, y era evidente que Melissa sentía lo mismo, pues se dio la vuelta y le pegó antes de salir huyendo. Subió a un árbol, lo bastante lejos como para quedar fuera del alcance de Goblin. Él se quedó abajo, mirándola con furia y agitando las ramas enfadado, pero ella resistió y él no tardó en abandonar.

Después de aquello la seguimos cada día hasta que su hinchazón desapareció. Goblin hizo un par de tímidos intentos más, pero no vimos ninguna violencia más entre los dos. Ni él tampoco se mostró agresivo con ella en su siguiente hinchazón, un mes después: intentó copular un par de veces, pero ella consiguió escapar.

La conducta antinatural de Goblin cambió la relación entre Melissa y su hijo. Antes permanecían mucho tiempo juntos, haciéndose compañía mientras comían, viajaban o descansaban. Eran también frecuentes compañeros de acicalamiento. A menudo Goblin se apresuraba a ayudar a su madre en sus interacciones por el dominio entre las hembras, o cuando era desafiada por algún macho adolescente. Sin embargo, después de los intentos de Goblin por copular con ella, las relaciones entre ambos se hicieron tensas. No sólo dejaron de pasar tiempo juntos, sino que Melissa, de hecho, parecía temer a su hijo. Sin embargo, durante su segundo periodo de celo ella se quedó embarazada, después de lo cual, como la mayoría de las hembras mayores, no mostró más periodos de celo. Y, pasada esta circunstancia, las relaciones entre Melissa y su hijo volvieron a la normalidad. Más aún, antes de eso, durante su separación temporal, observé algo que demostraba que su antigua relación seguía viva.

Sucedió en un momento de alto nivel de excitación entre los chimpancés porque había seis hembras en celo, además de Melissa, luciendo sus provocativos traseros enrojecidos. Todos los machos estaban presentes, y también la mayoría de los miembros de la otra comunidad. Viajaban en ruidosos grupos, llamándose unos a otros a través del valle. Reinaba un ambiente de carnaval. Los machos adultos se exhibían magníficamente, y los jóvenes y las crías corrían y se perseguían a través de los árboles. Había súbitas explosiones de gritos y la excitación hervía y provocaba agresiones. Pero sólo ocasionalmente se producía una pelea seria. Una de ellas tuvo lugar en un árbol justo encima de mí y la víctima fue Melissa. Estaba sentada tranquilamente en una rama acicalando al joven Gimble cuando Evered, a quien Satán había amenazado cuando cortejaba a una de las hembras, saltó repentinamente sobre ella. Melissa gritó e intentó escapar, y entonces vi unos dientes acuchillarla en la roja hinchazón y una abundante hemorragia. En aquel momento oí un crujido a mi espalda y Goblin pasó violentamente junto a mí en dirección al árbol. Sin detenerse, atacó a Evered. Los tres estaban enzarzados en el combate a no más de metro y medio de mi cabeza. No me atrevía a bajar por la colina porque era muy inclinada y pedregosa; yo estaba apoyada en el tronco del mismo árbol y me quedé donde estaba, rezando para que la rama no se quebrase y dejase caer sobre mi cabeza al trío luchador. Afortunadamente la lucha acabó como había empezado, en el árbol, excepto que Evered saltó al suelo y huyó gritando. Goblin se quedó un rato y miró cómo Melissa cogía unas hojas con las que se frotó la herida. Y luego, puesto que había vuelto la paz, él también bajó del árbol y se fue.

Al día siguiente la hinchazón de Melissa había disminuido –típica respuesta ante una herida física– y ella dejó de interesar a los machos dominantes. Pero no a Jomeo. Me encontré a los dos, que viajaban con Gimble, casi por casualidad en el valle de Kasekela. Pobre Melissa; su trasero estaba dolorido y tumefacto; tenía además una terrible diarrea y andaba encogida como si le doliera el estómago. Y en vez de quedar libre para recuperarse, Jomeo la obligaba a seguirle hacia el norte. Parece difícil imaginar una luna de miel más desgraciada, ya que Jomeo estaba peor aún que Melissa. Todo el lado izquierdo de la cara, de la boca hasta el ojo, estaba hinchado, y la carne aparecía como una desagradable sombra rosa entre la piel rasgada. Con su medio ojo blanco estaba casi grotesco. Para completar este patético panorama, Gimble se encontraba en plena depresión del destete. Se mantenía junto a su madre con expresión malhumorada y los labios distendidos en una mueca de contrariedad.

Cuando llegué, estaban los tres sentados, Melissa y Gimble juntos y Jomeo a pocos metros. Él debía de padecer un absceso en uno de los molares superiores y creo que estalló justo entonces, mientras yo le observaba, porque de repente empezó a tocarse la encía con el dedo. Se lamía el dedo, tocaba la encía y volvía a lamerse una y otra vez. Gimble estaba fascinado, y miraba fijamente al gran macho que intentaba curar su boca herida.

En ese momento Jomeo se puso en pie, se alejó unos metros de Melissa, miró atrás y agitó unas ramas. Melissa ignoró completamente su llamada. Entonces Jomeo empezó a moverse y a erizar su pelaje; yo estaba segura de que iba a atacar a Melissa. Pero en el último momento ella obedeció y fue hacia él con sumisos rugidos, inclinándose para besar sus muslos mientras él la acicalaba. Diez minutos después Jomeo volvió a ponerse en movimiento y la actuación se repitió desde el principio hasta que, reacia, Melissa avanzó unos metros más.

Los seguí durante el resto del día. No fuimos lejos porque Melissa se encargó de ello. Entre los intentos de Jomeo por avanzar, los tres paraban con frecuencia para comer e incluso para sentarse. Jomeo se tocaba la encía. Melissa se inclinaba o se acurrucaba, como en señal de dolor, y, de vez en cuando, recogía hojas con las que cubría su trasero herido. Gimble importunaba repetidamente a su madre, exigiendo acceso a sus pezones. Cuando se aproximó a ella haciendo pucheros, gimiendo y llorando, Melissa estaba demasiado cansada y enferma como para quejarse. Se rindió; él se subió a sus brazos y mamó. Cuando los dejé, Melissa estaba tumbada con los ojos cerrados y uno de sus brazos sobre Gimble, que mantenía con firmeza un pezón en su boca. Jomeo esperaba cerca, tocándose su absceso.

Esa pareja, como la mayoría en la vida de Jomeo, no tuvo éxito: dos días más tarde el pequeño trío reapareció en la parte central del territorio de Kasekela y al mes siguiente Melissa se fue con Satán y concibió.

Unos dos meses antes, según nuestros cálculos, de la llegada del bebé de Satán, Melissa se puso muy enferma. Sus síntomas –tos fuerte, grandes descargas de mucosidad y fiebre alta– sugerían una neumonía, y temimos por su vida. Durante varios días no pudo subir a los árboles y, lo que era peor, apenas podía arrastrarse por el suelo. Comía sólo pequeños bocados, rechazando lo que le ofrecía el personal del campamento. Sorprendentemente se recuperó, aunque sus cuerdas vocales quedaron permanentemente afectadas y su voz pasó a ser un ronco graznido para el resto de su vida. Y antes de terminar de recuperarse, su embarazo acabó en un aborto.

Pero tres meses después, Melissa volvió a viajar por las montañas luciendo su rojiza señal de hembra de chimpancé. Casi enseguida quedó preñada por última vez. ¡Ojalá no hubiese ocurrido! Su último embarazo le arrebató la fuerza y la vitalidad, y cuando nació el pequeño Groucho, Melissa parecía frágil y mucho mayor de sus aproximadamente veinticinco años. Desde el principio Groucho fue diminuto y letárgico. Cuando tenía nueve meses, solía realizar pequeñas excursiones junto a Melissa; empezó a comer alimentos sólidos y ocasionalmente jugaba con Gimble, pero a partir de entonces su salud empeoró. Cuando tenía un año, pasaba la mayor parte del tiempo tumbado sobre el regazo de su madre. Gimble aún intentaba jugar con su hermano menor, pero Groucho, aunque a veces respondía con cara juguetona, era demasiado débil para soportar la dureza de los juegos típicos de su edad.

Fue por entonces, cuando yo esperaba que en cualquier momento me dijeran que Groucho había muerto, cuando recibí la noticia –por medio de una llamada telefónica de Kigoma– de que Getty había desaparecido. Nunca olvidaré la sensación de furia que experimenté al llegar a Gombe una semana después y oír que su cuerpo había sido encontrado en la selva horriblemente mutilado; la cabeza, cortada, había desaparecido. Nunca descubrimos exactamente lo que había ocurrido, pero sospechamos que se trataba de brujería, ya que estas viejas costumbres están profundamente enraizadas entre la población waha de la zona. Jamás había ocurrido nada semejante ni ha vuelto a suceder. Fue un trago amargo, ya que Getty era el joven preferido por todos. Además, estaba segura de que, entre los chimpancés, no sólo los miembros de su familia lo echaban de menos. Getty, con su naturaleza aventurera y simpática, nos había cautivado a todos.

Gremlin permaneció apática durante varias semanas, pero por fin, dos meses después de perder a su hijo, recuperó sus ciclos sexuales. Entonces empezó a pasar más y más tiempo con los machos y menos con su vieja madre. Gimble también dejaba a menudo a Melissa. Goblin, sin embargo, ahora que su relación con su madre se había restablecido, viajaba con ella con bastante asiduidad, aunque nunca durante largos periodos de tiempo. Un día en que yo los seguía a través de la selva, oímos las voces de Satán y Evered por el valle. A pesar de su categoría de alfa, la relación de Goblin con Satán, que pesaba mucho más que él, solía ser tensa. Goblin miró hacia las llamadas con el pelo erizado, se volvió hacia su vieja madre, y, con expresión de temor, tendió la mano hacia ella. Ella respondió enseguida tocando sus dedos, y Goblin se calmó a su contacto, como hacía durante su infancia. Se volvió y avanzó dispuesto a desafiar a cualquier cosa que hubiese por allí. Melissa lo siguió un rato, pero pronto se detuvo a descansar.

Unos meses después iba yo caminando por el valle de Kakombe cuando vi a Gimble llevando a un árbol algo de gran tamaño. Era el cuerpo del pequeño Groucho. Mientras Melissa y Gremlin se acicalaban en el suelo, Gimble mecía el cadáver en su regazo, acicalándolo afanosamente. Cuando su familia partió, Gimble bajó y la siguió, con el cuerpo colgado del hombro. Cuando se le cayó al suelo, lo arrastró por un brazo detrás de sí. Más tarde, cuando se pararon otra vez para descansar, Melissa cogió el cuerpo y lo puso sobre su propia espalda. Llevó al bebé muerto durante más de dos días y luego abandonó el cadáver en plena selva.

Después de la muerte de su cría, Melissa pareció perder su deseo de vivir. Si antes estaba delgada, ahora, que casi no comía nada, se quedó esquelética. Con frecuencia no dejaba su nido hasta las diez de la mañana, y a veces se iba a dormir tan pronto como a las cuatro de la tarde. Gimble se quedaba con ella alguna vez, pero se aburría y le entraba hambre, así que pasaba más tiempo con los grandes machos. Tampoco estaba Gremlin allí para proporcionarle cierto bienestar: contra su voluntad, se había ido dos semanas con Satán la misma tarde del día en que Groucho murió.

Diez días después de la muerte de Groucho, Melissa, reuniendo sus últimas fuerzas, subió a un alto y frondoso *mgwiza* y allí, rodeada de racimos púrpura de endrinas, hizo un gran nido, el último. Durante el día siguiente yació sin apenas moverse, mientras otros chimpancés, atraídos por las suculentas frutas, llegaban, comían durante más o menos una hora y se iban. Gimble estuvo cerca de Melissa durante casi todo el día y a veces la acicalaba. Pero por la tarde se marchó.

Al atardecer, Melissa estaba sola. Un pie colgaba de su nido y, de vez en cuando, sus dedos se movían. Yo me quedé allí, sentada en el suelo del bosque bajo la moribunda hembra. Le hablaba de vez en cuando. No sé si ella sabía que yo estaba allí o, si lo sabía, si le afectaba de alguna manera. Pero quería estar con ella mientras caía la noche; no quería que se quedase totalmente sola. Mientras estaba allí sentada, el rápido crepúsculo tropical dio paso a la oscuridad. El número de estrellas aumentó y titilaron más intensamente aún a través de la espesura. Se oyó un lejano grito en el valle, pero Melissa estaba callada. Nunca volvería a oír su grito característico. Nunca volvería a ir con ella de una fuente de comida a otra, esperando a que descansase o a que acicalase a uno de sus hijos. Mis lágrimas por la muerte de mi vieja amiga terminaron por borrar las estrellas.

A la mañana siguiente vi a Melissa respirar por última vez: su cuerpo se estremeció y luego quedó relajado. Durante aquellas últimas horas, las ramas habían crujido por los juegos de los jóvenes mientras los mayores comían frutas exquisitas. *En medio de la vida está la muerte.* Éste era un buen epitafio para Melissa, alegórico en su descripción de los inevitables ciclos de la naturaleza. Yo estaba profundamente conmovida, pero pronto dejé de llorar. Melissa había conocido una vida dura, con muchas desgracias, pero había vivido plenamente y, durante mucho tiempo, había disfrutado de estar viva. Había alcanzado una posición alta. Y, lo más importante, había dejado una sólida descendencia: Gimble, pequeño pero lleno de determinación; Gremlin, fuerte y saludable, que tendría otras crías para continuar los genes de su madre, y Goblin, el macho dominante en su comunidad.

16. Gigi

Gigi, a diferencia de Melissa, no dejó descendencia. Sin embargo, sería difícil exagerar la influencia que esta gran hembra estéril ejerció sobre la vida de los chimpancés de Kasekela, especialmente de los machos. Desde 1965, cuando llegó a ser sexualmente madura, quedaba en celo más o menos regularmente cada treinta días. Así pues, durante más de veinte años estuvo disponible para los machos de Kasekela en cuanto a la satisfacción de sus deseos sexuales. Durante ese tiempo la excesivamente utilizada piel de su sexo se habrá hinchado y deshinchado no menos de doscientas cincuenta veces. En cambio, la de Fifi sólo se hinchó treinta veces en un periodo de veinte años. A consecuencia de estos repetidos y poco naturales periodos de celo, Gigi aún se hincha de manera desmesurada comparada con las otras hembras de Gombe.

Desde el principio Gigi irradió *sex appeal*. En numerosas ocasiones ha constituido el núcleo de grandes y excitadas reuniones, rodeada de casi todos los machos de la comunidad. Y cuando se reúnen los machos de una comunidad, atraídos por la magnética presencia de una hembra sexualmente popular, es muy probable que comiencen a moverse hacia la periferia del territorio para patrullar sus fronteras. De esta manera, las magníficas hinchazones de Gigi han animado en muchas ocasiones a los machos de Kasekela a preocuparse de proteger y ampliar su territorio.

En cierto modo, la popularidad sexual de Gigi es difícil de entender, ya que a menudo aparta a los machos antes de completar el acto sexual. Y así lo ha venido haciendo durante veintitantos años. Supongo que los machos encuentran su conducta irritante y frustrante a la vez, pero no ha conseguido apagar su ardor. A veces Gigi se muestra extremadamente reticente a cumplir con las exigencias sexuales de un macho, y en esas ocasiones sus pretendientes suelen mostrarse notablemente pacientes. Recuerdo una vez que Figan estaba intentando copular con ella. Gigi estaba en el suelo, con su provocativo trasero rojizo a la vista, pero ignoró totalmente el modo en que su pretendiente agitaba vigorosamente unas ramas. Unos momentos después Figan, con el pelo (entre otras cosas) erecto, estaba en pie moviendo unas ramas por encima de ella. Gigi apenas lo miró, se dio la vuelta y se puso boca arriba observando las copas de los árboles. Perplejo, Figan se sentó un momento, agitando de vez en cuando una ramita débilmente y con irritación y preguntándose seguramente qué hacer a continuación. Gradualmente su agitación se fue haciendo más violenta; su pelo (si es que era posible) se erizó aún más y había un destello en sus ojos que no presagiaba nada bueno para Gigi si continuaba ignorándolo. Aparentemente Gigi captó el mensaje, ya que se levantó súbitamente, se aproximó a Figan y se dobló frente a él. Pero justo cuando empezó a copular, ella se apartó gritando y se fue.

Luego se tumbó de nuevo a unos diez metros de Figan, que se quedó donde estaba. Él se tumbó también y durante una hora hubo quietud. Luego Figan se aproximó a Gigi de nuevo, y una vez más ella lo ignoró. Hasta que él no repitió su salvaje actuación a su alrededor, ella no se levantó y se puso ante él, pero luego se apartó y se fue. Figan la siguió y su cortejo se convirtió en una clara amenaza. Ella respondió rápidamente, pero para acabar igual. Excepto que Figan, totalmente estimulado, finalmente completó al fin el acto sexual... en el aire.

No es posible que ninguna otra hembra de Kasekela haya tenido tantas parejas como Gigi. Una y otra vez ha seguido a diferentes machos, normalmente con desgana, a las zonas periféricas del territorio que ellos preferían. Que nosotros sepamos, en los últimos veinte años ha participado en cuarenta y tres excursiones, o quizás más. En términos de biología evolutiva, los machos estaban «perdiendo el tiempo» con Gigi en la medida en que carecían de oportunidades de éxito reproductivo. Sin embargo, los machos no lo sabían, por lo que competían por sus favores de buena fe. Además, no tengo la menor duda de que, aunque lo hubieran sabido, habrían votado unánimemente por la continuidad de la presencia de Gigi entre ellos.

Gigi ha servido a los machos de su comunidad de otra manera: ha ayudado a los jóvenes y a las crías a aprender los detalles del acto sexual. Los machos chimpancés son muy precoces sexualmente. Desde que empiezan a andar, muestran gran interés en los traseros hinchados y rojizos y en «copular» con las hembras en dicha condición desde su infancia. Lógicamente sólo son prácticas, ya que un macho no puede engendrar una cría hasta que tiene entre trece y quince años. Pero a veces Gigi parece preferir los pequeños avances sexuales de una cría o de un joven a las más vigorosas exigencias con los machos adultos. A menudo se dobla, acomodándose, tan pronto como uno de estos jóvenes empieza a cortejarla, aproximándose con su pequeña erección y agitando imperiosamente una ramita. En realidad, a veces solicita activamente las atenciones sexuales de los jóvenes. Una vez, por ejemplo, se dirigió de pronto hacia donde estaban Prof y Wilkie jugando ruidosamente; agarró a Prof por el codo, lo apartó del juego y luego, sujetándolo aún, se dobló frente a él. Sólo cuando él cumplió con sus deseos le permitió volver a jugar.

Otras veces ignora completamente a estos jóvenes, pero muchos de ellos insisten y en este asunto las crías pueden ser increíblemente persistentes durante media hora o incluso más. Recuerdo un largo viaje en el que tres petulantes pretendientes jóvenes seguían a Gigi, en el cenit del celo. Cada uno de ellos gemía tranquilamente para sí mientras seguían aquel tentador trasero rojo. Cada uno de ellos se aproximaba y agitaba ramas cada vez que ella paraba. Y Gigi, claramente, los ignoraba a los tres.

En 1976 Gigi, por alguna razón, empezó a tener el ciclo con menor regularidad y al mismo tiempo se volvió mucho menos atractiva para los machos adultos durante una temporada. Esto podía deberse a algún trastorno hormonal, porque ellos le respondían como si fuera una hembra que presentase ciclos durante el embarazo. Y luego un día, al cabo de casi dos años, yo estaba con ella cuando expulsó una masa de tejido viscoso sanguinolento. La guardé (en whisky, que era el único alcohol que tenía en aquel momento) y se la envié a un estudioso de la reproducción. Lo identificó como una expulsión uterina como las que experimentan ocasionalmente (y con mucho dolor) las mujeres. No sabemos lo que aquello significaba en el caso de Gigi, pero a partir de entonces aumentó ligeramente su popularidad entre los machos, cuando no tenía demasiada competencia de las otras hembras.

Con el paso de los años Gigi se ha vuelto más irritable e impredecible en sus interacciones sexuales con los machos jóvenes. Aún suele responder a sus peticiones, pero con frecuencia se da la vuelta y los golpea, o incluso los ataca, en cuanto empieza la cópula. En una ocasión se encaró con Prof cuando copulaba con ella en un árbol y lo empujó con tanta fuerza que cayó al suelo rocoso unos seis metros más abajo. Después de permanecer sentado, inmóvil, unos instantes, Prof cogió una impresionante rabieta a la cual nadie, y menos Gigi, prestó la menor atención. Incidentes de este tipo se han vuelto más frecuentes, y apenas sorprende que los machos jóvenes no tengan tantas ganas como antes de copular con esta irascible hembra. Lo sorprendente es que Gigi parece tan dispuesta como antes a *empezar* el acto sexual. Una y otra vez se aproxima a un joven pretendiente y le pide una cópula. Si él la evita, como suele ocurrir, le sigue y vuelve a probar. Una vez, por ejemplo, Gigi estaba en los últimos días del celo y se reunió con el joven Beethoven y su hermana, Harmony, que comían en un árbol. Gigi subió inmediatamente hacia Beethoven, pero éste la evitó. Al poco rato se aproximó una vez más, pero él saltó a otro árbol. Ella lo siguió a ese árbol y a un tercero. Luego se paró a comer y creí que abandonaba. Pero nada de eso. Después de unos diez minutos ella trepó hacia él otra vez, y él la evitó de nuevo. Gigi lo persiguió un pequeño tramo y luego empezó a comer hasta que los hermanos bajaron e iniciaron una sesión de acicalamiento. Gigi los siguió enseguida y corrió detrás de Beethoven cuando intentó esconderse a la sombra de su hermana. Cuando él se subió a un árbol alto, ella se sentó debajo, mirándolo de vez en cuando durante los siguientes treinta minutos. En cuanto Beethoven bajó, Gigi, una vez más, se aproximó y se puso frente a él, ofreciéndole su hinchado trasero. Y esta vez su persistencia fue premiada… una hora y veinte minutos después de la primera solicitud. ¡Aquella vez Gigi ni golpeó ni amenazó al macho!

No sólo las crías suelen sentirse intimidadas por Gigi. También pone nerviosos a los adolescentes. Gigi se ha convertido en una hembra fuerte y agresiva, capaz de poner en su sitio a la mayoría de los machos adolescentes. Aunque es un hecho que el macho chimpancé ataca más a menudo que la hembra, eso no significa que las hembras no tengan su lado agresivo. En realidad, muchas hembras adolescentes pasan por una fase muy beligerante. Pero eso ocurre antes de dar a luz. En cuanto la hembra se encuentra con la tarea de alimentar a un pequeño, evita peleas y desafíos porque pondría en peligro a su bebé. Así pues, la mayoría de las hembras se vuelven menos agresivas al llegar a la madurez.

Para Gigi, sin embargo, la situación era distinta, ya que no llegó cría alguna a calmar su temperamental carácter. En muchos aspectos se comporta ahora como un macho. Posee una poderosa exhibición y hace alarde de ella a menudo. Resiste amenazas que la mayoría de hembras evitarían y es frecuente verla envuelta en peleas. Es la hembra a la que desafían los jóvenes machos que desesperadamente intentan dominar a las hembras de la comunidad. A veces acompaña a los machos para patrullar por las fronteras, no sólo cuando está en celo, sino en los periodos intermedios. Y mientras otras hembras (que sólo van cuando están en celo) viajan característicamente como simples acompañantes, Gigi suele tomar parte en las actividades de la patrulla. Se ha unido a los machos en la destrucción de nidos de forasteros y en ataques a hembras de otras comunidades vecinas. Incluso tomó parte en uno de los brutales asaltos de la guerra contra los chimpancés de Kahama.

Como cazadora, Gigi tiene un récord destacado. Ha tomado parte en más cacerías que las otras hembras y con un éxito mayor en la captura de la presa. Incluso es capaz de mantener la posesión de una víctima frente a los vigorosos intentos de los machos adultos por arrebatársela. Por ejemplo, una vez capturó a un macho colobo joven y conservó su cadáver a pesar de tres violentos ataques de Satán y uno de Sherry. Durante estas luchas cayó al suelo tres veces en cerrado combate con Satán, pero consiguió escapar y, aferrando todavía su presa, subió a otro árbol. Cuando Sherry agarró la presa con las dos manos y tiró tan fuerte como pudo, ella aún fue capaz de mantenerla, incluso con Satán exhibiéndose vigorosamente por los alrededores. Por fin Sherry consiguió hacerse con la cadera y las patas traseras. Entonces Gigi ya pudo comer en paz porque Satán, antes que continuar intentando conseguir un pedazo de carne que le quedaba a Gigi, ¡optó por seguir a Sherry y quitárselo a él!

Creo que los machos realmente respetan a esta dura y valiente hembra, que ha formado parte de su sociedad durante tanto tiempo. Y por eso, a pesar de su especial conducta sexual, Gigi disfruta de buena relación con ellos y es una de las preferidas a la hora de acicalarse unos a otros. Como los machos, pasa mucho tiempo en las excitadas reuniones sociales, mientras que la mayoría de las hembras, a no ser que estén en celo, prefieren una existencia más pacífica, eligiendo pasar unos días de vez en cuando sólo con miembros de la familia y uniéndose únicamente a los grandes grupos en épocas de excitación. Gigi, otra vez como los machos, pasa mucho tiempo totalmente sola, mientras que otras hembras, después de haber tenido su primer bebé (suponiendo que viva), nunca vuelven a estarlo. Durante el resto de su vida están siempre con uno o más de sus hijos. Como yo también soy madre, sé perfectamente que hasta un bebé muy pequeño puede proporcionar una sensación real de compañía.

Gigi es un caso único en muchos aspectos. A pesar de muchas de sus características masculinas, no es un macho: nunca lo ha sido y nunca lo será, aunque esté plenamente integrada en la camaradería de la sociedad masculina. Tampoco puede encontrar compañía y ánimo, como otras hembras, en una familia. Desde luego una vez formó parte de una familia, pero de eso hace ya mucho tiempo. Incluso la primera vez que la vi, cuando tenía unos ocho años, su único familiar parecía ser el joven macho Willy Wally. Y éste se fue hacia el sur con los machos de Kahama cuando se dividió la comunidad.

Sin ninguna cría propia, ni oportunidad de crear para sí ese grupo especial que es la unidad familiar, Gigi ha cultivado, sin embargo, un gran número de relaciones especiales con toda una sucesión de crías. Se sentía atraída por todas y cada una de ellas cuando tenían uno o dos años, edad en la que las madres les permiten una cierta libertad para entrar en contacto con individuos ajenos al círculo familiar. Cuando permanecía con una familia, y cuando la madre lo permitía, Gigi acicalaba, jugaba y trasladaba a la que fuera en ese momento su cría favorita. También ayudaba a proteger a las crías; se esforzaba especialmente en interrumpir sesiones de juego cuando empezaban a endurecerse. Efectivamente, con una cría tras otra, asumió el papel de la tradicional tía solterona.

Aquéllas eran relaciones relativamente pasajeras, porque a los dos años y medio, cuando los jóvenes eran ya más movidos y autosuficientes, Gigi perdía interés en ellos. Pero más recientemente desarrolló relaciones más duraderas no sólo con dos crías, hermano y hermana, sino también con su madre, Patti. Gigi y Patti pasaban mucho tiempo juntas incluso antes de que Patti diese a luz; después, a causa de ciertas deficiencias en las actitudes maternales de Patti, Gigi, por primera vez en su vida, pudo hacer una contribución realmente significativa a la educación de una cría.

Patti inmigró a la comunidad de Kasekela a principios de los años setenta, por lo que no sabemos nada de su vida anterior. En 1977 su primer embarazo acabó en un misterio: o su bebé nació muerto o murió durante sus primeros días de vida. En esa época Pom y Passion aún cazaban recién nacidos, y el de Patti bien podría haber sido una de sus víctimas. Un año después dio a luz un macho aparentemente sano que murió por incompetencia de la madre, ya que Patti no tenía ni idea de cómo cuidar a un bebé. Durante sus viajes lo sujetaba con una mano, pero a veces era su trasero lo que ella apretaba contra su vientre, así que la cabeza botaba y rebotaba en el suelo. Una vez viajó arrastrándolo por una pierna. A veces, cuando se sentaba para coger una fruta, lo hacía de tal manera que lo apretaba entre el muslo y el vientre hasta que el bebé emitía extraños y agudos gritos de terror. Apenas sorprendió a nadie que estuviese muerto antes de una semana.

Al cabo de un año Patti dio a luz otro macho al que llamamos Tapit. Aunque ahora era mejor madre que antes (¡lo cual no fue demasiado difícil!), creo que esa cría consiguió sobrevivir más gracias a su propia tenacidad y resistencia que a los cuidados de Patti. Muchísimas veces parecía simplemente no saber cómo tratarla. A menudo, por ejemplo, no sabía sostenerla correctamente, y entonces, mientras comía o se acicalaba, Tapit se caía al suelo. Ella lo dejaba allí hasta que lloraba, en cuyo caso se volvía a reunir con él. Una vez saltó de un árbol a otro con Tapit del revés, es decir, con la cara mirando al trasero de su madre. Él gritó con fuerza durante esta exhibición y cuando alcanzó su destino Patti pareció darse cuenta y se sentó para mecerlo; pero aún estaba al revés, con los pies bajo la barbilla de su madre y la cabeza en la ingle. Durante los primeros meses fueron habituales los incidentes de este tipo, y oíamos gritar a Tapit mientras su madre saltaba de árbol en árbol.

Como lo sostenía tan mal, Tapit solía tener problemas para alcanzar los pezones de Patti. Y en cuanto a esa necesidad, una de las más básicas, Patti parecía incapaz de ayudarle. Como mamaba en el sitio equivocado Tapit gemía y luego gritaba, y aunque ella parecía entristecerse y lo miraba, casi nunca ajustaba su postura para facilitarle las cosas. Incluso cuando finalmente Tapit encontraba un pezón y empezaba a mamar, había diez probabilidades contra una de que un súbito movimiento de ella le arrebatase de la boca el preciado regalo.

A los seis meses ya localizaba fácilmente los pechos de su madre. Pero ahora se enfrentaba a un nuevo problema. Un día los seguí a un sombrío lugar en el bosque. Patti se tumbó a descansar y pronto Tapit empezó a mamar. Por unos momentos todo fue bien; luego Patti empezó a reír. La miré sorprendida, mientras ella, riéndose más, apartaba a su hijo del pezón y le hacía cosquillas, mordisqueando su cara y su cabeza. Pero Tapit quería leche, no jugar. Eventualmente conseguía coger gimiendo el pezón, pero su madre lo apartaba inmediatamente. Durante unos minutos más trató de conseguir su objetivo, pero luego renunció, al menos por el momento. Cuando volvió a mamar, una hora después, Patti no le volvió a interrumpir, aunque parecía tener las mismas intenciones. Una vez él luchó durante siete minutos, gimiendo constantemente mientras su madre le hacía cosquillas.

Es difícil comprender por qué se comportaba de aquella extraña manera. Ésta es una táctica utilizada por algunas madres durante el destete; juegan vigorosamente con sus crías para distraerlas cuando quieren mamar o subirse a su espalda durante un viaje. Pero eso ocurre cuando las crías tienen unos cuatro años. Patti, obviamente, se confundía. O quizás es que los labios de Tapit le hacían cosquillas en los pezones y ésa era su manera de reaccionar.

Patti permitió a Tapit alejarse de ella cuando sólo tenía cuatro meses, tan pronto como pudo andar. A partir de entonces, a menudo lo abandonaba cuando ella comía o se acicalaba. A veces, mientras trataba de llegar a ella escalando colina arriba o seguirla de rama en rama, Tapit empezaba a gemir, pero ella solía ignorarlo totalmente. A veces se limitaba a mirarlo, incluso si se caía a poca distancia y lloraba. Mostraba idéntica indiferencia por su desarrollo social. La mayoría de las madres se preocupan de impedir a sus hijos, durante los primeros meses, que tengan contacto con otros adultos.

Pero Patti no. Cuando Tapit tenía sólo cinco meses, subió hacia Satán durante una sesión de acicalamiento. Tapit parecía confuso y gemía, pero Patti no prestó atención. Llorando todavía, Tapit pasó sobre Satán y pronto empezó a gritar. Sólo entonces Patti fue a sacarlo de allí. Otra vez se alejó de Patti y subió a un arbolito. Luego se fue hacia Gremlin, gritando. Ella rápidamente lo abrazó, pero él se apartó y se fue tropezando y gritando aún más hacia Gigi. Pero ésta aún no había forjado un vínculo con Tapit y le ignoró completamente. Finalmente, como los gritos arreciaban, Patti fue a buscarlo con un quejido.

Cuando Tapit tenía nueve meses, se vio sometido a otra de las rarezas de su madre. De nuevo me quedé paralizada cuando lo vi por primera vez. Él estaba jugando en las ramas bajas de un árbol cerca de Patti mientras ésta cogía termitas. Cuando estaba lista para marchar, se incorporó y, en vez de poner su mano alrededor del cuerpo de Tapit y cogerlo, abrazándolo como es normal, agarró una de sus piernas y tiró de él. Esto, desde luego, ponía las cosas muy difíciles a Tapit. Mientras ella continuaba tirando, él se agarró con más fuerza de la rama y pronto empezó a gritar. La única respuesta de Patti fue tirar más fuerte, hasta que él se vio obligado a soltarse y entonces ella lo colgó de su vientre cabeza abajo. Esto sucedió repetidamente durante los dos meses siguientes.

Cuando Tapit tenía un año, Patti solía marcharse a vagabundear dejando atrás a su hijo. Una vez, por ejemplo, se alejó más y más de él buscando los dulces frutos amarillos de los arbustos *budyankende* que en verano cubren gran parte de las laderas bajas de las montañas y no prestó atención a sus suaves gemidos. Al cabo de un rato ya estaba casi fuera de su vista, y sólo cuando él gritó verdaderamente fuerte Patti miró hacia atrás y volvió a recogerlo. Cuatro meses después lo dejó en el suelo, donde estaba jugando tranquilamente él solo, y se subió a un árbol para comer. A los cinco minutos, Tapit intentó seguir a su madre, pero la escalada era demasiado difícil y empezó a gemir. Patti no respondió. Incluso cuando sus gritos se hicieron más potentes, su madre se limitó a mirarlo. Finalmente Tapit cogió una increíble rabieta, llorando a voz en grito, revolcándose por el suelo y tirándose de los pelos. Sólo entonces Patti, un tanto reticente, dejó de comer para reunirse con él.

Esta conducta tan poco maternal tuvo como consecuencia que, con el tiempo, madre e hijo comenzaran a separarse ocasionalmente. Una vez me encontré a Patti viajando con un grupo de machos: no había señales de Tapit. Cuando pararon para comer, Patti comió con ellos, tranquilamente. Fue sólo cincuenta minutos después ¡cuando pareció «acordarse» de repente de que debía llevar un crío consigo! Paró de comer, miró alrededor, empezó a gemir y luego rehízo el camino llorando. Yo no pude seguirla, pero más tarde volvimos a verla a salvo con Tapit. Otra vez, cuando yo estaba siguiendo a Melissa y a su familia, oímos los gritos frenéticos de una cría perdida. Enseguida Gremlin corrió hacia ellos y encontró y abrazó a la cría: naturalmente, se trataba de Tapit. Gremlin se quedó con él, a veces llevándolo en brazos, hasta que encontró a su madre.

Cuando Tapit tenía poco más de un año, Gigi empezó a ofrecerle su amistad. Recuerdo bien la primera vez que lo vi. Tapit, como siempre, andaba tambaleándose unos diez metros detrás de su madre. Era hacia el atardecer, cuando los pequeños están cansados y hasta otros mayores que Tapit insisten en ir montados. Entonces Tapit empezó a gemir. Patti, como siempre, ignoró a su hijo, pero Gigi, que había estado con ellos toda la tarde, retrocedió hasta el pequeño, se agachó y le tendió la mano ofreciéndole subir a su espalda. Él retrocedió, confuso, y se tumbó boca arriba llorando. Gigi se apartó, pero cuando Tapit se levantó, todavía gimiendo, ella volvió a agacharse a su lado. Y esta vez Tapit se subió a su espalda y ella lo llevó hasta Patti.

Ése fue el principio de una estrecha relación entre ellos que desempeñó un papel muy importante en el de-

sarrollo de Tapit. Gigi, cuando no estaba en celo, empezó a viajar siempre con Patti desahogando su frustrada
vocación de madre en Tapit. Lo llevaba en los viajes, lo
acicalaba y jugaba con él; y también lo protegía mucho.
Una vez un babuino macho adolescente ante el que Tapit había estado exhibiéndose perdió repentinamente la
paciencia, lo agarró y lo tiró al suelo, arrastrándolo un
corto trecho. Tapit, que sólo tenía un año, estaba aterrorizado y empezó a gritar. Patti le miró, pero fue Gigi
quien entró en acción: corrió y abrazó a Tapit. Envalen-
tonado por la presencia de su protectora, éste se apartó
de ella y de nuevo se exhibió ante el babuino, con el pelo
erizado, mientras Gigi le contemplaba con benevolencia.
En otra ocasión Gigi agarró a Tapit y subió a un árbol
justo a tiempo de evitar un ataque de Goblin. Y una vez,
cuando Satán atacó a Patti haciendo llorar a Tapit, que
estaba montado en su espalda, Gigi se exhibió y echó a
patadas a Satán de allí.

Gigi se comportaba de hecho como una hermana mayor y con frecuencia podíamos verla con Tapit a veces
hasta a unos treinta metros de donde su madre comía o
descansaba. Una vez me senté con ellos durante un calu-
roso mediodía mientras Tapit dormía en el regazo de
Gigi durante más de media hora y su madre comía en un
árbol. Patti, por su parte, parecía encantada con la «can-
guro». Cuando Gigi estaba cerca, aún se mostraba menos
interesada por su hijo. Una vez, por ejemplo, Tapit se
alejó con Gigi unos cien metros mientras Patti se quedaba acicalando con un grupo de machos adultos. Su hijo
quedó fuera de su vista, e incluso cuando el grupo se asustó
y todos se subieron a los árboles a causa de una alarma,

Patti pareció totalmente despreocupada por el bienestar de Tapit. Una media hora después éste apareció subido a la espalda de Gigi.

Durante el tercer año de Tapit el trato de Patti se volvió, en algunos aspectos, aún más desdeñoso que antes. Durante los viajes se veía obligado con frecuencia a recorrer rutas arbóreas extremadamente complicadas intentando seguir a su madre. Incluso cuando gritaba, ella raramente se volvía para ayudarlo. Muchas veces no podía saltar de un árbol a otro a pesar de sus esfuerzos desesperados. Entonces, llorando y gimiendo, tenía que bajar al suelo y correr hasta el árbol en el que estaba Patti comiendo. Aunque los chimpancés de cuatro o cinco años habitualmente se suben a la espalda de su madre para cruzar las corrientes de agua rápidas, muchas veces Patti dejaba a Tapit atrás, obligándole a buscarse un camino sobre el agua a través de la vegetación mientras lloraba. Pero si Gigi estaba allí para llevarlo, todo iba bien. En realidad, ella se convirtió en una compañía habitual y en una compañera de juegos que lo protegió durante el resto de su infancia.

No hay duda de que Gigi tuvo una gran importancia en la vida de Tapit, a la que aportó tranquilidad, cuidados y afecto. Su crecimiento fue extraordinario, y cuando tenía cinco años ya era, como cabía esperar, un joven chimpancé notable. Era sorprendentemente independiente y autosuficiente, aunque también era capaz de caer en repentinos ataques de ansiedad si las cosas iban mal. Pero justo antes de que Patti diese a luz a su siguiente cría, Tapit murió de alguna enfermedad desconocida. No deja de resultar irónico que, tras superar una infancia peligrosa, a la que sobrevivió a pesar de su madre, tuviese que dejar el mundo cuando estaba a punto de ser independiente.

Pero la vida de Tapit no fue en vano, ya que enseñó a Patti un montón de cosas sobre el comportamiento maternal. Para mi alegría, fue una magnífica madre con su siguiente cría, Tita, y no mostró la conducta curiosamente inadecuada que caracterizó sus primeros contactos con Tapit. La tenacidad de Tapit benefició a los jóvenes hermanos a los que nunca conoció y fortaleció la línea de Patti en las futuras generaciones de chimpancés en Gombe.

Gigi empezó a hacer de tía de Tita bastante antes de que tuviese un año, presumiblemente porque, por aquel entonces, Patti había aceptado a la gran hembra como parte de la familia. Y a causa de ese comienzo, la relación entre Gigi y Tita fue, en ciertos aspectos, incluso más estrecha que la que había existido entre Gigi y Tapit. El vínculo entre las dos hembras adultas también se fue fortaleciendo. En realidad, Gigi a veces se sentía muy molesta si en un viaje perdía contacto accidentalmente con Patti.

Un día, por ejemplo, Gigi subió a comer a unos quince metros de Patti y Tita. Cerca de cuarenta minutos después bajó y se dirigió hacia el árbol donde pensaba que se encontraban Patti y Tita. Pero no estaban allí; se habían marchado unos minutos antes, silenciosamente, a través de la maleza. Gigi miró por los alrededores y luego empezó a llorar y gemir como un niño que ha perdido a su madre. Después de unos momentos, profirió una serie de gritos que culminaron con un alarido que, al menos a mis oídos, sonó algo así como: «¿Dónde os habéis metido?». Momentos después Patti y su hija aparecieron y las dos hembras se acicalaron un rato. Luego Gigi se acercó a Tita, invitó a la cría a subir a su espalda y se marcharon. Patti no tuvo más remedio que seguirlas.

Recuerdo claramente otro día que pasé con ellas. Tras las horas de calor del mediodía, Patti subió a un árbol a comer, pero Gigi permaneció en el suelo y Tita se quedó con ella. Jugó y retozó alrededor de la hembra y luego empezó a golpearla con una rama. Con cara juguetona, Gigi cogió la punta de la rama y organizaron una especie de batalla. Entonces Gigi se puso a hacer cosquillas a Tita, que le respondió enseguida, mordisqueando a Gigi en el cuello. Pronto las dos estaban riendo. Después de diez minutos, Tita se cansó y trepó para jugar sola colgándose de las ramas. Todo estaba en paz. Se oían unos susurros procedentes del árbol en el que Patti comía, así como el ruido de un coro de cigarras. Gigi cerró los ojos y se durmió. De repente la tranquilidad de la tarde quedó rota por una pelea que había estallado en un cercano grupo de babuinos. Tita, sorprendida, empezó a gritar y Gigi, de un salto, se puso en pie, subió al árbol y acercó a Tita a su pecho. Bajó a la cría al suelo y empezó a acicalarla hasta que Tita, con los ojos cerrados, se relajó completamente. Luego, cuando Patti acabó de comer, las tres se desplazaron, con Tita, despreocupada y confiada, subida a la fuerte espalda de la tía Gigi.

17. Amor

Pobre Gigi. Incapaz de engendrar una cría, no ha podido
encontrar el tipo de relaciones tranquilizadoras que son
características de las madres chimpancés con sus jóvenes
crecidos. Desesperadamente ha buscado contacto con numerosos jóvenes, pero uno tras otro han crecido lejos de
ella. Están ligados a sus propias madres, y éste es el vínculo más fuerte y más lleno de significado. Ningún individuo
será alimentado, protegido y cuidado como durante su infancia. Cuando los jóvenes maduran, la relación con la
madre se fortalece, y se convierte en una sólida amistad y
un apoyo mutuo que puede durar toda la vida. También es
verdad que un macho puede forjar una relación parecida
con su hermano, o incluso con un macho de la comunidad
que no sea de la familia. Pero una hembra, una vez que
pierde a su propia madre (porque ésta muere o porque la
hija se va a otra comunidad), no volverá a vivir una relación similar hasta que sus propios hijos hayan crecido.

Cuanto más estrecha es la relación entre dos chimpancés, mayor es la angustia si ésta se ve amenazada. Puesto que la madre es para su hijo todo su mundo, no es sorprendente que algunos se depriman tanto en el destete, ya que por primera vez sienten el rechazo de su madre. Durante los primeros meses de esta fase una cría casi siempre puede lograr su objetivo mediante una gran persistencia. Pero cuando el tiempo pasa, la madre le impide mamar y subir a su espalda con mayor frecuencia y determinación. Los suaves gemidos de la cría se convertirán en gritos de frustración y rabietas. El trabajo de la madre se vuelve más duro, y en algunos casos es tan estresante para ella como para su cría. Esto ocurre sobre todo si está intentando destetar a su primera cría y carece de experiencia, y es probable que sienta más remordimiento si se trata de un macho que si se trata de una hembra. ¿Qué puede hacer una madre cuando el pequeño va hacia ella gritando histéricamente y se arrodilla, golpeando al suelo y tirándose de los pelos? Normalmente lo coge con aspecto atemorizado y lo abraza: supongo que quiere calmarlo. Pero él, enfadado y resentido por su rechazo, intenta apartarse. Ella, sin embargo, lo mantiene agarrado, aunque él la muerda o la golpee, hasta que se tranquiliza. Las crías hembra suelen conseguir su objetivo con mayor sutileza: se van acercando al pezón mientras acicalan a su madre y entonces le dan unas rápidas chupadas.

En el pico del destete se produce otro acontecimiento que la cría percibe seguramente como una nueva amenaza: la madre vuelve a estar en celo. Ahora, durante este periodo, va a estar preocupada con el cortejo y las exigencias de los machos y la consiguiente conmoción. El primer par de ciclos suelen ser los peores, ya que la situación es nueva, extraña y temible para el pequeño. Ya hemos visto cómo un macho joven tiende a interferir cualquier cópula que tenga lugar cerca de él. Habitualmente, la cosa es bastante tranquila; se limita a correr y a empujar al macho adulto. Pero cuando la hembra es su propia madre, su interferencia es a menudo frenética y puede golpear al macho pretendiente, gritando con angustia. Las crías hembra suelen alterarse más cuando la que copula es su madre, aunque normalmente ignoran el acto sexual cuando no implica a hembras de la familia.

Aún sabemos poco acerca de las correlaciones entre la desaparición gradual de la leche materna, la frecuencia con la que la cría se amamanta y los cambios hormonales de la madre que preceden y acompañan al desarrollo de la cría siguiente en su vientre. Algunos pequeños maman durante el embarazo de su madre. Otros son destetados antes de que la madre conciba o durante los primeros meses de gestación. El nacimiento del siguiente bebé indica el comienzo de una nueva era para la cría anterior, y no es sorprendente que algunos jóvenes se sientan amenazados. Ya no pueden solicitar la plena atención de su madre, ni pueden contar más con ir a su espalda o trepar a su cálido nido durante la noche. La infancia queda atrás. Sin embargo, aunque la madre ya no puede dedicar toda su atención a su hijo anterior, sigue allí para proporcionarle tranquilidad y seguridad. Compartirá la comida con él si se lo pide. Acicalará al mayor más que al menor. El nuevo joven, por lo tanto, aunque desconcertado al principio, habitualmente se recupera enseguida y está cada vez más fascinado por el bebé.

Dos de los jóvenes no siguieron el camino habitual hacia la independencia: Flint y Michaelmas. Los dos continuaron dependiendo emocionalmente de sus madres incluso después del nacimiento de sus hermanos, aunque por diferentes razones. En el caso de Flint, la causa parece haber sido la ancianidad de Flo, pues ella, que en su tiempo fue la mejor de las madres, fracasó con su última cría. Creo que si no hubiese vuelto a concebir, todo habría sido mejor para Flint. Pero aquel último embarazo restó tantas fuerzas y energías a su anciano cuerpo que, simplemente, no pudo destetar a Flint. Rodeado por los poderosos miembros de su familia, se había vuelto un crío desmandado, y cuando Flo intentaba evitar que mamase o que montase a su espalda, cogía rabietas violentas y agresivas. Flo le consentía una y otra vez, por lo que aún mamaba cuando nació el pequeño Flame. Ante la urgente necesidad, Flo consiguió destetarlo a pesar de sus rabietas, pero al parecer no podía evitar que fuese a su nido por la noche o se subiese a su espalda. De hecho, Flint insistía a veces en agarrarse a su vientre, en posición infantil, encima de su hermanita. Al mismo tiempo se fue deprimiendo, jugaba poco y pasaba largas horas junto a Flo, acicalándola. Esto duró los seis primeros meses de la vida de su hermana. Pero entonces Flo contrajo algo semejante a una neumonía. Se quedó tan débil que ni siquiera podía hacerse el nido por la noche. Y cuando la encontramos, echada en el suelo, Flame había desaparecido y nunca la volvimos a ver. Cuando Flo se recuperó, todavía física y psicológicamente preparada para cuidar a un pequeño, ya no intentó siquiera evitar que Flint trepase a su nido o que montase a su espalda.

Finalmente Flint dejó de montar, pero cuando ya tenía ocho años y Flo ya no podía aguantar su peso.

La historia de Michaelmas fue muy distinta. Tenía cinco años cuando su madre, Miff, reanudó sus periodos de celo. Durante estos periodos era muy popular y constantemente estaba rodeada por machos de la comunidad. En estos grandes grupos, con la tensión al máximo, se producían siempre muchas agresiones, y la propia Miff era atacada a veces. Michaelmas, que se mantenía junto a su madre a las duras y a las maduras, no sólo se interponía entre ella y sus pretendientes, sino que también interfería en los ataques. Durante uno de estos sucesos se dislocó la cadera. Por tanto, cojo y dolorido, no podía seguir a su familia cuando viajaban y Miff, que lo había estado destetando antes del accidente, frenaba y permitía al pequeño subir a su espalda. Incluso después de la llegada del bebé le permitió seguir haciéndolo, y cuando ella ignoraba a veces sus tristes gemidos, lo llevaba Moeza, su hermana mayor. Seguramente a causa de su baja forma física, Miff no intentaba echarlo de su nido, de modo que continuó unido a la madre y al bebé. Hasta que no tuvo siete años no le vimos hacer su propio nido, e incluso después solía ir al nido de su madre y su hermana pequeña.

Cuando un chimpancé joven se va independizando, su relación con su madre cambia. Todavía es estrecha; la madre aún se muestra afectuosa y constituye una ayuda, pero la tarea de mantener la proximidad entre ambos recae en el pequeño. Mientras que la madre, aunque esté lista para desplazarse, esperará por un bebé, o irá a buscarlo si está impaciente, un hijo mayor tendrá que estar atento a su madre. Esto no significa que ella se vaya siempre sin él. Pero sí que los dos a veces se separan accidentalmente. Cuando esto sucede, el hijo, por lo general, se altera mucho. Los fuertes gemidos puntuados por histéricas llamadas emitidos por los jóvenes son muy característicos. Las madres, normalmente, paran y esperan al oír estos llantos, pero por algún motivo casi nunca responden. Y por eso los jóvenes aprenden dos cosas: primero, que deben estar alerta para evitar la repetición de estas experiencias; y segundo, que la separación temporal de su madre no es, después de todo, el fin del mundo; tarde o temprano volverán a encontrarse. Así, termina por llegar un momento, antes para un macho que para una hembra, en que la cría empieza a abandonar deliberadamente a su madre durante cortos periodos de tiempo.

Pero incluso después es probable que el joven pueda sentirse angustiado si se separa *accidentalmente* de la madre. Además, en las ocasiones en que él y su madre quieren viajar en direcciones distintas, él tratará de convencerla de que cambie de opinión. Si lo consigue, la separación se evitará, al menos temporalmente. Un día, en 1982, yo estaba con Fifi y su familia: Freud, Frodo y Fanni, que tenía un año. Habían descansado una hora más o menos cuando Freud, de once años, se sentó, miró a Fifi, acercó a Fanni a su pecho y partió hacia el norte. Fifi, que estaba acicalando a Frodo, los miró, se levantó y los siguió. Pronto Fanni se liberó y volvió hacia su madre, que se sentó de nuevo y se reunió con Freud. Cinco minutos después Fifi se levantó y se dirigió hacia el sur, muy lentamente, para que Fanni pudiese seguir, bamboleándose, tras ella. Instantáneamente Freud, aprovechando su oportunidad, agarró a su hermanita y marchó en la dirección opuesta. Fifi se detuvo, los miró de nuevo, se volvió y siguió. No pasó mucho tiempo antes de que Fanni se librase de Freud, pero, apenas dio unos pasos hacia Fifi, Freud tiró de ella y, a empujoncitos, la persuadió para que avanzase con él. Fueron así unos cuantos metros, y luego, mientras Fanni intentaba escapar otra vez, Freud la agarró por un tobillo, la acercó a él y la acicaló hasta que ella se quedó tranquila. Fifi se limitó a mirar. Después de un par de minutos, Freud se levantó y agarró a Fanni por un brazo. Rápida como la luz, Fifi la cogió por el otro y tiró suavemente. Freud cedió enseguida y Fifi, colocando a Fanni en posición abdominal, se dirigió hacia el sur. Freud la siguió con la vista y miró después al norte quizás con nostalgia; luego se volvió y anduvo tras su familia. Mucho después, mientras la familia comía, se oyó por el este la excitada llamada de unos chimpancés. Freud inmediatamente comenzó a moverse hacia los ruidos, pero Fifi continuó comiendo. Freud volvió, cogió a Fanni y se marchó de nuevo. Fifi pronto los siguió. Unos ochenta metros más allá Fanni se soltó y volvió con su madre, pero esta vez Fifi se marchó con Freud y la familia se unió al gran grupo.

Todo lo anterior –el destete, el nacimiento de un nuevo bebé, la separación temporal– es perturbador en el momento en que se produce, pero no es nada comparado con la muerte de la madre, la ruptura irrevocable del vínculo. Desde luego, las crías que todavía tienen menos de tres años y dependen aún de la leche materna no podrán sobrevivir. Pero incluso los jóvenes alimentariamente independientes pueden deprimirse hasta el punto de languidecer y morir. Flint, por ejemplo, tenía ocho años y medio cuando murió la vieja Flo y debería haber podido cuidarse solo. Pero dependía tanto de su madre que parecía que no quería sobrevivir sin ella. Todo su mundo había girado alrededor de Flo, y con su muerte su vida se convirtió en algo vacío y sin significado. Nunca olvidaré cómo Flint subió lentamente a uno de los árboles altos cercanos al torrente tres días después de la muerte de Flo. Anduvo por una de las ramas, paró y se quedó inmóvil, mirando a un nido vacío. Después de unos dos minutos, se volvió y, moviéndose como un anciano, bajó, anduvo unos pocos pasos y se tumbó con los ojos abiertos mirando frente a sí. Él y Flo habían compartido aquel nido poco antes de que Flo muriese. ¿Qué había pensado cuando estaba de pie, mirándolo? ¿Los recuerdos de los días felices pasados fueron un bálsamo para su confusa sensación de abandono? Nunca lo sabremos.

Fue mala suerte que Fifi estuviese lejos los días siguientes a la muerte de Flo. Si hubiese estado allí para consolar a Flint, desde el principio las cosas habrían sido bastante distintas. Él viajó cierto tiempo con Figan y parecía dejar atrás la depresión con la presencia de su hermano mayor. Pero luego abandonó de pronto al grupo y corrió hacia donde había muerto Flo, y allí se hundió en una depresión aún más profunda. Cuando Fifi volvió, Flint ya estaba enfermo, y aunque lo acicalaba y lo esperaba cuando viajaban, él ya no tenía ni ganas ni fuerzas para seguir.

Flint fue estando cada vez más letárgico y rechazaba casi toda la comida, de forma que su sistema inmunitario se debilitó y cayó enfermo. La última vez que lo vi con vida tenía los ojos hundidos y gemía deprimido, acurrucado entre la vegetación cerca de donde había muerto Flo. Desde luego, intentamos ayudarlo. Yo tuve que dejar Gombe poco después de la muerte de Flo, pero uno u otro de los estudiantes se quedaba con Flint cada día, acompañándole, tentándole con todo tipo de comida. Pero nada podía compensar la pérdida de Flo. El último corto viaje que hizo, parando a descansar cada pocos pasos, fue al sitio exacto donde había yacido el cuerpo de su madre. Allí permaneció varias horas, a veces mirando fijamente al agua. Luchó un poco más, se hizo un ovillo y no volvió a moverse nunca más.

Otros jóvenes, sin embargo, han sido cuidados por sus hermanos mayores. Y estas adopciones nos proporcionan historias emotivas que ilustran claramente la naturaleza afectuosa y protectora de los jóvenes y adolescentes con respecto a sus hermanos menores. Hemos visto que los machos jóvenes pueden ser cuidadores tan eficientes como las hembras. En verdad, son igualmente tolerantes y afectuosos, lo cual se hizo evidente en la familia de Passion.

Pax tenía cuatro años cuando murió su madre. Ésta había estado enferma durante unas cuantas semanas, moviéndose más y más lentamente, con la cara progresivamente demacrada, agachándose de vez en cuando en señal de dolor. Aunque llegué a odiarla cuatro años antes, durante su época infanticida, no pude evitar sentir lástima por ella al final de su vida. En la última tarde estaba tan débil que temblaba al hacer el menor movimiento. Consiguió subir a un árbol en el cual se construyó un minúsculo nido; luego se tumbó, exhausta. La mañana siguiente amaneció fría y gris con la lluvia cayendo de un cielo plomizo. Passion estaba muerta. Había caído durante la noche y colgaba de unas ramas por un brazo. Sus tres hijos, que estuvieron acompañándola constantemente durante las últimas semanas de su vida, se encontraban a su alrededor. Pom y Prof se sentaron mirando el cuerpo de su madre. Pero Pax intentaba mamar una y otra vez de sus fríos y mojados pechos. Luego, nerviosa y gritando más y más, empezó a tirar de la mano que colgaba. Estaba tan frenética que en su angustia consiguió tirarla al suelo. Cuando Passion cayó sin vida en el embarrado suelo, sus tres hijos examinaron su cuerpo muchas veces. De vez en cuando se alejaban un poco para comer y luego volvían con ella. Al transcurrir el día, Pax se fue tranquilizando y no volvió a intentar mamar, pero parecía incluso más deprimido, lloraba suavemente y tiraba de cuando en cuando de la mano de Passion. Finalmente, antes de que cayera la noche, se marcharon juntos los tres.

Durante las semanas siguientes Pax dio muchas señales de depresión. Estaba apático, no jugaba en absoluto y, como los jóvenes huérfanos, desarrolló una gran barriga. Pero se recuperó con sorprendente rapidez. Durante un año los tres hermanos pasaron casi todo el tiempo juntos. Cuando Prof se aventuraba a viajar un rato con los machos adultos, Pax habitualmente se quedaba con Pom. Pero aunque se mantenían juntos y aunque él corría hacia ella en busca de protección, Pax, por alguna extraña razón, nunca se subía a la espalda de su hermana, ni siquiera cuando se quedaba retrasado y gemía durante un viaje con un grupo de machos adultos, ni en los casos en que ella le invitaba a subir. Al principio, en un despertar de sus instintos maternales, Pom trató de obligarle a subir, pero Pax se agarraba a la vegetación y gritaba histéricamente hasta que ella se detenía. Prof había intentado llevar también a su espalda a su hermanito, pero Pax había rechazado sus ofertas de la misma inexplicable manera. Y lo mismo pasaba cuando sus hermanos le ofrecían compartir sus nidos por la noche. Aunque ellos se lo ofrecían amistosamente, él se negaba. Y así contemplaban cómo Pax, gimiendo tristemente para sí, se hacía un nido propio por allí cerca. ¡Cuánto nos queda aún por aprender!

Un año después de la muerte de Passion, Pom emigró y se unió a la comunidad de Mitumba, en el norte. Probablemente lo hizo porque después de perder a su poderosa madre quedaba a merced de las hembras de Kasekela, muchas de las cuales, sin duda, abrigaban sentimientos hostiles hacia ella. Los chimpancés tienen buena memoria. Pero ya antes de la partida de su hermana, Pax se había pegado a su hermano Prof, al que seguía como una persistente y pequeña sombra adonde quiera que fuese. La relación entre ambos había sido siempre afectuosa, ya que Prof, desde el principio, sintió fascinación por Pax y solía llevarle y jugar con él. Recuerdo una vez que Pax, que sufría un resfriado, estornudó ruidosamente. Prof se volvió rápidamente y miró su nariz que goteaba; entonces cogió unas hojas y le limpió cuidadosamente.

Ahora Prof, un año después de la muerte de Passion, cuidaba de Pax en muchos aspectos como lo haría una madre, esperándolo en los viajes y protegiéndolo. Cuando Pax ya tenía seis años, aún se quedaba desorientado si se separaba de Prof. Y Prof también se preocupaba. Una vez, por ejemplo, dos años después de la muerte de Passion, los hermanos se fueron en direcciones distintas cuando el gran grupo con el que estaban comiendo se separó. Cuando Pax se dio cuenta de que Prof no estaba allí, empezó a gemir y a llorar. Repetidamente subió a los árboles altos, gritando más fuerte e inspeccionando el paisaje. Pero Prof ya estaba para entonces fuera del alcance de su vista y de su voz, por lo que Pax se quedó junto a Jomeo, haciendo su nido junto al del gran macho. Aun así, lloró durante la noche. Prof, por su parte, dejó a los otros chimpancés tan pronto como se percató de lo que había ocurrido y partió en busca de Pax. No vi el reencuentro, pero al mediodía del día siguiente estaban juntos otra vez.

Hay un incidente que siempre recordaré. Los dos hermanos estaban viajando en un pequeño grupo con Miff, que estaba en celo, y Goblin, que hacía valer celosamente sus derechos de alfa impidiendo a otros machos copular con ella. No prestó atención cuando Pax la cortejó, por lo que el joven no recibió amenaza alguna. Miff, sin embargo, parecía irritada por el cortejo de su pequeño pretendiente, y cuando él insistió, le dio una patada. Pax se vio lanzado a la vegetación que tenía a su espalda. ¡Pobre Pax! Agarró una de las rabietas más violentas que jamás haya visto. Tirándose del pelo, se revolcaba por el suelo y gritaba más y más fuerte. Goblin, obviamente irritado por el ruido, miró ferozmente a Pax, y su pelo empezó a erizarse. En ese momento Prof, que estaba comiendo a cierta distancia, se acercó corriendo para ver qué sucedía. Por un momento se quedó contemplando la escena; luego, al darse cuenta de que Pax estaba en peligro inminente de recibir un severo castigo, agarró a su hermano, que lloraba, por una muñeca y se lo llevó a rastras. Hasta que no se alejaron unos veinte metros y se encontraban fuera de peligro, Prof no le soltó: en aquel momento Pax dejó de llorar y aceptó acompañar a su hermano.

Gimble tenía ocho años cuando Melissa murió, y aunque era pequeño para su edad, podía defenderse solo. A pesar de todo, quedó desconcertado y un poco aturdido cuando perdió a su madre. Se dirigió a sus hermanos en busca de tranquilidad y, de los dos, fue a Goblin al que más reclamó siguiéndole a todas partes. Solían comer juntos en el mismo árbol y Gimble hacía su nido cerca del de Goblin. Éste ayudaba a su hermano pequeño si era amenazado o atacado. De esta manera, Goblin, macho alfa y trece años mayor que su hermano, en muchos aspectos llenó el vacío que había dejado Melissa en la vida de Gimble.

Cuando Winkle murió, Wolfi fue adoptado por su hermana mayor, Wunda: la historia de la hembra de nueve años y su hermano de tres es realmente notable. Wolfi, a pesar de su juventud, mostró menos señales de depresión que otros huérfanos, probablemente porque la relación entre los dos hermanos era ya muy estrecha antes de la muerte de Winkle. Wunda le había llevado a su espalda frecuentemente cuando la familia viajaba, no sólo porque estaba fascinada con su hermanito, como todas las hermanas mayores, sino también porque, desde que él pudo andar, Wolfi siempre quería seguirla adonde ella fuese. Una y otra vez Wunda se había ido sola, pero volvía al oír el triste llanto de su hermanito, que intentaba seguirla desesperadamente. Entonces se reunía con él y se marchaban juntos. La estrecha relación de Wolfi con su hermana no afectó negativamente a los cuidados maternales de Winkle: era una madre atenta, afectuosa y eficiente, de la cual Wunda, indudablemente, había aprendido muchas cosas en lo concerniente al cuidado de los pequeños. Cuando Winkle murió, Wunda se encargó del cuidado de su hermano con naturalidad. Y lo más sorprendente es que esta hembra joven, aún no madura sexualmente, quizás llegó a producir leche para su hermano menor. Desde luego, él mamaba durante varios minutos cada dos horas más o menos, y se molestaba si Wunda intentaba detenerlo. Pero aunque nos acercamos mucho a ellos, no pudimos confirmar que obtuviese leche de su hermana. Puede que simplemente le tranquilizara poner los labios en sus pezones.

Skosha era la primogénita y no tenía hermanos ni hermanas para cuidarla cuando su madre murió cuando ella tenía cinco años. Durante los dos primeros meses pasaba la mayor parte del tiempo con uno u otro de los machos adultos. Pero luego se unió a Pallas, una hembra que había perdido meses antes a su primer hijo. Pallas había sido una buena compañera de la madre de Skosha, y a menudo nos habíamos preguntado si eran hermanas; si lo eran, Pallas era la tía biológica de Skosha, pero lo fuesen o no, ambas se volvieron inseparables. Pallas fue una maravillosa madre adoptiva. Llevaba a Skosha durante los viajes, la esperaba, le daba comida y era notablemente paciente con esta pequeña, que, cuando las cosas no iban bien, cogía a menudo violentas rabietas. Al cabo de un año Pallas volvió a dar a luz una cría que debió de caer víctima de los ataques de Passion y Pom. Al año siguiente, sin embargo, Pallas tuvo otro bebé, que sobrevivió, y para entonces Skosha ya era un miembro plenamente integrado de la familia. Y fue una encantadora familia también para Pallas, que, aunque no era una hembra muy sociable, era una madre juguetona cuya pequeña Kristal, extrovertida y emprendedora, se convirtió en nuestra favorita. Pero una obstinada mala suerte seguía a Pallas: cayó enferma y murió cuando Kristal tenía cinco años. Y así Skosha, después de perder a su propia madre, perdió también a su madre adoptiva.

Yo llegué a Gombe poco después. Era descorazonador ver a las dos huérfanas. Skosha hacía lo imposible para cuidar a Kristal, pero la cría se deprimió y se volvió letárgica, y la misma Skosha, que entonces tenía diez años, parecía sola y desamparada. Se veía que le costaba decidir cualquier acción. ¿Adónde ir? ¿Qué comer? ¿Cuándo hacer los nidos? Kristal se mantenía muy unida a Skosha mientras las dos vagaban desanimadas a través de la selva, dos crías perdidas en el bosque. Todos esperábamos que Kristal sobreviviera, pero continuó languideciendo y nunca recuperó su ánimo anterior. Nueve meses después de que Pallas muriese, Kristal desapareció.

En 1987 una epidemia de neumonía barrió a la población chimpancé de Gombe. Muchos miembros de la comunidad de Kasekela cayeron enfermos, y aunque algunos, como Evered, Fifi y Gremlin, se recuperaron maravillosamente, murieron nueve chimpancés. Jomeo, Satán y Little Bee estaban entre los que se fueron. Otra fue Miff, a la que conocía desde que era una cría en 1964. Unos años antes de morir, Miff había tenido una familia floreciente. Pero, primero, Michaelmas (cuya cojera, incidentalmente, había desaparecido) enfermó y murió infestado de parásitos internos. Luego el joven Mo había muerto tras una larga enfermedad. Y ahora la propia Miff se había ido, dejando a su hijito enfermo de tres años, el pequeño Mel. Estaba totalmente solo en el mundo; la hija mayor de Miff, Moeza, aún vivía, pero había emigrado, tres años antes, a la comunidad de Mitumba.

Yo estaba en los Estados Unidos en mi gira anual de conferencias de primavera cuando recibí una carta de Gombe en la que me comunicaban las noticias. Mel estaba muy débil. Vagaba detrás de distintos individuos, principalmente machos adultos, pero aunque todos le toleraban, ninguno mostró por él un interés especial. No esperaba volver a ver a Mel de nuevo. Incluso antes de la muerte de Miff estaba tan delgado, con la barriga tan hinchada y en tal estado de letargia, que envié una muestra fecal para que la analizasen; el informe indicaba una abundante presencia de distintos tipos de parásitos internos y no daba muchas esperanzas. Pero entonces recibí un telegrama, *Mel adoptado por Spindle*. Me quedé sorprendida, ya que Spindle, el hijo de doce años del viejo Sprout, no tenía, que nosotros supiéramos, la menor conexión con Miff. ¿Podía durar una relación así?

Poco después de volver a Gombe me encontré con Mel, aún vivo y con Spindle. Mirando al pequeño huérfano, con su panza hinchada, sus delgados brazos y piernas y su pelo mate, me maravillé del valiente espíritu combativo que le había permitido, contra todos los obstáculos, aferrarse a la vida. Me maravillé también por el interés y el afecto demostrados por su cuidador. Spindle había sido huérfano, ya que Sprout había muerto durante la misma epidemia que se llevó a Miff y a los demás. Desde luego, ya podía cuidarse solo: pero ¿era, quizás, la sensación de pérdida, un sentimiento de soledad, lo que le llevó a mantener esa relación con Mel? Cualquiera que fuese la razón, Spindle resultó ser un fabuloso cuidador. Compartía su nido nocturno con Mel, y también la comida. Se esforzaba en proteger al pequeño, apresurándose a retirarlo cuando los machos adultos parecían excitados. Cuando Mel gemía durante los viajes, Spindle le esperaba y le permitía subirse a su espalda o incluso, si llovía y hacía frío, agarrarse en posición abdominal. De hecho lo llevaba tan a menudo que el pelo aparecía gastado allí donde Mel se cogía con los pies, y de hecho Spindle tenía dos grandes manchas blancas peladas, una a cada lado.

El principal problema que tenía que afrontar Mel, además de la pérdida de su madre y su pesada carga de parásitos y suciedad en general, era que Spindle viajaba con machos adultos y en aquella época del año recorrían grandes distancias diariamente, buscando frutos de *mbula* caídos. A menudo salían hacia el límite norte de su territorio durante estas expediciones en busca de alimento, y varias veces, después de escuchar las llamadas de los machos de la poderosa comunidad de Mitumba, volvían silenciosa y rapidísimamente hacia el centro de su territorio. Era duro para el pequeño Mel, porque Spindle, aunque era muy paciente, no siempre esperaba a su pequeña carga. Mel tenía que hacer gran parte del recorrido por su cuenta.

La mayoría de los otros chimpancés, particularmente los machos adultos, eran sorprendentemente amables y tolerantes en sus contactos con el huérfano. Podía aproximarse sin temor a cualquiera de ellos para pedirles comida, e incluso insistía en hacerse con una parte de la carne después de una matanza, cuando la tensión está al máximo entre los competidores. La presunción de Mel provocaba a lo sumo alguna suave amenaza que le llevaba invariablemente a coger una rabieta. Y a menudo tenía éxito en sus intentos de pedir un trozo.

Hacia finales de julio, Spindle y Mel se separaron. Mel estaba muy angustiado. Durante unos días siguió a uno u otro de los machos adultos, llegando incluso a saltar a sus espaldas en momentos de súbita excitación. Pero luego encontró un sustituto temporal de Spindle. Increíblemente, fue Pax quien lo acogió.

Esto sucedió cinco años después de la muerte de Passion, cuando Pax tenía diez, aunque era muy pequeño para su edad, como la mayoría de huérfanos que sobreviven a la pérdida de sus madres. Era aún inseparable de Prof; el vínculo entre ambos era más estrecho que nunca. Jamás olvidaré ese verano y los días que pasé con los dos hermanos y el pequeño Mel. Prof casi siempre iba el primero mientras Pax, con Mel colgado a su espalda, seguía detrás de su hermano por caminos y torrentes. Incluso llevaba su carga a los árboles más altos. No pasó mucho tiempo antes de que Pax desarrollase el distintivo del cuidador: una mancha blanca pelada a cada lado del abdomen. Aunque los tres parecían llevarse muy bien, después de unas semanas Mel se reunió con Spindle y ambos fueron inseparables durante varios meses.

Un año después de perder a su madre, Mel parecía un poco más sano: sus brazos y piernas ya no eran como palillos, su barriga había disminuido y su pelo era más grueso y brillante. También estaba menos deprimido, se mostraba menos tímido y de vez en cuando se unía a otros jóvenes para jugar. Aunque la mejoría de su salud se debió en parte al hecho de que le habíamos suministrado cierta medicación para los parásitos, hay pocas dudas de que Mel sobrevivió gracias al trato que recibió de Spindle. Cuando tenía cuatro años, sin embargo, Mel empezó a pasar menos tiempo con su benefactor, y gradualmente, durante el año siguiente, el vínculo que existía entre ellos se debilitó.

Esto ocurrió cuando Mel empezó a viajar con Gigi cada vez más a menudo. Y con ellos casi siempre iba Darbi, cuya madre, Little Bee, había muerto en la misma epidemia que se llevó a Miff. Darbi tenía un hermano mayor, y yo esperaba que la cuidase, pero aunque había pasado mucho tiempo con él durante las semanas siguientes a la muerte de su madre, los dos nunca se llevaron muy bien. En su lugar, Darbi se unió temporalmente a dos adolescentes, un macho y una hembra, antes de juntarse con Gigi. Con el tiempo comenzó a ser habitual ver a Gigi, a Darbi y a Mel juntos, la gran hembra sin hijos al frente y los dos pequeños sin madre detrás.

La relación de Gigi con estos huérfanos es de naturaleza distinta a la que forjara con otras crías jóvenes en el pasado. En aquellos casos era Gigi la que deseaba la asociación: no sólo tenía que esforzarse por atraer a las propias crías, sino que también tenía que atraer, hasta cierto punto, a las madres. Ahora, sin embargo, han sido Mel y Darbi los que han elegido unirse a Gigi. Gigi les muestra cierto afecto y sus amistosas interacciones son, en su mayor parte, simples acicalamientos. Pero les proporciona el apoyo que necesitan en un mundo a menudo hostil. ¡Pobre del turbulento adolescente cuya conducta haga gritar a sus protegidos! Allí estará Gigi para protegerles. Cuando están con ella, pueden relajarse hasta cierto punto, sabiendo que ella tomará todas las decisiones en cuanto a recordar los caminos, los sitios para dormir, etc. Pero cuando Gigi está en celo y viaja con los machos, Mel y Darbi no siempre la siguen, y a veces optan por quedarse solos, lejos de la excitación y la conmoción de los grandes grupos.

Estas dos crías han sobrevivido, pero la carga psicológica de sus penosas experiencias nunca los abandonará. Cuando miras sus ojos, parecen carecer del brillo y la curiosidad de los de los jóvenes normales de su edad. En muchos aspectos se comportan como adultos: sus movimientos son deliberados y pasan mucho tiempo descansando y acicalándose solos. Raramente juegan, y cuando lo hacen, no es con la exuberancia y agitación propias de su edad, sino lenta y tranquilamente. ¿Como se comportarán como adultos, ellos y cuantos han sufrido similares traumas en sus primeros años? Sólo obtendremos las respuestas esperando, esperando pacientemente, observando y registrando. Cuando llegué por primera vez a Gombe, los estudios de campo de un año de duración eran desconocidos. Louis Leakey predijo que llevaría unos diez años empezar a comprender a los chimpancés. ¡Qué contento estaría si pudiera ver que la investigación que surgió de su sabiduría está iniciando su cuarta década!

18. Tendiendo un puente

Louis Leakey me envió a Gombe con la esperanza de que una mejor comprensión de la conducta de nuestros parientes más cercanos abriera una nueva ventana hacia nuestro pasado. Había acumulado abundantes pruebas que le permitieron reconstruir las características físicas de los primeros habitantes humanos de África, y pudo especular sobre el uso de diversas herramientas y otros artefactos encontrados en los sitios donde vivían. Pero la conducta no se fosiliza. Su curiosidad por los grandes monos se debía a la convicción de que comportamientos comunes entre el hombre actual y los chimpancés actuales podían estar presentes en nuestro antepasado común y, por lo tanto, en los primeros hombres. Entre sus contemporáneos, Louis fue un precursor en cuanto a las ideas, y hoy su aproximación parece más valiosa a la vista del sorprendente descubrimiento de que, como ya he mencionado, el ADN humano sólo difiere del ADN del chimpancé en algo más del uno por ciento.

Existen grandes similitudes entre la conducta del hombre y la del chimpancé: los lazos afectivos y de apoyo entre los miembros de la familia, el largo periodo de dependencia de la infancia, la importancia del aprendizaje, los patrones de comunicación no verbal, el uso y la fabricación de herramientas, la cooperación en la caza y una territorialidad agresiva, por citar sólo unas cuantas. Las similitudes en la estructura del cerebro y del sistema nervioso central han conducido a habilidades intelectuales, sensibilidades y emociones parecidas en las dos especies. Que esta información acerca de la historia natural de los chimpancés ha servido de ayuda a aquellos que estudian a los primeros hombres ha quedado demostrado, una y otra vez, por la frecuencia con la que los textos de antropología hacen referencia a los chimpancés de Gombe. Desde luego, las teorías sobre el comportamiento de los primeros hombres no pueden ser otra cosa que especulaciones; no disponemos de una máquina del tiempo y por tanto no podemos presenciar el amanecer de estas especies para observar su conducta o seguir el desarrollo de nuestros antepasados: si investigamos para comprender algo acerca de estas cosas, debemos sacar el máximo jugo de la menor evidencia disponible. Por lo que a mí respecta, las ideas de los primeros humanos atrapando insectos con palos y limpiándose con hojas parecen sensatas. Pensar en nuestros ancestros saludándose y tranquilizándose uno a otro con besos o abrazos, cooperando en la protección de su territorio o en la caza y compartiendo comida es una idea atractiva. La idea de que existían estrechos lazos afectivos entre la familia de la Edad de Piedra, de hermanos ayudándose, de jóvenes adolescentes reclamando la protección de sus viejas madres, de hijas adolescentes cuidando de los bebés dota de vida las fosilizadas reliquias de sus identidades físicas.

Pero el estudio en Gombe ha hecho bastante más que proporcionar material sobre el que basar nuestras especulaciones acerca de la vida humana prehistórica. La apertura de esta ventana hacia la vida de nuestros parientes vivos más cercanos nos ha proporcionado una mejor comprensión no sólo del lugar que ocupan los chimpancés en la naturaleza, sino también del lugar que ocupa el *hombre* en la naturaleza. Sabiendo que los chimpancés poseen capacidades cognitivas que en otros tiempos se creyeron únicas del hombre; sabiendo que (junto con otros animales «mudos») pueden razonar, sienten emociones, dolor y miedo, nos sentimos humildes. No estamos, como creíamos, separados del resto del reino animal por un abismo infranqueable. Sin embargo, no debemos olvidar ni por un instante que, aunque no nos diferenciamos de los monos en cuanto a clase, sino sólo en cuanto a grado, este grado es abrumadoramente grande. Comprender la conducta del chimpancé ayuda a iluminar ciertos aspectos de la conducta humana que son únicos y que *nos* diferencian de los otros primates vivos. Sobre todo, hemos desarrollado habilidades intelectuales que empequeñecen las del mejor de los chimpancés. A causa de que el salto entre el cerebro humano y el de nuestro pariente vivo más cercano, el chimpancé, era extraordinariamente grande, los paleontólogos buscaron durante años un esqueleto medio-humano, medio-mono, que tendiera un puente sobre la brecha entre seres humanos y no humanos. De hecho este «eslabón perdido» está formado por una serie de cerebros desaparecidos, cada uno más complejo que el anterior: cerebros que están definitivamente perdidos para la ciencia excepto por las débiles huellas que dejaron en los cráneos fósiles; cerebros que contenían, en sus intrincadas circunvoluciones, el dramático serial de la historia del desarrollo del intelecto que ha conducido hasta el hombre moderno.

De todas las características que diferencian a los humanos de sus primos no humanos, la habilidad de comunicarse a través del uso de un sofisticado lenguaje hablado es, creo yo, la más significativa. En cuanto nuestros antepasados adquirieron esta poderosa herramienta, pudieron comentar los acontecimientos del pasado y realizar complejos planes a corto y largo plazo. Podían enseñar a sus hijos explicándoles las cosas, sin necesidad de demostración práctica. Las palabras otorgaron sustancia a pensamientos e ideas que, faltos de expresión, podían haber permanecido indefinidos y carentes de valor práctico para siempre. La interacción mente con mente amplió las ideas y agudizó los conceptos. A veces, observando a los chimpancés, llegué a sentir que, al no disponer de un lenguaje como el humano, están cogidos en su propia trampa. El conjunto de sus llamadas, posturas y gestos forma un rico repertorio, un complejo y sofisticado método de comunicación. Pero es no verbal. Pensaba en cuánto más podrían hacer si pudiesen *hablar* unos con otros. Es verdad que podemos *enseñarles* a usar los signos o símbolos de una especie de lenguaje humano.

Y que tienen habilidades cognoscitivas con las que combinar estos signos en frases con sentido. Mentalmente, al menos, podría parecer que los chimpancés están en el umbral de la adquisición del lenguaje. Pero es obvio que aquellas fuerzas que empujaron a los hombres a empezar a hablar no han desempeñado papel alguno en la configuración del cerebro del chimpancé.

Los chimpancés también están en el umbral de otra conducta que es únicamente humana: la guerra. La guerra humana, definida como *conflicto armado organizado entre grupos,* ha influido profundamente en nuestra historia desde la noche de los tiempos. Allí donde se hallara, el ser humano ha librado, en un momento u otro, alguna clase de guerra. Así, parece más que probable que unas formas de guerra primitivas estuviesen presentes en nuestros primeros antecesores y que los conflictos de este tipo desempeñasen un papel en la evolución humana. Se ha sugerido que la guerra puede haber supuesto una considerable presión selectiva en el desarrollo de la inteligencia y en una cooperación cada vez más sofisticada. Se trataría de un proceso escalonado: cuanto mayores fueran la inteligencia, la cooperación y la valentía de un grupo, mayor sería el desafío a sus enemigos. Darwin fue uno de los primeros en sugerir que la guerra podría haber ejercido una poderosa influencia en el desarrollo del cerebro humano. Otros han postulado que la guerra podría ser responsable de la gran diferencia entre el cerebro humano y el de nuestros más cercanos parientes, los grandes monos: los grupos homínidos con cerebro inferior no podían ganar guerras y eran exterminados.

Así pues, es fascinante y a la vez sorprendente aprender que los chimpancés muestran una conducta territorial hostil y agresiva no muy distinta de ciertas formas de la guerra humana primitiva. Algunas tribus, por ejemplo, llevan a cabo incursiones en cuyo transcurso «acechan o se acercan sigilosamente al enemigo, usando tácticas reminiscentes de la caza», escribe el etólogo Renke Eiblibesfeldt, que ha estudiado la agresión en pueblos de todo el mundo. Mucho antes de que la guerra sofisticada evolucionase en nuestra propia especie, los antecesores prehumanos deben de haber mostrado preadaptaciones similares –o idénticas– a las mostradas por los chimpancés actualmente, tales como la vida en grupo, la cooperación territorial, la colaboración en la caza y el uso de armas. Otra preadaptación necesaria habría sido el temor o el odio inherente a los desconocidos, a veces expresado en ataques agresivos. Pero atacar a individuos adultos de la misma especie es siempre un asunto peligroso, y por ello, en las sociedades humanas de los tiempos históricos, ha sido necesario entrenar a los guerreros por medios culturales tales como la gloria, la condena de la cobardía, el ofrecimiento de grandes recompensas al valor en el campo de batalla y el énfasis en la conveniencia de practicar deportes «viriles» durante la infancia. Los chimpancés, sin embargo, particularmente los machos adultos jóvenes, encuentran los conflictos intergrupos claramente atractivos, a despecho del peligro. Si los jóvenes machos prehumanos también encontraron excitantes los encuentros de este tipo, esto habría proporcionado una base biológica firme para la glorificación de los guerreros y de la guerra.

Entre los humanos, los miembros de un grupo pueden verse a sí mismos muy distintos de los miembros de otro grupo y pueden tratar de manera diferente a los individuos según pertenezcan o no a dicho grupo. En realidad, los miembros que no son del grupo pueden incluso ser «deshumanizados» y considerados casi como criaturas de otra especie. Cuando esto sucede, la gente se libera de cuantas inhibiciones y sanciones sociales operan dentro de su grupo, y así pueden comportarse con los miembros de otro grupo de un modo que no tolerarían en el suyo. Entre otras cosas, esto conduce a las atrocidades de la guerra. Los chimpancés también muestran una conducta diferente con respecto a los que son de su grupo y a los que no lo son. Su sentido de identidad de grupo es fuerte, y reconocen claramente a los que *pertenecen* a él y a los extraños: los que no son miembros de la comunidad pueden ser atacados tan ferozmente que pueden morir de sus heridas. Y esto no es simplemente un «miedo a los extraños»; los miembros de la comunidad de Kahama eran conocidos por los agresores de Kasekela y, sin embargo, eran atacados con brutalidad. Al separarse, fue como si perdiesen su «derecho» a ser tratados como miembros del grupo. Además, algunas formas de ataque dirigidas a miembros de otros grupos nunca se han observado entre individuos de la misma comunidad: miembros dislocados, piel arrancada o ingesta de sangre. Las víctimas han sido así, con toda intención y propósito, «despojadas de su condición de chimpancés», ya que estas formas de ataque son las que suelen observarse cuando un chimpancé está intentando matar una presa animal adulta, un animal de otra especie.

Los chimpancés, como resultado de una conducta desacostumbradamente hostil y violentamente agresiva con respecto a individuos que no pertenecen al grupo, han alcanzado claramente un nivel en el que están cerca de la capacidad de destrucción, crueldad y planificación de conflictos de los hombres. Si desarrollasen algún día el poder del lenguaje, ¿no podrían abrir la puerta y declarar la guerra a los mejores de nosotros?

¿Y la otra cara de la moneda? ¿A qué nivel están los chimpancés respecto a nosotros en cuanto a la expresión del amor, la compasión y el altruismo? Dado que la conducta brutal y violenta es fácil de observar, es fácil también quedarse con la impresión de que los chimpancés son más agresivos de lo que son en realidad. De hecho, las interacciones pacíficas son mucho más corrientes que los agresivas; las amenazas débiles son más comunes que las fuertes; las amenazas son mucho más frecuentes que las peleas, y los combates serios con resultado de lesiones son raros comparados con otros de corta duración y relativamente inocuos. Además, los chimpancés poseen un rico repertorio de conductas que sirven para mantener o restaurar la armonía social y promover la cohesión entre los miembros de la comunidad. Los abrazos, besos, palmaditas y apretones de mano sirven como saludos después de una separación, o son utilizados por los individuos dominantes para tranquilizar a sus subordinados después de una agresión. Las largas y pacíficas sesiones de relajado acicalamiento, compartir la comida, el interés por los enfermos o los heridos, la disposición para ayudar a compañeros en peligro, incluso cuando comporta arriesgar la vida o algún miembro, todas estas conductas reconciliadoras, amistosas y de ayuda están, sin duda, muy cerca de nuestras cualidades de compasión, amor y sacrificio.

En Gombe el cuidado de los enfermos no es una conducta habitual entre los chimpancés no emparentados. De hecho, un individuo malherido es a veces esquivado por los que no son familiares suyos. Cuando Fifi, que tenía una herida abierta en la cabeza, solicitaba repetidamente acicalamiento a los otros miembros de su grupo, ellos miraban la herida (donde se podían ver gusanos y moscas) y se iban corriendo. Pero su hijo la acicalaba cuidadosamente alrededor de la herida y a veces la lamía. Y cuando la vieja Madam Bee yacía moribunda después de un asalto de los machos de Kasekela, Honey Bee pasaba muchas horas cada día acicalando a su madre y apartando a las moscas de sus terribles heridas. Hay grupos de chimpancés cautivos, cuyos individuos han crecido juntos y que se conocen como si fueran de la misma familia, que celosamente se quitarán mutuamente el pus de las heridas y se sacarán espinas. Uno de ellos sacó un grano de arena del ojo de un compañero. Una joven hembra desarrolló la costumbre de limpiar los dientes de sus compañeros con palitos. Encontraba la tarea particularmente fascinante cuando los dientes de leche estaban gastados y flojos, ¡e incluso realizó un par de extracciones! Tales manipulaciones se deben en su mayor parte a la fascinación por la actividad en sí misma y casi siempre se derivan del acicalamiento social. Los resultados, sin embargo, son a veces beneficiosos para los receptores, y, junto al interés tan a menudo mostrado por los miembros de la familia, este tipo de conducta proporciona una base biológica para que surja el cuidado compasivo de la salud en el hombre.

Entre los primates no humanos en libertad es raro que los adultos compartan comida con otros, aunque es característico que las madres la compartan con sus crías. En la sociedad chimpancé, sin embargo, incluso los adultos no emparentados la comparten frecuentemente con otros, aunque es más probable que lo hagan con parientes y con sus mejores amigos. En Gombe se ha observado que los adultos comparten con más frecuencia cuando comen carne; el que la posee permite al que suplica con una mano extendida u otro gesto de solicitud que arranque un pedazo. En este aspecto algunos individuos son mucho más generosos que otros. A veces otras comidas escasas, como las bananas, se comparten también. Entre los chimpancés cautivos se ha podido observar que comparten mucho. Wolfgang Kohler, «en interés de la ciencia», encerró una vez al joven macho Sultán en una jaula sin su cena, mientras alimentaba fuera a la vieja hembra Tschego. Cuando ésta se sentó a comer, Sultán cayó en un frenesí llamándola, gimiendo, gritando, tendiendo sus brazos hacia ella e incluso lanzándole paja. Finalmente (cuando ya estaba seguramente ahíta), ella reunió cierta cantidad de comida y la empujó hasta la jaula.

Los científicos suelen explicar el hecho de que los chimpancés compartan la comida como la mejor manera de librarse de algo molesto: las súplicas de un compañero. A veces esto es indudablemente cierto, ya que los suplicantes pueden ser extraordinariamente persistentes. A menudo, el individuo que posee el objeto deseado demuestra una paciencia y tolerancia realmente notables.

Por ejemplo, en una ocasión la vieja Flo quería el pedazo de carne que Mike estaba masticando. Le suplicó, con las dos manos en su hocico, durante más de un minuto. Poco a poco fue acercando sus labios más y más hasta ponerlos a menos de tres centímetros de los de Mike. Al final él la recompensó, pasándole el trozo (bien masticado para entonces) directamente de su boca a la suya. ¿Y qué decir de la alimentación de Tschego al joven Sultán? Ella debió de hartarse de su rabieta, pero podría haberse alejado. Robert Yerkes cuenta que ofrecieron a una hembra zumo de fruta con una taza a través de las barras de su jaula. Ella se llenó la boca y luego, respondiendo a las súplicas que llegaban de la jaula vecina, fue hasta allí y transfirió el zumo a la boca de su amigo. Luego volvió por más y se lo dio de la misma manera. Y así continuó hasta que vació la taza.

Hacia el final de la vida de Madam Bee hubo en Gombe un verano desacostumbradamente seco y los chimpancés se vieron obligados a cubrir grandes distancias entre una fuente de comida y la siguiente. Madam Bee, vieja y enferma, a veces se cansaba tanto durante estos trayectos que no le quedaban energías ni para trepar cuando llegaba. Sus dos hijas daban grititos de alegría y subían a comer, pero ella simplemente se quedaba abajo, exhausta. En tres ocasiones distintas Little Bee, la hija mayor, después de comer durante unos diez minutos, bajó con comida en la boca y en una mano y la colocó en el suelo junto a Madam Bee. Las dos permanecieron sentadas, juntas, comiendo. La conducta de Little Bee no fue sólo una prueba de donación voluntaria, sino que demostró también que comprendía las necesidades de su vieja madre. Sin este tipo de comprensión no puede haber empatía ni compasión. Y, tanto en los chimpancés como en los humanos, éstas son las cualidades que llevan a la conducta altruista y abnegada.

En la sociedad chimpancé, aunque la mayor parte de los riesgos se corren para beneficiar a familiares, hay ejemplos de individuos que se arriesgan a resultar heridos o a morir para ayudar a compañeros que no son de su familia. Evered se expuso una vez a la furia de un babuino macho adulto para rescatar al adolescente Mustard, que chillaba, atrapado, durante una cacería de babuinos. Y cuando una hembra enfurecida cogió a Freud durante una cacería de jabalíes salvajes, Gigi puso en peligro su vida por salvarlo. La hembra de jabalí lo había cogido por detrás, y Freud, tras soltar al jabato, lloraba y luchaba por escapar cuando llegó Gigi con el pelo erizado. La hembra volvió para atacar a Gigi, y Freud, sangrando, pudo escapar trepando a un árbol.

En algunos zoológicos los chimpancés se mantienen en islas artificiales rodeadas de fosos llenos de agua. También de aquí nos han llegado relatos de heroísmo. Los chimpancés no saben nadar, y a menos que sean rescatados, se ahogan si caen en aguas profundas. A pesar de esto, algunos individuos han llevado a cabo en ocasiones esfuerzos heroicos para salvar a sus compañeros de morir ahogados, y a veces con éxito. Un macho adulto perdió la vida cuando intentaba rescatar a un pequeño cuya incompetente madre había permitido que cayese en el agua.

Todas aquellas especies animales en las que los padres dedican tiempo y energías a criar a sus hijos arriesgarán la vida cuando la ocasión lo requiera en defensa de sus vástagos. Es mucho más raro que un adulto muestre ese comportamiento con respecto a un individuo que no sea de su familia. Después de todo, si prestas ayuda a un familiar que lleva parte de tus mismos genes, dicha acción beneficiará a tu clan en su lucha por sobrevivir, aun en el caso de que resultes herido en el proceso. De estas raíces básicamente egoístas surgió la forma más sofisticada de altruismo: la del que ayuda a otro cuando con ello no gana nada para sí mismo o para los suyos.

A medida que los antepasados de los chimpancés (e, incidentalmente, los nuestros) fueron desarrollando gradualmente cerebros más complejos, el periodo de dependencia infantil se fue alargando y la madre se vio obligada a emplear cada vez más tiempo y energía en el cuidado de la familia. El vínculo entre madre e hijo se hizo más duradero. Las descendientes de las madres más cuidadosas y eficientes llegaron a ser, a su vez, madres buenas y cuidadosas con tendencia a producir más progenie. Las jóvenes no tan bien cuidadas tenían menos oportunidades de sobrevivir, y las que sobrevivían solían ser débiles y con menos probabilidades de crear familias numerosas. Así, el amor y el cuidado competían, en sentido genético, con otras conductas más egoístas. A lo largo de eones, la tendencia a ayudar y proteger, que originariamente se desarrolló para la crianza eficaz de los jóvenes, se infiltró gradualmente en la estructura genética del chimpancé. Hoy observamos, una y otra vez, que la angustia de un miembro de la comunidad, no pariente pero sí conocido, puede suscitar auténtica preocupación y deseo de ayudar en un compañero.

Compasión y autosacrificio constituyen dos de las cualidades más valoradas en nuestra civilización occidental. En algunos casos –como cuando alguien arriesga su vida para salvar a otro– el acto altruista viene probablemente motivado por el mismo complejo de conductas de asistencia que hace que un chimpancé ayude a un compañero. Pero hay incontables ejemplos en que el resultado queda oscurecido por factores culturales. Si sabemos que otro, especialmente un familiar cercano o un amigo, está sufriendo, nosotros mismos nos sentimos emocionalmente afectados, a veces hasta llegar a la angustia. Sólo ayudando (o intentando ayudar) podemos aliviar nuestro dolor. ¿Significa, entonces, que cuando actuamos altruistamente lo hacemos sólo para calmar nuestra conciencia? ¿Que nuestra ayuda, en resumidas cuentas, no surge sino de un deseo egoísta de tranquilizar nuestra conciencia? Se puede especular interminablemente sobre los motivos del hombre para ayudar a los demás. ¿Por qué enviamos dinero para los niños hambrientos del Tercer Mundo? ¿Porque otros nos aplaudirán y nuestra reputación mejorará? ¿O porque los niños hambrientos despiertan en nosotros un sentimiento de piedad que nos incomoda? Si nuestro motivo es mejorar socialmente o aliviar nuestra incomodidad mental, ¿no es la nuestra una acción básicamente egoísta? Es posible, pero creo firmemente que no deberíamos permitir que argumentos reduccionistas de tal suerte puedan desvirtuar aquello que inspira muchos actos humanos de altruismo. El hecho de que nos sintamos angustiados por el dolor de individuos que no conocemos lo dice todo.

Somos, desde luego, una especie compleja e infinitamente fascinante. Llevamos en nuestros genes, transmitidos desde nuestro lejano pasado, tendencias agresivas profundamente arraigadas. Nuestros patrones de agresión difieren poco de los que vemos en los chimpancés. Pero mientras que éstos tienen, hasta cierto punto, conciencia del dolor que pueden causar a sus víctimas, sólo nosotros, creo yo, somos capaces de infligir una auténtica crueldad: la de causar deliberadamente dolor físico o mental a criaturas vivas, a pesar, o incluso a causa, de nuestro conocimiento exacto del dolor que provocamos. Sólo nosotros podemos torturar. Sólo nosotros, ciertamente, somos capaces de ejercer el mal.

Pero no olvidemos tampoco que el amor y la compasión están igualmente arraigados en nuestra herencia como primates, y en esta esfera también nuestra sensibilidad es de un orden superior en magnitud a la de los chimpancés. El amor humano, en su máxima expresión, el éxtasis derivado de la unión perfecta entre el cuerpo y la mente, lleva a unas alturas de pasión, comprensión y ternura que no pueden experimentar los chimpancés. Y mientras que éstos responden, realmente, a la inmediata necesidad de un compañero en apuros, aunque ello suponga un riesgo para sí mismos, sólo un ser humano es capaz de realizar actos de autosacrificio con *pleno* conocimiento del precio que quizás tenga que pagar no sólo en ese momento, sino también, quizá, en el futuro. Un chimpancé no posee la capacidad conceptual de convertirse en mártir y ofrecer su vida por una causa.

Así, puesto que nuestra «maldad» es peor, inconmensurablemente peor, que la peor de las acciones concebibles en nuestros parientes más cercanos, consolémonos pensando que nuestra bondad puede ser incomparablemente mejor. Además, hemos desarrollado un sofisticado mecanismo, el cerebro, que nos permite, si así lo queremos, controlar nuestra odiosa tendencia, heredada, a la agresión. Lamentablemente, hemos tenido poco éxito a este respecto. Sin embargo, deberíamos recordar que somos la única forma de vida en el planeta capaz de reprimir, por elección consciente, los dictados de nuestra naturaleza biológica. Al menos, eso es lo que yo creo.

En cuanto a los chimpancés. ¿Se encuentran al final de su progreso evolutivo? ¿O existen presiones en su hábitat forestal que, con el tiempo, los situarán en el camino que tomaron nuestros antecesores prehistóricos, produciendo simios que serán cada vez más humanos? Parece improbable; la evolución no se repite a menudo a sí misma. Probablemente los chimpancés se convertirán en algo cada vez más *diferente;* por ejemplo, podrían desarrollar el lado derecho del cerebro a expensas del izquierdo.

Pero la cuestión es puramente académica. No tendrá respuesta hasta dentro de miles de años, aunque *ahora* ya está claro que los días de los grandes bosques africanos están contados. Si los chimpancés sobreviven en libertad, será en parcelas aisladas de bosque, avaramente concedidas, en las que las posibilidades de cambios genéticos entre los distintos grupos sociales serán limitadas o imposibles. Y, a menos que actuemos pronto, nuestros parientes más cercanos sólo existirán en cautividad, condenados, como especie, a ser esclavos del hombre.

19. Para vergüenza nuestra

Incluso los chimpancés de Gombe están amenazados por la imparable marcha de la expansión humana. Estaba pensando en esto durante una de mis recientes visitas mientras seguía a un gran grupo hacia los prados abiertos de las cumbres de la cordillera. Me hallaba sin aliento cuando llegamos a nuestro destino, una gran arboleda de *muhandehande.* Cuando los chimpancés, con sonoras expresiones de alegría, empezaron a comer las dulces frutas, me senté en una roca que, a la sombra de un arbolito, conservaba aún el frescor de la brisa nocturna. Nos hallábamos casi en la cumbre del mundo de los chimpancés, bajo el pálido cielo de la mañana. A nuestros pies la tierra descendía, abruptamente unas veces, suavemente otras, hacia el gris azulado del lago Tanganica. Líneas y manchas verdes emergían justo debajo de los dorados montecillos y de las resecas laderas superiores, y, gradualmente, se oscurecían y espesaban para luego converger en un laberinto de barrancos y gargantas hundidos en los valles densamente poblados de árboles. Hacia el norte y hacia el sur, un valle sucedía a otro valle, llevando cada uno sus arroyos de rápida corriente hacia el oeste, desde la divisoria de aguas, en las cumbres, hasta el lago.

El Parque Nacional de Gombe, una estrecha franja de terreno accidentado de tres kilómetros de ancho y no más de dieciséis kilómetros de longitud que se extiende a lo largo de la orilla este del lago, constituye un pequeño y lastimoso baluarte para las tres comunidades de chimpancés que viven allí. Porque, aunque se mueven libremente, están efectivamente prisioneros; su refugio está rodeado por tres de sus lados por poblados y tierra cultivada, mientras que en la cuarta frontera, la orilla del lago, permanecen acampados más de mil pescadores. Sin embargo, estos ciento sesenta chimpancés están más seguros que casi todos los otros chimpancés libres de África, excepto aquellos que ocupan los pocos sitios que quedan, sitios absolutamente remotos, en la zona central del límite de la especie. Por lo menos, en Gombe no hay caza furtiva.

Permanecí allí sentada disfrutando de la fresca brisa y contemplando el reducido reino de los chimpancés. Cuando llegué a Gombe en 1960, se podía subir a la cumbre de la cordillera y al este; hasta donde se extendía la mirada, todo estaba habitado por chimpancés. Los bosques, santuarios de la vida salvaje, se extendían sin interrupción desde el extremo norte del lago hasta la frontera sur de Tanzania y más allá. Entonces debían de vivir en Tanzania cerca de diez mil chimpancés, mientras que en la actualidad no quedarán más de dos mil quinientos.

Pero muchos de los que quedan están protegidos en dos parques nacionales, el de Gombe y el mucho mayor de las montañas de Mahale, en el sur. Hay también algunas reservas donde los chimpancés todavía viven en relativa seguridad. Ninguno de los pueblos de Tanzania come carne de chimpancé ni la exportación de chimpancés vivos ha sido nunca un negocio floreciente. En la mayor parte de los países africanos en los que todavía viven chimpancés su situación es bastante peor.

A principios de siglo se encontraban chimpancés por cientos de miles en veinticinco naciones africanas. En cuatro países ya han desaparecido completamente. En otros cinco, la población es tan pequeña que la especie no podrá sobrevivir mucho tiempo. En siete países la población no llega a cinco mil. E incluso en los cuatro reductos centrales, los chimpancés están perdiendo terreno ante el crecimiento de las necesidades y las poblaciones humanas. Los bosques son arrasados para viviendas y cultivos. La explotación forestal y minera penetra cada vez más profundamente en sus hábitats naturales, y las enfermedades humanas, a las que todos los chimpancés son susceptibles, penetran con ellas. Además, las menguantes poblaciones de chimpancés se van fragmentando y la diversidad genética se va perdiendo hasta que, en muchos casos, los pequeños grupos de supervivientes no pueden mantenerse mucho tiempo. En algunos países de África Central y Occidental los chimpancés se cazan para su consumo. Pero incluso en lugares donde no se comen, las hembras a menudo son atrapadas o perseguidas con perros y escopetas, o incluso envenenadas para capturar a sus crías y venderlas a negociantes que las introducen en el mercado internacional del espectáculo y de la industria farmacéutica, o las venden como «animales de compañía» a quien las quiera comprar.

Oí unas risas en un árbol cercano. Las dos hijas de Fifí, Fanni y Flossi, ahítas de comida, habían empezado a jugar. Cuando las miré, la cría más reciente de Fifí, el pequeño Faustino, tocó uno de los frutos que su madre estaba masticando y luego se lamió los dedos. Varios chimpancés, saciado su apetito, bajaron al suelo y se tumbaron. Gremlin y Galahad estaban cerca de mí, y aunque yo las observaba, la cría se durmió, relajada por el acicalamiento de los dedos de su madre. Estaban a metro y medio de donde yo me encontraba; una vez más me sorprendió la absoluta confianza que mostraban y experimenté la responsabilidad que sentía con respecto a ellos. Nunca debía quebrar esa confianza. Galahad, quizás soñando, agarró de repente el pelo de su madre. Gremlin respondió instantáneamente cogiéndolo, tranquilizándolo incluso mientras dormía, de manera que volvió a relajarse. Mirándolos pensé, como pienso hoy tan a menudo, en el triste destino de centenares de chimpancés africanos. En las madres muertas, en las crías, arrancadas de sus brazos, que aturdidas, aterrorizadas y heridas se ven arrastradas a una nueva y amarga vida. Una vida estéril y fría, sin los tranquilizadores brazos de su madre, sin el confort y la nutrición de sus pechos.

Todo el repugnante negocio que consiste en capturar crías de chimpancés con cualquier objetivo no es sólo cruel, sino también ineficiente. Las armas de los cazadores son en su mayoría viejas e inseguras. Muchas madres escapan sólo para morir más tarde de sus heridas. Sus crías seguramente también morirán. A menudo sucederá lo mismo con los jóvenes, particularmente cuando las armas son rudimentarias y cargadas con pedazos de metal. Y si otros chimpancés corren en defensa de la madre y el hijo, dispararán también sobre ellos.

Sólo ocasionalmente los cazadores fracasan. Hay una historia verídica de dos cazadores que partieron en busca de un joven chimpancé. Después de tres días, durante los cuales dispararon sobre cuatro madres, tres de las cuales escaparon heridas y la otra fue asesinada junto a su cría, localizaron y mataron a una quinta. Ésta cayó al suelo, con su cría aún viva. El hombre bajó el arma y fue a coger a la aterrorizada cría, que se agarraba con fuerza a su madre moribunda gritando con desesperación. De repente sonó un estruendo en la maleza y un macho chimpancé adulto, con el pelo erizado, cargó hacia ellos. Con un rápido movimiento, arrancó el cuero cabelludo a uno de los cazadores. Agarró al otro y lo lanzó contra unas rocas, rompiéndole varias costillas. Luego cogió a la cría y se la llevó hacia el bosque. Cuando escuché esta historia, creí que el pequeño moriría. Pero eso ocurrió antes de que viésemos a Spindle cuidando al pequeño Mel, lo que nos permitió esperar que el macho justiciero había mostrado una conducta parecida y que el joven era tan tenaz como Mel. Los dos consiguieron llegar a un hospital, y cuando se recuperaron, fueron encarcelados.

Tales incidentes, sin embargo, son poco corrientes. Para la mayoría de las crías la muerte de su madre acaba con su vida en el bosque y provoca una sucesión de experiencias terroríficas. Después de esa brutal separación, la cría debe soportar la pesadilla de un viaje a un poblado nativo o al campamento del comerciante. El cautivo, a menudo con los pies y las manos atados con cuerdas o cables, se ve introducido en una pequeña caja o cesta, o empujado al interior de un saco sofocante. Y con el profundo cambio, con el nuevo ambiente de cautividad, la libertad, la comodidad y la alegría quedan cada vez más lejos. Y no olvidemos que una cría de chimpancé sufre emocional y mentalmente de la misma manera que sufriría un niño.

Muchos jóvenes no sobreviven a estos viajes porque en el camino no reciben la menor atención. Los que resisten llegan en un estado lamentable. Muchos están heridos y todos están deshidratados, hambrientos y conmocionados. Es muy improbable que recobren la confianza y la alegría, ya que las condiciones que prevalecen en tales lugares son generalmente precarias y los niveles de cuidado son atroces. Y mientras esperan el embarque hacia su destino final, más crías morirán. Los supervivientes deben soportar el traslado a distintos lugares del mundo. Los retrasos en los aeropuertos son corrientes, y pocos alimentan a los animales cautivos. A menudo la salida es de hecho ilegal, por lo que los traficantes hacen lo posible por ocultar la naturaleza de la carga. Estos traficantes son los auténticos malvados. Engordan y se enriquecen con la sangre de incontables inocentes, como los que traficaban con esclavos hace muchos años.

Es sorprendente que algunos jóvenes salgan vivos de esos cajones de transporte aéreo, pero a veces lo consiguen, contra todo pronóstico. Como los supervivientes de los campos de concentración del Tercer Reich, estos pequeños chimpancés muestran una sorprendente tenacidad para sobrevivir. Pero incluso su llegada no es necesariamente el final del trayecto; algunos deben viajar por tortuosos caminos para que su país de origen quede disimulado. De esta forma pueden ser importados como *nacidos en cautividad* en países que no pueden importar legalmente chimpancés *nacidos en libertad* procedentes de África. Y por eso el número de vidas malgastadas continúa creciendo. Los jóvenes que, eventualmente, llegan vivos a su destino final suelen estar tan débiles, tan castigados emocionalmente, que es imposible que recuperen la salud. Se ha calculado que entre diez y veinte chimpancés mueren por cada cría que sobrevive al final del primer año en su destino final.

Mis pensamientos se interrumpieron cuando el grupo de chimpancés, alimentado y descansado, empezó a bajar de la montaña. Mientras seguía a Fifi y a su familia, mi placer del principio se vio turbado por una profunda depresión. Ver a Faustino disfrutando de las atenciones de su madre y sus dos hermanas mayores me recordaba constantemente a todas las crías arrebatadas tan bruscamente de parecidos grupos familiares.

¿Qué ocurre con los pocos huérfanos que sobreviven al horror de la captura y el transporte? ¿Qué les ofrecemos como recompensa a su resistencia? Demasiado a menudo, sus vidas serán tan desdichadas y tristes que más les habría valido morir durante aquellos primeros meses de cautiverio a manos humanas. Muchas crías nacidas en cautividad se enfrentan a un futuro igualmente desolador. Lo mejor que estos chimpancés prisioneros pueden esperar es terminar en un buen zoológico. Y es triste decirlo, pero son pocos aún los zoológicos que ofrecen buenas condiciones de vida a los chimpancés. Como los chimpancés adultos son demasiado fuertes y escapan con facilidad, los recintos lo bastante grandes como para proporcionarles un ambiente adecuado son caros. Por eso innumerables chimpancés languidecen en pequeñas celdas con barrotes de acero y suelo de cemento en todas partes del mundo. Algunos de estos desgraciados tienen dos o tres compañeros con quienes compartir su encarcelamiento; otros deben sufrir solos más de cincuenta años de completo aburrimiento. Se frustran y se vuelven apáticos y, finalmente, psicóticos. Las condiciones tienden a ser particularmente tristes en muchos zoológicos africanos y del Tercer Mundo, cosa apenas sorprendente en vista de que también centenares de seres humanos deben soportar allí la miseria. Pero no hay excusa para las sorprendentes condiciones que aún prevalecen en muchos zoológicos de Europa y los Estados Unidos.

Tampoco hay excusa para el abuso de chimpancés jóvenes en la costa sur de España y en las zonas costeras de las Islas Canarias. Estos jóvenes, traídos ilegalmente al país desde África, están sometidos a años de miseria en manos de un grupo de fotógrafos que hacen su negocio durante la temporada vacacional, ofreciendo a los turistas la oportunidad de ser fotografiados sosteniendo a un joven chimpancé vestido con ropas de niño. Las fotos sirven como recuerdo de unas placenteras vacaciones al sol en un país que parece más exótico a causa de la presencia de animales salvajes. Después de todo, no se pueden ver chimpancés en los paseos de Brighton, ni en Blackpool, ni en la Riviera francesa.

El turista casual no tiene ni idea del sufrimiento infligido a estas patéticas crías. Durante el día los obligan a transitar bajo un sol de justicia. Por la noche, a muchos los llevan a clubs nocturnos y discotecas, donde sus ojos se inflaman en una atmósfera cargada de humo y cuyo ruido debe de ser angustioso para sus sensibles tímpanos. Llevan los pies metidos en zapatos que no tienen la forma adecuada para sus dedos. Llevan pañales (que apenas se cambian) bajo unos pantalones de plástico de manera que sus traseros se irritan, con el consiguiente dolor. La mayoría de ellos están muy drogados. Se les disciplina a golpes y a algunos también con la punta de un cigarrillo encendido. A medida que envejecen, se les arrancan los caninos de leche, y a veces también otros dientes, para evitar el riesgo de que muerdan al cliente. A los cinco o seis años son demasiado grandes y fuertes para este trabajo; entonces son sacrificados o vendidos a los comerciantes.

Gracias a los persistentes esfuerzos de una pareja británica que vivía en España, Simon y Peggy Templar, se ha aprobado una nueva legislación que permite a las autoridades confiscar chimpancés sin permiso. Yo estaba presente cuando dos de estos jóvenes fueron trasladados desde el asilo de los Templar en España hasta un refugio en Inglaterra.

Uno de ellos, Charlie, había sido rescatado pocas semanas antes de que llegásemos. Tenía seis o siete años. Le habían arrancado todos los dientes, excepto tres caninos y los molares, que le estaban saliendo. Estaba delgado, casi demacrado. Y sus movimientos eran lentos, como los de un anciano; parecía muy sabio para su edad y abrumado por sus experiencias de la vida. Sus ojos parecían mirar sólo hacia dentro, hacia su sufrimiento.

Un veterinario británico, Kenneth Pack, que había estado ayudando a los Templar durante años, estaba allí con su pistola de dardos somníferos para que los chimpancés pudieran ser introducidos en cajones para el viaje. Cuando disparó a Charlie, éste miró tranquilamente el dardo que sobresalía de su brazo, con su pequeño penacho rojo; luego se lo retiró y lo examinó cuidadosamente. Sacó la aguja y luego intentó volverla a poner. Entonces, ante mi incredulidad, intentó inyectarse a sí mismo. Desde luego fracasó, puesto que ya no había aguja. Vino hacia mí y me entregó la jeringa. Pero cuando se la iba a coger, él dirigió mi mano, sosteniendo la jeringa, hacia su brazo.

Los Templar habían descrito cómo algunos de los jóvenes confiscados que ellos recogieron pasaron los horribles síntomas del «mono», a veces durante varias semanas. Cuando vi a Charlie, con su cara triste, con su vieja cara de joven, me puse enferma. Ahí teníamos un adicto intentando darse un «chute».

Y también están los chimpancés utilizados en la industria del espectáculo, en circos y películas. Desde luego es posible entrenar a los chimpancés con amabilidad, pero las esmeradas actuaciones de los chimpancés estrella, tales como aquellos que aparecen en las películas de Tarzán, *Project X, Bedtime for Bonzo,* etc., se consiguen, casi sin excepción, a base de crueldad. En el plató la brutalidad es infrecuente; no sería tolerada. Pero durante las sesiones de entrenamiento los futuros actores no humanos son rutinariamente golpeados. El entrenador suele utilizar una porra envuelta en papel de periódico. Cuando el entrenamiento continúa en el estudio, en presencia de actores humanos, el rollo de papel de periódico es el símbolo que asegura una obediencia instantánea.

Muchos chimpancés cautivos acaban como mascotas, sobre todo en África. La mayoría pertenecen a expatriados que los rescatan, encorvados y próximos a la muerte, de un mercado o de una cuneta. Sus madres han sido abatidas, troceadas y vendidas como carne. Las crías tienen poca carne y los cazadores, si la suerte les sonríe, pueden sacar más dinero vendiéndolos como animales de compañía. Y así el negocio continúa.

Al principio estos jóvenes son fáciles de cuidar en casa. Vestidos con pañales, son como muñecos vivos, dóciles, afectuosos y graciosos. Pueden estar mimados y bien cuidados, y cuando los propietarios se toman la molestia de proporcionarles una dieta nutritiva, seguridad y amor, las crías disfrutarán de esa clase de vida, aunque sea poco natural. Pero cuando crecen, es más difícil controlarlos, y a los cuatro o cinco años se han convertido ya en una molestia. Son fuertes y curiosos. Quieren investigar su entorno. Suben por las cortinas, lo rompen todo, asaltan la nevera, usan las llaves para abrir los armarios. Deben ser disciplinados cada vez más y se resienten ante los castigos. Cogen fuertes rabietas y muerden. Y por eso son desterrados de la casa, a menudo a pequeñas jaulas en la terraza. Un chimpancé, Sócrates, había estado en una prisión así durante meses cuando lo conocí. La historia del sufrimiento que había conocido en sus escasos tres años estaba claramente escrita en su cara.

Whiskey estuvo encadenado. Yo había visto fotografías suyas atado en la parte de atrás de un garaje, pero incluso así no estaba preparada para el estallido de pura rabia que sentí cuando lo vi. Su celda tenía el suelo de hormigón y las paredes de ladrillo, y medía un metro cincuenta por un metro ochenta. Había una pequeña abertura en el desvencijado techo. El pequeño cubículo se hallaba junto a un urinario de tipo asiático, algo más que un agujero en el suelo con la puerta medio abierta. Probablemente el «hogar» de Whiskey había tenido el mismo uso alguna vez.

«Es como un hijo para mí», dijo el árabe sonriendo. Lo miré, pasmada. ¿Era estupidez o insolencia lo que le llevaba a presentarme a un «hijo» atado con una cadena de medio metro a un poste de acero detrás de un urinario abandonado? Miré a Whiskey y me encontré con su mirada interrogadora. «Su cadena se alarga por la noche», dijo su «padre». «Así se puede mover por el garaje.» Sí, pensé, por la noche, cuando los chimpancés duermen. Fui hacia Whiskey y él puso sus brazos a mi alrededor, devolviéndome un abrazo.

Mientras me marchaba, comenzó a dar volteretas, tirando de la cadena y golpeando el muro con las manos y los pies. Miró hacia mí; luego arrojó una piel de banana, que fue todo lo que pudo encontrar en su prisión. Me habían dicho que solía arrojar excrementos, pero lo habían limpiado todo para mi visita.

¿Qué ocurre con estos desgraciados chimpancés cuando se hacen realmente grandes y fuertes, en la adolescencia? ¿O cuando sus propietarios abandonan el país? Algunos van a parar a un zoológico local, donde, aunque tengan las mejores intenciones, los fondos son limitados. Además, los dueños tienen sus propias familias que cuidar y el coste de los chimpancés es demasiado elevado. Cuando los zoológicos no acogen a los jóvenes chimpancés, suelen matarlos, ya que la mayoría de los países prohíben su exportación legal. Con demasiada frecuencia no hay asilo para ellos en el país que les corresponde.

También hay muchos chimpancés como animales de compañía en los Estados Unidos. Allí, sus «cariñosos» propietarios dilatan cuanto pueden el momento de la separación. A algunos chimpancés se les extraen los dientes. Una hembra joven tenía los dos pulgares amputados para que así no pudiese (pensaba su «madre») subir por las cortinas y romperlas. Pero al final estos miembros simios de la familia generalmente tienen que irse. Y en ese momento les resulta difícil adaptarse a ser chimpancés. Toda su vida les han enseñado a comportarse como seres humanos. ¿Qué será de ellos, de estos patéticos proscritos? No es nada fácil colocar chimpancés criados en hogares y abandonados en los zoológicos americanos, ya que tienden a ser socialmente ineptos y malos reproductores. A menudo se venden a comerciantes. Acaban en zoológicos ambulantes, exhibidos en minúsculas jaulas para que los ignorantes les molesten. O en laboratorios de investigación médica.

¿Y qué ocurre con los chimpancés utilizados por los científicos porque son tan parecidos fisiológicamente a los humanos? ¿Cómo les tratan quienes utilizan sus cuerpos vivos para intentar aprender más sobre las enfermedades humanas, la adicción a las drogas o las enfermedades mentales? Ciertamente, no como invitados de lujo. En realidad, a muchos de ellos se les mantiene en los laboratorios en condiciones similares a las que soportaron los convictos de épocas pretéritas. Pero estos chimpancés no sólo son inocentes de cualquier crimen, sino que están ayudando a aliviar el sufrimiento humano. Incluso en el mejor de los laboratorios, donde los grupos reproductores disponen de espacios exteriores relativamente grandes, los chimpancés utilizados en experimentos viven encerrados en jaulas relativamente pequeñas con reducidos espacios externos. Y en algunos de los laboratorios que he visitado, los chimpancés viven en condiciones que sólo pueden ser descritas, en el mejor de los casos, como carentes de comprensión de sus necesidades, y en el peor, como sorprendentemente crueles.

El primer laboratorio que visité estaba en Rockville, Maryland. Había visto un vídeo tomado durante una visita ilícita, pero aun así no estaba preparada para el mundo de pesadilla en el que fui introducida por sonrientes hombres de blanco. Cuando les seguí, con la puerta exterior ya cerrada, desapareció toda la luz del cielo. Avanzamos por pasillos subterráneos poco iluminados y me enseñaron habitación tras habitación llenas de pequeñas jaulas, colocadas una sobre la otra, en las que los monos daban vueltas sin parar. Luego había una habitación donde jóvenes chimpancés, de dos o tres años, vivían apretados de dos en dos, en jaulas que medían 55 por 55 centímetros y 60 de alto, según me dijeron. Apenas podían moverse. Aún no formaban parte de ningún experimento y llevaban allí más de tres meses. Aquellas jaulas estaban colocadas en cajas metálicas que parecían hornos microondas, ya que cada prisionero podía mirar hacia fuera sólo a través de un pequeño panel de vidrio. ¿Y qué podían ver? La pared de enfrente. ¿Y qué había en

la jaula para proporcionar distracción, comodidad, estí-
mulo? Nada. Nada, excepto sus propios excrementos y,
de vez en cuando, algo de comida.

Sí, había dos chimpancés en cada jaula, así que como
mínimo tenían al otro que les hacía compañía. Pero no
por mucho tiempo. Una vez inoculados –con hepatitis,
sida o cualquier otra enfermedad vírica–, serían separados y, como los otros que vi ese día, encerrados solos en
otras jaulas. Miré a uno de estos chimpancés mayores,
una hembra joven, moverse de un lado a otro, aislada del
mundo exterior dentro de su habitación metálica. Permanecía en la semioscuridad. Todo lo que podía oír era
el incesante rugido del aire corriendo por los respirado-
res de su celda. Cuando uno de los técnicos la levantó, se
sentó en sus brazos como una apática muñeca de trapo.
Siempre me veré perseguida por esos ojos, y por los ojos
de los otros chimpancés que vi ese día. Eran apagados e
inexpresivos, claramente vacíos de esperanza. ¿Alguna
vez habéis mirado a los ojos de una persona que, sometida a una fuerte tensión, se ha rendido, ha sucumbido
completamente al abandono de la desesperación? Una
vez vi un niñito africano cuya familia entera había encontrado la muerte durante una revuelta en Burundi. Él
también miraba al mundo sin verlo, desde unos ojos apagados e inexpresivos.

A menos que los cambios prometidos se realicen por
fin, allí seguirán los chimpancés durante los siguientes tres
o cuatro años. Durante este tiempo, quedarán permanentemente afectados, emocional y psicológicamente.

Estas jaulas no cumplían la normativa referente al bienestar de los animales. Pero aunque lo hubieran hecho, la

diferencia habría sido mínima. Me ha entristecido descubrir cuántos científicos y personas que trabajan en laboratorios no ven nada malo en el tamaño mínimo legalmente obligatorio para las jaulas en los Estados Unidos. Cientos de chimpancés se ven confinados, en absoluta soledad, en cárceles de poco más de dos metros cuadrados por dos metros de alto. Estos seres, altamente sociales e inteligentes, cuyas emociones son tan parecidas a las nuestras, pueden permanecer encerrados en estas cajas con barrotes metálicos de por vida. Durante más de cincuenta años.

Imaginemos lo que debe de ser permanecer encerrados en una celda de ese tipo, rodeados de barrotes; barrotes en cada lado, encima y debajo. Y sin nada que hacer. Nada con lo que huir de la monotonía de los larguísimos días. Sin contacto físico alguno con alguien de tu especie. El contacto físico amistoso es terriblemente importante para los chimpancés. Aquellas largas y relajadas sesiones de acicalamiento social son importantísimas para ellos.

Nunca podré olvidar la primera vez que miré a los ojos de un macho completamente adulto aprisionado en una de estas jaulas estándar de laboratorio. Un neumático viejo que colgaba de los barrotes superiores era lo único que había en aquella prisión, excepto él mismo. Había otros nueve chimpancés machos en la tétrica sala subterránea. No había ventanas. Nada que ver, excepto a los otros prisioneros. Los muros eran de un blanco uniforme; las puertas, de acero. Los ruidos de los chimpancés resonaron y vibraron en ellos cuando llegué acompañada de una veterinaria. Cuando gritaban y se movían golpeando los barrotes de sus prisiones, el ruido se hacía insoportable.

Cuando se calmaron, miré a los ojos de Jojo. No vi odio; eso hubiese sido más fácil de soportar. Sólo desconcierto, gratitud por que yo me parase a hablar con él, rompiendo el insoportable aburrimiento del día. Pensé entonces en los chimpancés de Gombe, libres para correr por el bosque, libres para jugar y acicalarse y hacer nidos en las verdes ramas. Jojo alargó un dedo suavemente y tocó mi mejilla húmeda por las lágrimas que se deslizaban por mi mascarilla de laboratorio.

En Austria, en las afueras de Viena, tuvo lugar otra visita de pesadilla. Para llegar allí atravesé unos paisajes maravillosos. El sol brillaba. En el laboratorio los chimpancés estaban encerrados en el sótano. Se trataba de un flamante edificio nuevo para la investigación del sida y cualquiera que se acercase a los chimpancés estaba obligado a llevar un pesado traje protector. Parecía un traje de astronauta. Me dijeron que me ahogaría si no conectaba mi tubo respiratorio a la salida de aire en todas las habitaciones que debía visitar. Cuando me puse el casco y sentí unas manos cerrándolo por atrás, tuve un momento de pánico. Mi guía desapareció en una ducha química para esterilizar su traje. Esperé los minutos prescritos, mirando a través de mi visor, y avancé torpemente detrás de él.

La pesada puerta se cerró herméticamente. En cada una de las tres pequeñas cámaras a las que me llevaron había dos chimpancés, cada uno prisionero solitario en una jaula de dos metros cuadrados. Unas sábanas de algún tipo de plexiglás o plástico colgaban entre las jaulas

y a través de ellas se supone que los animales podían verse. Recuerdo que la mayoría de ellos nos miró cuando
entramos en su habitación. Una chimpancé pareció excitarse, o asustarse, no puedo especificarlo. Se acercó a los
barrotes para buscar la seguridad de una mano torpe y en-
guantada. Cuando nos fuimos, volvió a hundirse en la apa-
tía; al menos nada se oyó cuando se cerraron las puertas.

A través de ese breve recorrido por aquellas cámaras
subterráneas sentí que estaba en un mundo de fantasía,
muy lejos de la realidad. Intenté imaginarme un hospital
de enfermos de sida –enfermos humanos– donde todos
los médicos y enfermeras se movieran grotescamente vestidos con trajes espaciales y donde todos los visitantes tuviesen que ponerse los mismos trajes protectores. ¡Cuánto
se debieron de aterrorizar los chimpancés la primera vez que
vieron una de esas monstruosas siluetas y oyeron esas voces distorsionadas por el casco! Ahora ya están acostumbrados. Para ellos, el mundo exterior, el mundo real con
árboles y cielo y el confort del contacto cotidiano y amistoso con otros seres vivos, ha desaparecido para siempre.

¿Cómo pueden tolerar estas condiciones las personas
que trabajan con chimpancés? ¿No tienen sentimientos
ni compasión? ¿Han perdido la capacidad de comprender? ¿Son sádicos que disfrutan de su poder y su control sobre esas criaturas potencialmente peligrosas?
Creo que en su mayor parte las actitudes de los equipos
vienen obligadas por el sistema científico. El personal
nuevo se sorprende ante lo que ve. Algunos abandonan,
incapaces de soportar el sufrimiento que les rodea y sintiéndose impotentes para ayudar. Y muchos de los que
aguantan gradualmente van aceptando la crueldad, cre-

yendo (u obligándose a creer) que es parte inevitable de la lucha para reducir el sufrimiento humano. Algunos de ellos se endurecen en el proceso, pues «toda compasión frena al trabajo».

Afortunadamente, hay personas compasivas que no se conforman con las condiciones de los laboratorios, pero que se quedan en ellos porque creen que de esta manera pueden ayudar a mejorar las cosas para los chimpancés. Uno de ellos es el doctor James Mahoney, que cuida esmeradamente a los 250 chimpancés a su cargo. Fue Jim quien me presentó a Jojo. Y ese día, cuando me arrodillé en el suelo reprimiendo mis lágrimas, Jim, que había salido para hablar con otros chimpancés, vino y vio mi tristeza. Se agachó y me rodeó con sus brazos. «No hagas eso, Jane», dijo. «Yo tengo que soportarlo cada día de mi vida.»

Y eso, desde luego, empeoró mi angustia. Jim es una de las personas más amables y compasivas que conozco. Esa visión infernal que durante tanto tiempo debe soportar añadió una nueva dimensión a mi comprensión. Las condiciones de los laboratorios deben mejorar, no sólo por los chimpancés, sino también por las personas que los cuidan. Por esos técnicos cuyos ojos se llenaban de lágrimas cuando les preguntaba cómo podían soportar supervisar la separación de madres e hijos, la separación de un despreocupado joven de la guardería para que empiece su vida en la cárcel. Sé que mis visitas les llevan nuevas esperanzas, valor para luchar por las mejoras. Y por eso, por ellos y por los chimpancés, vuelvo una y otra vez. Vuelvo a lo que para mí es el infierno.

Desgraciadamente, los que trabajan desde dentro para mejorar las condiciones tienen que afrontar una tarea difícil que nadie les agradece. Por un lado, la mayoría de sus colegas no tienen la menor idea del comportamiento *real* de un chimpancé. Los únicos que conocen son los chimpancés de laboratorio. Y los chimpancés de laboratorio, privados de casi todo lo que necesitan para su comodidad y para su estimulación mental, probablemente son malhumorados e incluso perversos. Pueden escupir y arrojar heces, agarrar y morder, en parte debido a la frustración, en parte porque intentan establecer algún contacto con la gente y en parte también porque no tienen nada más que hacer. Estos chimpancés son pobres embajadores de su especie, y no es sorprendente que a muchos técnicos no les gusten e incluso que los teman.

Es verdad que en algunos laboratorios los chimpancés parecen estar en condiciones físicas razonablemente buenas, a pesar de su esterilizado ambiente. Suele creerse erróneamente que si los animales parecen sanos, comen bien y, sobre todo, se reproducen satisfactoriamente, es porque están contentos y, por lo tanto, su entorno es adecuado. No se necesita un cambio. Desde luego esto no es cierto; ciertamente no lo es cuando se trata de seres humanos. Incluso en los campos de concentración nacieron bebés, y no hay una buena razón para creer que es diferente para los chimpancés.

En general, los científicos que diseñan las condiciones experimentales bajo las que tienen que desarrollar su investigación olvidan que están tratando con seres vivos dotados de sentimientos. Insisten en que los animales sean tratados de la manera tradicional. Creen que sólo así sus experimentos y pruebas darán resultados fiables. Opinan que es *necesario* un entorno tétrico, estéril y restrictivo para los animales de laboratorio. Las jaulas deben estar vacías, sin cama ni juguetes, porque así es menos probable que los animales contraigan enfermedades o parásitos. Y, desde luego, las jaulas son así más fáciles de limpiar. Tienen que ser pequeñas, porque de otra manera es difícil tratar a los sujetos, inyectarlos o extraerles sangre. Los chimpancés deben ser enjaulados individualmente para evitar el riesgo de contagios.

De hecho, las cosas no tienen que ser así, y hay laboratorios donde actitudes más humanas han llevado a mejorar las condiciones. Las jaulas pueden ser mayores porque se puede enseñar a los chimpancés a acercarse y enseñar sus nalgas para ponerles una inyección, o sus brazos para una extracción de sangre. Pueden aprender a pasar a jaulas más pequeñas para otro tipo de tratamientos. Se les puede persuadir de que intercambien juguetes, mantas, etc., por comida para que la limpieza de la jaula sea más fácil. Y hay incluso algunos laboratorios donde los chimpancés solitarios son la excepción y no la regla. Recientemente unos eminentes inmunólogos y virólogos de Estados Unidos y Europa han publicado un artículo que afirma que, en general, los experimentos que tradicionalmente han necesitado chimpancés encerrados individualmente pueden ser adaptados satisfactoriamente a parejas de chimpancés. Esto significa que, para todos los chimpancés utilizados en la investigación sobre hepatitis y sida (la mayoría de animales de experimentación), se empieza a vislumbrar el final del confinamiento en solitario. Desde luego, cualquiera que enjaule a un chimpancé individualmente debería ser obligado a demostrar convincentemente ante un grupo de científicos cualificados la necesidad de tales condiciones inhumanas, particularmente en vista del aumento de la evidencia de que tales condiciones, que producen animales estresados, no sólo son crueles, sino que, de hecho, pueden alterar los resultados de los experimentos. Puesto que el estrés afecta al sistema inmunológico, los datos sobre la eficacia de un medicamento procedentes de un sujeto estresado pueden ser engañosos.

Por desgracia, todos nosotros, los que estamos luchando para mejorar las condiciones de los laboratorios, vamos en contra del sistema establecido. Y éste se resiste al cambio. Opone el sufrimiento de los animales experimentales al sufrimiento de los humanos. Las reformas, argumentan, son caras. Si los chimpancés dispusieran de jaulas más grandes, grupos sociales y un ambiente más cómodo, así como de mejores cuidados, costaría mucho más. Acabarían por detenerse algunos experimentos cruciales, y esto, dicen, se pagaría en términos de sufrimiento humano. Por supuesto, eso no es cierto.

La investigación realmente esencial continuaría. Es difícil, en términos morales, justificar cualquier utilización de los chimpancés como tubos de ensayo vivientes incluso en las mejores condiciones. Que podamos tolerar dicha utilización continua en condiciones de laboratorio tales como las que he descrito constituye una denuncia abrumadora de los valores éticos de nuestro tiempo.

De hecho, soplan vientos de cambio. Las actitudes hacia todos los animales no humanos están cambiando a la vez que el gran público es cada vez más consciente de la crueldad que nos rodea.

En algunos centros de primates de todo el mundo se discuten con regularidad los valores éticos en el uso y manutención de nuestros parientes más cercanos, y ha habido, y hay, intentos para mejorar las condiciones. En algunos laboratorios existen grandes recintos exteriores para los grupos de reproducción, y los animales de experimentación son, al menos, enjaulados en parejas y con acceso al exterior. Se están introduciendo programas diseñados para enriquecer la vida de los inquilinos en más y más laboratorios, no sólo para beneficio de los chimpancés, sino también para el bienestar mental de quienes los cuidan. Estos programas no implican necesariamente el desembolso de grandes cantidades de dinero; el día será mucho más distraído para un chimpancé si se le da, por ejemplo, una revista, o un peine, o un cepillo de dientes y un espejo, o un simple tubo de plástico lleno de pasas o caramelos y un par de ramitas que pueda utilizar como herramientas para sacarlos. Se están planeando modos más sofisticados de aliviar el aburrimiento, como los videojuegos.

Una de las inesperadas recompensas que he encontrado mientras me implicaba con mayor intensidad en las tareas de conservación y trato de los chimpancés ha sido conocer a tanta gente dedicada, amable y comprensiva que libra la misma batalla, luchando por mejorar las condiciones de los chimpancés en cautividad, por reducir el sufrimiento, por crear santuarios para individuos maltratados o huérfanos y por conservar los hábitats naturales. Estas personas extraordinarias ofrecen su tiempo y su dinero –y a veces su salud– para ayudar a los chimpancés en esta terrible situación. Geza Teleki, por ejemplo, contrajo oncocercosis, una enfermedad incurable, cuando trabajaba para el gobierno de Sierra Leona en la creación de un parque nacional específicamente destinado a chimpancés. Estas personas han conseguido mucho, luchando a menudo solas contra poderosos adversarios. Y ahora, como si un director invisible hubiera movido repentinamente su batuta, muchas de estas personas están uniendo sus fuerzas. Esto será, inevitablemente, muy beneficioso para los chimpancés de todo el mundo (para una lista más completa de los esfuerzos por ayudar a los chimpancés, véase el Apéndice II).

¿Cuál *es,* realmente, el futuro en África del chimpancé, ese ser salvaje, libre y majestuoso que hemos llegado a conocer tan bien? Lo mejor que podemos esperar son series de parques nacionales o reservas, bien protegidos con zonas de separación, donde los chimpancés y otras especies salvajes puedan vivir de forma natural y en paz. No hay duda de que, de alguna manera, lo conseguiremos. Desde luego será necesario persuadir a los gobiernos de los países implicados de que vale la pena, de que la conservación de los recursos naturales es mejor que su explotación inmediata para el provecho instantáneo. Los proyectos de investigación atraen divisas extranjeras. El turismo, aún más. Unos y otro deben ser planeados conjuntamente para que el flujo de visitantes no perturbe la investigación ni, lo que es más importante, a los animales. Los programas de educación despiertan la conciencia de la población local. Empleando como trabajadores de campo a los habitantes de los pueblos cercanos a las áreas reservadas, como hemos hecho en Gombe, se ayuda a la economía local y, lo que es igualmente importante, se genera el entusiasmo de la gente implicada, entusiasmo que se extiende a familiares y amigos. Ésta es una

de las razones por las que los chimpancés de Gombe están tan a salvo de la caza.

Debemos recordar que la gente que vive en áreas cali-
ficadas recientemente de protegidas puede tener derecho a sentirse resentida. ¿Por qué deben ser privadas de
una tierra que sus antepasados han utilizado durante generaciones? La conservación, la educación y el flujo de
los dólares del turismo no son suficiente recompensa.
Los imaginativos proyectos agroforestales en torno a las
reservas forestales y los parques –la plantación de árboles para madera, carbón vegetal, construcción de postes,
etcétera– no sólo protegen a las especies indígenas, sino
que permiten a la gente utilizar la tierra de forma muy
semejante a como lo hicieron en tiempos pasados. ¡Algunos conservacionistas tienden a olvidar que los hombres
también son animales!

No puedo cerrar este capítulo sin compartir una historia que tiene para mí un significado realmente simbólico.
Trata de un chimpancé cautivo, Old Man, que fue rescatado de un laboratorio o un circo cuando tenía unos ocho
años y trasladado junto con tres hembras a una isla artifi-
cial en un zoológico de Florida. Llevaba allí varios años
cuando un joven, Marc Cusano, fue contratado para cuidar de los chimpancés. «No vayas a la isla», le dijeron a
Marc. «Esas bestias son peligrosos. Te matarán.»

Al principio Marc obedeció las instrucciones y echaba
la comida a los chimpancés desde un bote. Pero pronto
se dio cuenta de que no los podía cuidar adecuadamente
a menos que estableciese algún tipo de relación con
ellos. Empezó a acercarse más y más cuando los alimentaba. Un día Old Man alargó la mano y cogió una banana

de la mano de Marc. ¡Cuánto me acuerdo de la primera vez que David Graybeard, en Gombe, cogió una banana de mi mano! Y, como sucedió conmigo y David, ése fue el principio de una relación de mutua confianza entre Marc y Old Man. Unas semanas después Marc subió a la isla. Terminó por acicalar e incluso jugar con Old Man, aunque las hembras, una de las cuales tenía un bebé, se mostraban más distantes.

Un día, cuando Marc estaba limpiando la isla, resbaló y cayó. Eso asustó al bebé, que gritó; su madre, despierto su instinto materno, saltó para atacar a Marc. Le mordió en el cuello cuando estaba en el suelo boca abajo, y él sintió la sangre correr por su pecho. Las otras dos hembras corrieron para socorrer a su amiga. Una mordió a Marc en la muñeca; la otra en la pierna. Marc había sido atacado antes, pero nunca con tal ferocidad. Pensó que todo había terminado para él.

Y entonces Old Man acudió al rescate del que era su primer ser humano amigo en muchos años. Apartó a las hembras y las ahuyentó. Luego se quedó cerca, manteniéndolas apartadas, mientras Marc se arrastraba lentamente hacia la barca. «Sabes, Old Man me salvó la vida», me dijo Marc después, cuando salió del hospital.

Si un chimpancé –uno, además, que ha sido maltratado por seres humanos– puede saltar la barrera de las especies para ayudar a un amigo humano necesitado de ayuda, seguro que nosotros, con nuestra capacidad de compasión y comprensión más profunda, podemos ayudar a los chimpancés que hoy nos necesitan tan desesperadamente, ¿no es verdad?

20. Conclusión

Han pasado treinta años desde que empecé a estudiar a los chimpancés. Treinta años durante los cuales se han producido muchos cambios en el mundo, incluyendo nuestra manera de pensar sobre los animales y el medio ambiente. Mis propios viajes personales durante este periodo, a través de los pacíficos bosques de Gombe y de los espinosos muros levantados en torno a los temas del bienestar de los animales y su conservación, me han llevado a recorrer un largo camino desde que, siendo una joven e ingenua chica inglesa, desembarqué con mi madre en la playa de Gombe con tanta ilusión. Pero aquella chica todavía está ahí, todavía forma parte de mi yo más maduro, susurrando excitada en mi oído cuando observo algo nuevo o fascinante sobre el comportamiento de los chimpancés; no sólo en Gombe, sino también en cautividad. Cuando veo de cerca un recién nacido, cuando una madre tiende los brazos con un ligero gesto de preocupación para recoger a su hijo que se ha alejado, cuando uno de los grandes machos carga con el pelo erizado y los labios apretados de magnífico orgullo, me emociono tan intensamente como en mis primeros meses de estudio.

Mis viajes entre los chimpancés se han visto enriquecidos por las experiencias más excitantes y gratificantes que nadie podría haber imaginado al principio. La cosecha –la comprensión obtenida de las largas horas pasadas con nuestros parientes vivos más cercanos– ha abierto muchas ventanas a un mundo desconocido hace treinta años. ¡Qué afortunada fui cuando el destino dirigió mis pasos hacia Louis Leakey y él, a su vez, me dirigió a mí a Tanzania, donde durante todos estos años he podido seguir a la busca de más y más conocimientos, ayudada y apoyada por uno de los gobiernos más estables, pacíficos e interesados por la conservación del medio ambiente de toda África!

La información recogida en Gombe, junto a la procedente de otros lugares de estudio en África y de la investigación con chimpancés cautivos, nos ha permitido pintar un fascinante retrato de nuestros parientes vivos más cercanos e incluso conocer los gustos de estos complejos seres. Desde luego el retrato está aún incompleto; no hemos sondeado las profundidades de la agresividad del chimpancé, ni tampoco hemos medido los límites máximos de su capacidad de cuidado y compasión. No los hemos estudiado el tiempo suficiente; después de todo, treinta años representan tan sólo dos tercios de la esperanza de vida de un chimpancé. Sobre todo, nuestra experiencia en Gombe ha subrayado la necesidad de estudios a largo plazo si lo que queremos es entender la compleja sociedad de estos chimpancés. Muchas de sus conductas sociales sólo empezaron a hacerse patentes cuando habíamos permanecido con ellos el tiempo suficiente para averiguar quién estaba relacionado con quién entre los adultos. Y sólo estando allí año tras año pudimos documentar los lazos estrechos, resistentes y duraderos que se forman entre los miembros de una familia. Además, si la investigación hubiera terminado al cabo de diez años, nunca podríamos haber observado la brutalidad que puede darse en los choques intercomunitarios. Si se hubiera acabado al cabo de veinte años, no podríamos haber registrado la conmovedora historia de la adopción de Mel por el adolescente Spindle. Y ¿quién sabe lo que nos revelará la próxima década? Que habrá más sorpresas, no lo dudo, ya que cada año, de 1960 en adelante, ha traído recompensas en cuanto a nuevas observaciones sobre la naturaleza de los chimpancés, nuevos atisbos de cómo funciona su mente. ¡Son seres tan complejos, de comportamiento tan flexible y de individualidades tan marcadas...!

A lo largo de los años nos hemos ido familiarizando con un creciente número de chimpancés, cada uno de ellos con su carácter único y personal. ¡Qué rica gama de caracteres, cada uno moldeado por una compleja interacción de herencia genética y experiencia, vida familiar y momento histórico de su nacimiento! Porque los chimpancés, como los humanos, tienen su propia historia. Epidemias de polio o neumonía y series de violentos contactos intercomunitarios no muy distintos de la guerra humana han causado estragos en la comunidad. Hubo años oscuros, como aquellos en que Passion y Pom, asesinas de crías, caníbales, convirtieron en un peligro para las madres y sus bebés recién nacidos caminar por la aparente paz del bosque. Hubo luchas por el poder tan dramáticas en sus detalles como las que rodean las sucesiones de reyes y dictadores humanos. Y yo he tenido el privilegio, desde comienzos de los años sesenta, de registrar esos hechos, de compilar la historia de un grupo de seres que no tienen lenguaje escrito propio.

Como en las sociedades humanas, ciertos individuos han desempeñado papeles clave en modelar el destino de su comunidad. Algunos de los machos adultos que han demostrado cualidades de liderazgo, como determinación, coraje e inteligencia, figurarían de manera destacada en los libros de historia de los chimpancés: Goliat Corazón Valiente, Mike el de los Bidones, Humphrey el Bruto, Figan el Grande, Goblin el Tempestuoso. Se habrían escrito relatos épicos acerca de cómo luchaban y conquistaban el poder. Y otros individuos también han desempeñado papeles importantes. Si no hubiese sido por Hugh y Charlie, la comunidad de Kasekela nunca se habría dividido. Sin Gigi y la cantidad de machos excitados que atraía, el grupo podría haber sido menos agresivo, menos belicoso en su actitud hacia los vecinos.

Pero los machos de la comunidad eran fuertes, y sus victorias, impresionantes. Imaginemos, si los chimpancés pudieran hablar, las conmovedoras historias que contarían alrededor del fuego sobre la «guerra de los cuatro años» contra los desertores de Kahama o sobre la liquidación de los machos rebeldes que volvieron la espalda a los amigos de siempre e intentaron hacer su vida. Y qué historias, también, las que podrían contarse sobre cómo repelieron a los invasores de Kalande y Mitumba cuando –según el rumor– Humphrey y Sherry perdieron la vida en defensa del reino. Y cómo a las hembras les gustaría cantar alabanzas de Gigi, una leyenda viva, amazona de su comunidad.

La extraña conducta de Passion, infame asesina, y su hija Pom sería analizada en toda la literatura criminal. Y las madres amenazarían a sus hijos traviesos: «Passion te cogerá si te portas mal».

Los chimpancés tendrían también sus propios mitos. Honrarían a los sabios de antaño, que les enseñaron a abrir el suelo, y a fabricar herramientas para atrapar termitas y hormigas, y a intimidar a los enemigos con piedras y palos. Y los adolescentes aprenderían a aplacar al gran dios Pan, deidad silvana de todas las criaturas salvajes, con impresionantes ceremonias celebradas en las cascadas y con danzas de la lluvia ejecutadas en el corazón de la selva.

Y, desde luego, tendrían un mito relacionado con la Gran Simia Blanca que apareció repentinamente en su vida. Que primero fue recibida con miedo e ira pero que luego les proporcionaba bananas mágicamente, como el maná caído del cielo. David Graybeard también figuraría en la leyenda como el único chimpancé que no temía a la Simia Blanca y que la introdujo en el mundo salvaje de su especie.

De hecho, si Louis Leakey no me hubiese enviado a Gombe en 1960, los chimpancés habrían perdido su refugio casi con toda seguridad, porque entre la población local había un movimiento dirigido a cambiar la condición de zona protegida del territorio para poder regresar allí y cultivar la tierra. El interés que mi estudio despertó en todo el mundo aseguró la continuidad de Gombe como zona protegida. Si los chimpancés lo hubieran sabido ¡me habrían convertido en su santa patrona!

En realidad, ¿cómo *me* perciben? A mí y a los otros seres humanos que nos hemos trasladado hasta allí para observarlos y que hemos participado en la documentación de su historia creo que hoy se nos da por supuesto. En el esquema de las cosas de los chimpancés lo más importante son los otros chimpancés, particularmente los familiares y amigos, y el macho dominante del momento. Algunos animales, como monos, cerdos salvajes y otros, son también importantes como fuente de alimentación. Los babuinos, a los que ignoran con frecuencia, son considerados asimismo potenciales competidores por la comida, excepto los jóvenes, a los que los jóvenes chimpancés ven como posibles compañeros de juegos. Y los seres humanos, en Gombe, son considerados simplemente otra especie animal, un componente natural del entorno del chimpancé. Un proveedor de bananas ocasional que no representa amenaza alguna. A veces fastidioso, porque suele hacer mucho ruido, pero en general benigno e inofensivo.

Desde luego los chimpancés nos reconocen como individuos. Muchos de ellos están más relajados ante mi presencia que ante otros observadores humanos. Creo que la causa es que yo los sigo casi en solitario. Y porque yo me quedo silenciosamente detrás, entrometiéndome lo menos posible y, a menudo, desperdiciando oportunidades de recoger datos adicionales o de conseguir una foto de alguna actitud en concreto, si ello implica molestar o irritar a los chimpancés. En general los chimpancés son también muy tolerantes con los trabajadores del campamento de Tanzania, hombres que trabajan con ellos cada día, mes tras mes, año tras año. Pero habitualmente se inquietan si se encuentran africanos forasteros en el parque. He estado con chimpancés que, al oír a un grupo de pescadores avanzar por el camino de la costa del lago hasta el poblado, se han agazapado quietos y silenciosos en los matorrales o entre la hierba alta hasta que han pasado los hombres. Algunos chimpancés evitan a los turistas; las hembras más tímidas no visitan el campamento a menos que formen parte de un gran grupo, en cuyo caso, evidentemente, hallan seguridad en el número. Pero otros, particularmente aquellos que crecieron en los días en que había muchos estudiantes, realmente parecen encontrar interesantes a los turistas y sus extrañas costumbres. Al menos así lo parece cuando Fifí, Gigi o Prof se acercan a una cámara y se quedan frente a ella, acicalándose, o, simplemente, sentados.

Hasta cierto punto, la naturaleza de mi relación con los chimpancés se ha visto constreñida por nuestros métodos de investigación en Gombe. Deliberadamente mantenemos una distancia respecto a los chimpancés; en parte, porque son mucho más fuertes que nosotros y pueden ser peligrosos si pierden el respeto a los humanos, y en parte, porque debemos influir lo menos posible en su conducta. Sin duda tratamos de administrar medicinas si un chimpancé está enfermo o herido, pero en general nos limitamos a observar y apuntar. Los chimpancés no dependen de ningún modo de mí, ni siquiera por las bananas que a menudo reciben de forma muy irregular. Ésta es probablemente la razón por la que, como muchos suponen, yo no los considero una extensión de mi familia. Siento un profundo respeto y una gran consideración hacia ellos. Me siento infinitamente fascinada por su conducta y puedo pasar horas y días en su compañía. A menudo me preguntan si prefiero los chimpancés a los humanos. La respuesta es fácil: prefiero ciertos chimpancés a ciertos humanos y ciertos humanos a ciertos chimpancés. Porque, desde luego, son todos muy diferentes. Uno o dos de los que he conocido, como Humphrey y Passion, me resultaron muy antipáticos. Otros, como David Graybeard, Flo, Gilka, Fifi y Gremlin, han creado en mi corazón un profundo sentimiento de afecto cercano al amor. Pero es un amor por unos seres esencialmente libres y salvajes. Y como yo no juego con ellos ni los acicalo, ni entro en sus disputas, es un amor unilateral: ellos no me corresponden, como haría un niño o un perro. Pero esto de ningún modo disminuye lo que siento por ellos.

Nunca olvidaré cuando estaba sentada junto al cuerpo muerto de Flo y, unos diez años después, bajo el nido donde Melissa respiró por última vez. Cuando recuerdo sus vidas, experimento una sensación de pérdida, y he lamentado sus muertes tanto como las de algunos amigos humanos. Cuando encontraron al pequeño Getty muerto, con su cuerpo mutilado, quedé aturdida por el *shock,* y de nuevo me sentí muy triste. Ya no podría volver a ver cómo se entregaba a sus juegos innovadores, contento y sin temor.

De todos los chimpancés de Gombe, fue a David Graybeard al que tuve en más estima. Su cuerpo nunca fue encontrado. Simplemente dejó de venir al campamento, y cuando las semanas pasaron a ser meses, nos dimos cuenta poco a poco de que no volveríamos a verlo. Entonces sentí una pena más profunda que la que antes o después he sentido por cualquier otro chimpancé. Estoy contenta de haberme evitado la angustia de verlo muerto. David Graybeard, amable pero testarudo, tranquilo pero valiente; David Graybeard, el que abrió mi primera ventana al mundo de los chimpancés.

Y cuán mágico es dicho mundo para mí, alejado del bullicio de la sociedad moderna, un mundo en el que puedo encontrar paz y energía. Un mundo con poder para curar un espíritu maltrecho. Porque allí, en el bosque, el tiempo parece no existir, y en las vidas de los chimpancés, tan parecidos a nosotros y tan diferentes, hay una cualidad que nos hace enfrentarnos con las realidades básicas. Ellos continúan con su vida y, aunque las cosas a veces pueden ir muy mal, en general disfrutan de su existencia por completo.

Hacia Gombe me dirigí, en busca de paz, después de que Derek perdiese su heroica batalla contra el cáncer. Murió en Alemania, donde por un momento pusimos nuestras esperanzas en una cura milagrosa; una esperanza a la que nos aferramos desesperadamente, como tantos otros en las mismas circunstancias. Cuando la esperanza se desvaneció, conocí la amargura y la desesperación que nos invaden al perder a alguien a quien amamos. Pasé un corto tiempo con mi familia en Inglaterra. Luego volví a Dar, con toda la tristeza que asociaba a aquella ciudad, mirando cada día el océano Índico donde Derek, a pesar de sus piernas lisiadas, había encontrado la libertad nadando entre sus amados corales. Fue un verdadero alivio dejar la casa y volver a instalarme durante un tiempo en Gombe. Porque allí podía esconder mi dolor entre los árboles, encontrar nuevas fuerzas para vivir en los bosques que tan poco deben de haber cambiado desde que Cristo andaba por las colinas de Jerusalén.

Durante aquella época, cuando pasaba horas en el campo con escaso interés por recoger datos, me acerqué a los chimpancés aún más que antes. Porque yo estaba allí no ya para observarlos o para aprender, sino simplemente porque necesitaba su compañía, silenciosa y libre de compasión. Y a medida que mi espíritu iba sanando gradualmente, iba siendo cada vez más consciente de una nueva empatía intuitiva con los chimpancés, con nuestros más cercanos parientes vivos. Desde entonces me he sentido más en armonía con el mundo natural, con los infinitos ciclos de la naturaleza, con la interdependencia de todas las cosas vivas en la selva.

Nunca olvidaré mientras viva una tarde que pasé en compañía de Fifi, su familia y Evered. Durante tres horas seguí a los chimpancés mientras vagaban, pacíficos y en armonía, de un lugar a otro, comiendo aquí, descansando allá y gruñendo mientras los jóvenes jugaban. Hacia el final de la tarde se dirigieron al valle de Kamombe siguiendo el torrente de Kakombe hacia el este guiados por las higueras –*mtobogolo,* como las llaman los nativos– que crecen cerca de la cascada de Kakombe. Mientras nos acercábamos, el rugido del agua sonó más fuerte en el suave aire verdeante. Evered y Freud, con el pelo erizado, aceleraron el paso. De repente vimos la caída del agua a través de los árboles, formando una cascada de ciento cincuenta metros o más. Siglo tras siglo el agua ha ido excavando un profundo surco en la dura roca. En la otra orilla colgaban lianas enredadas en la pared rocosa. Los helechos, de un verde vívido, se movían sin cesar en el viento creado por la caída del agua a través de su rocoso canal.

De repente Evered cargó hacia delante, saltando para agarrarse a una de las lianas colgantes, balanceándose sobre el torrente entre el agua pulverizada. Un momento después Freud se le unió. Los dos saltaron de una liana a la siguiente, columpiándose por el espacio, girando sobre sí mismos colgados de sus amarres. Frodo apareció junto a la corriente, tirando piedra tras piedra, con la piel empapada de agua pulverizada.

Durante diez minutos los tres realizaron sus exhibiciones mientras Fifi y sus hijos más jóvenes los contemplaban desde una de las higueras junto al torrente. ¿Estaban los chimpancés expresando unos sentimientos de adoración hacia los elementos, como los que, entre los hombres primitivos, dieron lugar a las religiones? ¿Estaban adorando el misterio del agua, que parece viva y corre siempre sin desaparecer jamás, siempre la misma y siempre distinta?

El rito finalizó; los chimpancés se apartaron del torrente y se dirigieron hacia la higuera donde estaba sentada Fifi. Empezaron a comer emitiendo gruñidos de placer. Una suave brisa agitaba las ramas y pequeños destellos de luz brillaban entre la arboleda sobre nosotros. Inundándolo todo estaban el embriagador aroma de los higos, el zumbido de los insectos y los ruidos de los pájaros. Las grandes ramas de la higuera estaban festoneadas de lianas y trepaban hacia el cielo. Sus flores daban néctar a las mariposas y a los pájaros nectaríni- dos iridiscentes. Los chimpancés comían higos escu- piendo las semillas para que pudiesen crecer nuevas hi- gueras. Un día el árbol caerá al suelo con toda su rica fauna y flora y de su decadente riqueza resurgirá la vida. En todas partes la muerte enlazaba con la vida, perpetuando así el bosque que es el hogar de los chim- pancés. Un ciclo interminable, viejo como los primeros árboles. Los viejos modelos se repiten de formas siem- pre novedosas.

En la riqueza de un entorno semejante vivían las cria- turas parecidas a los chimpancés que se convirtieron en los primeros hombres. Poco a poco fueron evolucio- nando. Algunos eran más aventureros y abandonaban la jungla adentrándose en la sabana en busca de nuevos ali- mentos y territorios. ¡Qué alivio debieron de experimen- tar al volver a la seguridad de la selva después de enfrentar- se al peligro de estas expediciones! Pero gradualmente, igual que las primeras formas de vida se fueron indepen- dizando del mar, de los lagos y de los ríos, los hombres aprendieron a vivir alejados del bosque. Encontraron cuevas, descubrieron el fuego, aprendieron a construir vi- viendas, a cazar con armas y a hablar. Y entonces se volvie- ron atrevidos y arrogantes. Empezaron a destruir su propio bosque, sometiendo a su voluntad aquello que durante tanto tiempo les había nutrido. Hoy, en todo el globo, los seres humanos arrancan árboles, depredan la tierra y cu- bren de asfalto kilómetro tras kilómetro de suelo fértil. Los seres humanos domestican la naturaleza y la saquean. Nos creemos todopoderosos. Pero no lo somos.

Imparablemente el desierto gana terreno sustituyendo con aridez y rigor ese sostén de la vida que son los bosques. Especies de animales y plantas se extinguen, perdidos para un mundo que aún desconoce su valor, perdido su lugar en el gran esquema de las cosas. La temperatura del mundo aumenta, la capa de ozono va mermando. A nuestro alrededor sólo vemos destrucción, contaminación, guerra, miseria, cuerpos lisiados y mentes deformadas, tanto humanas como no humanas. Si permitimos que esta profanación continúe, nos habremos condenado a nosotros mismos. No podemos entrometernos de esta manera en el plan maestro y esperar sobrevivir.

Me sentí abrumada pensando en esta terrible imagen, en la magnitud de nuestro pecado contra la naturaleza, contra las criaturas compañeras nuestras. ¿Qué podría hacer yo –o cualquiera– frente a tan vasta e insensata destrucción?

Un higo cayó a mi lado, sorprendiéndome. Fifi bajó del árbol y se tumbó cerca de mí, con los ojos cerrados, completamente satisfecha. Aquí, al menos, había una perfecta confianza entre los seres humanos y los animales, armonía perfecta entre las criaturas y su entorno salvaje. Faustino, andando a trompicones, se me acercó y, con los ojos abiertos de par en par, me miró, alargó la mano para tocar la mía y luego volvió con Fifi. Confianza. Y libertad. Pensé en los incontables chimpancés que han perdido sus viviendas arbóreas y en los que permanecen prisioneros en zoológicos y laboratorios de todo el mundo. Recordé la historia de Old Man y cómo había respondido a la necesidad de un amigo humano.

Estalló en mí el deseo de luchar, de batallar hasta el amargo final. Los chimpancés necesitan ahora más ayuda que nunca y sólo podremos prestársela si cada uno de nosotros aporta su granito de arena sin importar lo pequeño que pueda parecer. Si no lo hacemos así, no sólo traicionaremos a los chimpancés, sino también a nuestra propia humanidad. Y nunca debemos olvidar que, por insuperables que parezcan los problemas ambientales del mundo, si todos nos esforzamos, tendremos la oportunidad de cambiar las cosas. Tenemos que hacerlo. ¡Es así de sencillo!

Evered, Freud y Frodo bajaron y, con Fifi y Faustino, se internaron en la paz del bosque. Los vi partir y luego volví la vista atrás. Y allí donde brillaba el sol a través de una ventana abierta en la densa vegetación, un arcoíris apareció al pie de la cascada.

Epílogo

En los veinte años siguientes a la publicación de *A través de una ventana* el número total de chimpancés de Gombe ha disminuido. En la década de 1970 había cuatro comunidades. En las páginas anteriores hemos visto cómo los machos de la principal comunidad de estudio, la de Kasekela, aniquilaron a la comunidad de Kahama durante la impactante «guerra de los cuatro años». La comunidad de Kalande, que contaba con unos cincuenta miembros, se desplazó entonces hacia el norte, haciendo retroceder a los vencedores de Kasekela en ese frente, mientras que la comunidad de Mitumba, igualmente fuerte, presionaba desde el norte. Luego, en 1987, se produjo una terrible epidemia de una enfermedad similar a la gripe que mató a muchos chimpancés de la comunidad de Kasekela y posiblemente también de las otras. En 1988, la comunidad de Kasekela había bajado de cincuenta a tan sólo treinta y ocho chimpancés.

Sin embargo, esta comunidad se recuperó y aumentó gradualmente: hoy cuenta con unos sesenta individuos, incluidos once machos adultos, y ha ampliado su territorio hasta cubrir algo más de la mitad del parque. Esta expansión se ha producido a expensas de las comunidades de Mitumba y Kalande, que se vieron debilitadas no sólo por la enfermedad, sino por las actividades agrícolas humanas que privaron a los chimpancés de un hábitat clave fuera del parque. Además, aparecieron pruebas de que la caza furtiva había aflorado en el sur. Desde 1993, los chimpancés de Kasekela no sólo han adquirido territorio, sino que han atacado y herido de muerte al menos a cinco chimpancés de las comunidades vecinas.

La comunidad de Mitumba se redujo a veintiún individuos en 1997. Y, por alguna razón inexplicable, algunos de los machos restantes de Mitumba se agruparon y mataron a machos de su propia comunidad en dos ocasiones distintas. Sin embargo, a pesar de este comportamiento aparentemente no adaptativo, la comunidad, que ahora cuenta con veinticinco miembros, puede sobrevivir gracias a que hay varios machos jóvenes que pronto alcanzarán la madurez y podrán ayudar a defender su territorio. De hecho, la gran comunidad de Kasekela ha perdido al menos a una de sus hembras adultas por los ataques de los machos de Mitumba.

Sabemos menos sobre la comunidad de Kalande, que hemos observado desde 1999 pero nunca de manera habitual. Creemos que había más de treinta chimpancés a finales de la década de 1990, pero hoy su número máximo no supera los dieciséis, y podría haber incluso menos. Esta disminución es consecuencia de la pérdida de hábitat, las enfermedades y la violencia intercomunitaria. Y hay pruebas de que un chimpancé fue asesinado por humanos.

La historia de cada familia

En el espacio que me queda quiero hacer una rápida puesta al día sobre cada uno de los chimpancés que presenté en las páginas anteriores de este libro.

La familia «G»

Permítanme comenzar con Goblin y el resto de los hijos y nietos de Melissa. Goblin perdió su posición de alfa frente a Wilkie en 1989 durante una lucha feroz por la hembra Candy, que le dejó heridas graves en el escroto. Se mantuvo alejado de los demás machos durante su convalecencia (la historia se cuenta en la película de HBO *Chimps: So Like Us),* pero a menudo se le veía con su hermana Gremlin acicalándose mutuamente en silencio. En consonancia con su carácter valiente y decidido, llevó a cabo un intento de recuperar su posición perdida, pero fracasó. Volvió a ser atacado, esta vez por muchos miembros de la comunidad, y una vez más tuvo que exiliarse.

Cuando finalmente se reunió con los demás, jugó a lo seguro, mostrando una sumisión extrema a los machos de alto rango. Sin embargo, aunque nunca más intentara llegar a la cima, era muy astuto políticamente. Cuando Freud se convirtió en alfa, Goblin se ganó su apoyo, consiguiendo poder gracias a esa amistad. Cuando Frodo tomó el mando, Goblin transfirió sus atenciones a él, e incluso se atrevió a aparearse en su presencia, normalmente después de haber «pedido permiso» lanzándole alguna mirada rápida, acicalándole o tocándole brevemente. A pesar de tener muchas oportunidades, parece que no engendró más descendencia tras su caída. Creemos que su lesión debió de dejarle estéril. Hacia el final de su vida, Goblin parecía viejo, con los dientes desgastados hasta las encías. En agosto de 2004, justo antes de su cuarenta cumpleaños, enfermó. Apareció cerca de nuestra oficina de investigación, posiblemente buscando ayuda, ya que, en el pasado, tras resultar herido, le habíamos llevado comida y medicinas. Mike Wilson, entonces director de Gombe, escribió: «Le dimos de comer, le tratamos con antibióticos e incluso varios de nosotros pasamos la noche en el bosque junto a él, para asegurarnos de que no le atacaba algún leopardo o potamoquero». Mike describe cómo «yacía inmóvil entre los arbustos fuera del sendero. Fue terriblemente triste ver a Goblin reducido a ese estado. Murió a pesar de nuestros esfuerzos».

Gimble, el hermano menor de Goblin, el superviviente de los gemelos de Melissa, siempre fue de tamaño pequeña. Tras la muerte de su madre, pasó mucho tiempo viajando con Goblin. A pesar de su tamaño, desarrolló una exhibición de fuerza impresionante, y en una ocasión, durante los primeros días en que Frodo se convirtió en alfa, fue claramente el segundo macho de mayor rango. Después de esto, lo fue perdiendo gradualmente. La última vez que se le vio fue en 2007, cuando sólo tenía treinta años.

La hermana de Goblin, Gremlin, después de perder a su primogénito Getty (al que mataron aparentemente para utilizarlo en una ceremonia de «brujería» o en la medicina tradicional), tuvo otro hijo, Galahad, que era igualmente carismático. Nos quedamos muy tristes cuando en el año 2000 también lo perdió durante una epidemia de una enfermedad parecida a la gripe.

Después, su suerte cambió. Bill Wallauer filmó el nacimiento de Gaia. Y también filmó el extraordinario e inesperado ataque al recién nacido por parte de Fifi, Gigi y Fanni. Fue entonces cuando me di cuenta de que, después de todo, los ataques similares de Passion y Pom no habían sido muestras de comportamientos aberrantes. Afortunadamente, contra todo pronóstico, Gremlin consiguió mantener a Gaia a salvo.

Gaia tenía cinco años cuando, durante una de mis escasas visitas a Gombe en 1998 (durante el rodaje de la película de IMAX *Jane Goodall's Wild Chimpanzees),* Gremlin entró en la zona de alimentación con dos crías gemelas a las que llamamos Golden (Goldie) y Glitta. Fui el primer ser humano en verlas. Fue un momento emocionante, que se convirtió en un horror cuando Fanni, con el apoyo de Fifi, trató de apoderarse de ellas. Una vez más, Bill pudo filmar el impactante suceso, y, de nuevo, Gremlin se las arregló para proteger a sus bebés. Fue una madre maravillosa para las gemelas y Gaia fue de gran ayuda, pasando mucho tiempo jugando con ellas, acicalándolas y cargando a una u otra. Gaia prefería a Glitta, mientras que la marimacho más aventurera, Goldie, formó un vínculo muy estrecho con Galahad hasta que éste murió de forma trágica.

Las gemelas crecieron muy bien, y cuando Gremlin dio a luz a su siguiente hijo, Gimli, las gemelas lo tomaron bajo su protección. Tal vez porque siempre estaban juntas –o tal vez porque su padre era el fuerte Frodo–, dieron pronto señales de independencia. Será fascinante observar cómo va desarrollándose su relación a medida que alcanzan la madurez. Y será especialmente interesante observar lo que ocurre en sus primeros emparejamientos. Si, como es probable, continúan sincronizando sus ciclos, ¿se irá cada una con un macho diferente? ¿Intentará un macho llevarse a las dos? ¿O veremos por primera vez un ejemplo de doble cita? (¡En una ocasión la madre de Satán, Sprout, le acompañó en uno de estos emparejamientos con una joven hembra!)

Gaia tuvo su primer bebé, Godot, en 2006. Para nuestro total asombro y consternación, Gremlin «robó» a Godot poco después de su nacimiento. Vivió cinco meses, pero siempre fue débil. Gimli, el hijo de Gremlin, toleró la repentina intromisión de este sobrino. Tenía dos años y posiblemente recibió más leche de la que necesitaba. Un año después, Gremlin se llevó al segundo bebé de Gaia –la autopsia demostró que había nacido muerto y que nunca había respirado.

Gaia volvió a quedarse embarazada, y en 2008, para nuestra alegría, dio a luz a gemelos. El gen de los partos múltiples es, efectivamente, fuerte en esta familia. Pero nuestro entusiasmo se convirtió en horror cuando por tercera vez Gremlin intervino, arrebatándole a su hija los dos bebés. Ninguno de los dos sobrevivió; uno murió a los cinco días, y el otro, a los trece. Es difícil explicar el comportamiento de Gremlin. Cuando robó a Godot, pensé que tal vez, después de cuidar de sus gemelas durante tanto tiempo, sentía que necesitaba un segundo bebé para hacer compañía a Gimli. Y Gaia estaba tan acostumbrada a que le quitara a uno u otro de los gemelos que aceptó la pérdida de su propio bebé de la misma manera.

Hace poco recibí con emoción noticias de la familia de Gombe. «Nos complace enormemente informar de que Gaia ha vuelto a dar a luz y su bebé se encuentra bien», escribió Anna Mosser, la directora del centro. A las seis de la tarde del 5 de junio de 2009 Gaia y su hijo recién nacido se unieron a un gran grupo. A mediodía del día 6, Gremlin apareció por primera vez. Mostró cierto interés por su nieto, pero Gaia mantuvo las distancias con su madre y mantuvo al bebé cerca de ella. «Continuamos siguiendo a la familia G (Gremlin, Gaia y los bebés Golden, Glitta y Gimli) durante los cinco días siguientes», escribió Anna. Durante este tiempo, su hijo, en el momento en que escribo este libro, sigue vivo.

Wilkie, como hemos visto, arrebató el puesto de alfa a Goblin y reinó durante tres años. Siempre se le ha dado bien acicalar a otros, y ha estado no sólo muy motivado para aparearse con las hembras, sino que ha tenido éxito en su empeño. Los análisis de ADN muestran que ha engendrado al menos seis hijos, incluyendo a Gaia.

La familia «F»

Fifi casi llegó a cumplir los cincuenta años. Desapareció en 2004 junto con Furaha (que significa «alegría» en suajili), de dos años, y su hija Flirt, de seis. Habían estado pasando un tiempo en el norte de su área y, aunque nunca lo sabremos, se supone que fue atacada mortalmente por los machos de Mitumba, puesto que no había dado señales de mala salud. Para nuestra alegría, la pequeña Flirt apareció unas semanas después. A menudo viajaba con uno u otro de sus hermanos mayores, Freud o Frodo.

Fifi fue una madre increíblemente exitosa: entre 1971 y 2002 dio a luz a nueve crías, siete de las cuales están vivas y sanas mientras escribo. A medida que creció y ascendió en categoría hasta convertirse en la hembra alfa, los intervalos entre los nacimientos se fueron haciendo más cortos. Todos sus hijos tenían padres diferentes, excepto Fanni y Flossi, hermanas carnales engendradas por Goblin. Fifi era una chimpancé muy especial. La conocía desde que era un bebé y había un extraño vínculo entre nosotras. Gombe, para mí, nunca volverá a ser lo mismo.

Pero sus hijos, hijas y nietos siguen estando muy presentes: ¡qué familia tan increíble! Hemos visto cómo el hijo de Flo, Figan, con la ayuda de su hermano, se convirtió en un poderoso macho alfa. Y tres de los hijos de Fifi, Freud, Frodo y Ferdinand –nietos de Flo y sobrinos de Figan–, han ascendido a la anhelada posición de alfa.

En 1993 Freud tomó el relevo de Wilkie y reinó durante casi cinco años. Fue casi siempre un alfa muy relajado y pasaba mucho tiempo acicalándose con los otros machos. Pero también realizaba vigorosas exhibiciones de fuerza ante su compañero de juegos de la infancia, Frodo, sumiendo a su joven hermano en un permanente estado de terror. Una vez vi a Frodo emitiendo suaves gemidos de miedo, subido en lo alto de una palmera durante más de una hora mientras Freud permanecía sentado tranquilamente acicalándose debajo.

Freud perdió su puesto cuando cayó enfermo durante una epidemia de sarna sarcóptica. Comenzó a evitar a los otros machos hasta que un día Frodo lo encontró escondido en la espesa vegetación. La escena que siguió fue extraordinaria y Bill Wallauer pudo grabar toda la secuencia en vídeo. Freud, al oír las llamadas del grupo de machos que Frodo acababa de dejar, trató de alejarse de inmediato, pero Frodo empezó a hacer ostentaciones de fuerza a su alrededor mientras él gritaba asustado, agitando repetidamente las ramas como hace un macho que intenta persuadir a una hembra para que le siga cuando se quiere emparejar con ella. Freud, que seguía gritando de terror, trató repetidamente de huir, pero su hermano menor no tuvo piedad y le obligó, aunque estuviera enfermo, a seguirle en dirección al grupo de machos excitados. Bill se preparó para presenciar un temible ataque de la banda, pero para su sorpresa Frodo protegió a su hermano mayor, lanzando piedras a los machos enardecidos que realizaban exhibiciones de fuerza.

A pesar de las muchas oportunidades que se le presentaron, parece que Freud no engendró ninguna cría durante su mandato como alfa, pero posteriormente se comprobó que fue el padre de la cría de Candy, Cocoa.

En 1997, tras el incidente descrito, Frodo le arrebató fácilmente el puesto de alfa a Freud. Tenía veintiún años, se encontraba en el mejor momento de su esplendor y era el macho más grande que hemos conocido. Nunca dejó de comportarse de manera agresiva e intimidatoria, como ya hacía de pequeño, y era temido tanto por otros chimpancés como por muchos humanos. Los otros machos solían abandonar el grupo en cuanto aparecía Frodo –al igual que las crías solían dejar de jugar en cuanto él se acercaba–. Rara vez acicalaba a los demás, y prefería sentarse para dejar que le acicalaran a él. No tenía necesidad de formar alianzas, podía hacerlo solo. Al igual que su tío Figan, era un cazador consumado, aunque a diferencia de él, ha tenido mucho éxito en la transmisión de sus genes: los perfiles de ADN muestran que ha engendrado al menos a siete de las crías de su comunidad, cinco durante su reinado de cinco años como alfa. Uno de estos pequeños fue concebido durante un emparejamiento incestuoso: Fred, el séptimo de los hijos de Fifi, que murió en la infancia durante la epidemia de sarna, como se mencionó anteriormente.

Al igual que su hermano, Frodo perdió la máxima jerarquía durante una enfermedad. De hecho, cuando lo vi a finales de 2003, apenas lo reconocí de lo mucho que se había consumido y apagado. Bill y yo estábamos sentados con él cuando oímos a un grupo de machos llamando cerca; rápida y silenciosamente Frodo se escabulló entre los arbustos, mirando nerviosamente por encima del hombro. Durante un tiempo pareció que no se recuperaría, pero finalmente recobró la salud y gran parte de su bravura, aunque no su estatus de alfa.

Faustino y su joven hermano, Ferdinand, eran la quinta y sexta crías de Fifi, respectivamente. Faustino, el hijo de Wilkie, ascendió a la segunda posición en 2005, pero luego enfermó, lo que le hizo descender a una posición baja. Tras recuperarse, volvió a desafiar a otros machos.

Hoy en día es el macho que supone un mayor rival para el actual alfa, su propio hermano pequeño, Ferdinand, que tomó el relevo de un macho de mayor edad, Kris, en marzo de 2008.

Fanni y Flossi, aunque estuvieron muy unidos durante la infancia, se separaron posteriormente. Fanni permaneció en la misma zona que Fifi, y madre e hija estuvieron a menudo juntas. De hecho, como hemos visto, apoyó a Fifi en sus ataques asesinos a los bebés de Gremlin.

Fanni, para mi sorpresa, no era la madre atenta y solícita con su primogénito que yo esperaba de cualquier madre de la familia F. Perdió a Fax cuando éste tenía poco más de cuatro años. Pero desde entonces ha destetado con éxito a dos hijos y una hija, Fudge, Fundi y Familia, los tres engendrados por Sheldon, y actualmente está amamantando a su segunda hija, Fadhila. Y, como en el caso de Fifi, las crías de Fanni se han sucedido rápidamente, tras un intervalo mínimo entre nacimientos.

Flossi dejó su comunidad natal y emigró a Mitumba en 1996. Aunque las hembras residentes eran agresivas, ella se comportó de manera asertiva y solicitó el apoyo de los machos. Se instaló rápidamente en una zona privilegiada del fondo del valle de Mitumba y hasta ahora ha dado a luz a cuatro crías: Forest, nacido en 1997, Fansi, en 2001, Flower, nacida en 2005, y una nueva cría nacida en 2009, también con los cortos intervalos entre nacimientos característicos de su familia. Aunque no es la mayor, es una de las dos hembras de mayor rango de la comunidad de Mitumba.

La familia de Passion

Tras la muerte de Passion, Pom, sin el apoyo de su madre dominante, recibió una buena cantidad de agresiones por parte de las otras hembras, y emigró a Mitumba después de un año. Desgraciadamente, no hubo más contacto con ella, y aunque se la vio con una pequeña cría en 1986, después perdimos su pista.

Prof, como era de prever, nunca alcanzó un rango elevado. Mantuvo su estrecha relación con el pequeño Pax durante toda su vida. Lamentablemente, desapareció a principios de 1998. Se cree que se trasladó al sur, y posiblemente fue víctima de los machos de Kalande. Nunca lo sabremos, pero es interesante que Pax liderara varias expediciones al sur tras la desaparición de Prof y se especuló que podría haber estado buscando a su hermano perdido. A diferencia de otros machos, Pax nunca llegó a ser más grande que una hembra adulta, y como resultado de la lesión que sufrió en la infancia, nunca se ha apareado. Es inusualmente juguetón, una especie de Peter Pan vestido de chimpancé.

La familia de Patti

Patti se convirtió en una madre de alto rango y gran éxito. Ocupaba una zona del centro del territorio, que se superponía con la de Fifi. Sus habilidades como madre, inicialmente terribles, como se describe en este libro, mejoraron considerablemente con el tiempo, e hizo un buen trabajo en la crianza de Tanga, Titán y Tarzán. Al igual que Fifi, empezó a pasar cada vez más tiempo en el norte. En 2005 Patti, junto con Tarzán, de cinco años de edad, fue vista viajando en pareja con Frodo muy al norte, cerca del valle de Mitumba. Allí los encontró un grupo de dos machos y cuatro hembras de Mitumba. Frodo huyó, pero Patti no logró escapar y fue gravemente atacada por los machos. Dos semanas después murió y se comprobó que había sufrido muchas y graves lesiones internas y externas. Fue un incidente horrible, pero durante el asalto una joven hembra de Mitumba convenció a Tarzán de que dejara a su madre y le acompañó a un lugar seguro, lo que probablemente le salvó la vida. Regresó al sur y ahora pasa mucho tiempo con su hermano mayor, Titán. Ambos son hijos de Frodo y han heredado sus maneras agresivas: Titán, por ejemplo, suele lanzar piedras con frecuencia y con certera puntería.

La hija mayor de Patti, Tita, emigró a la comunidad de Mitumba, dio a luz allí a un bebé que murió y luego se la vio poco hasta 1998, año en que desapareció. El ADN de las muestras fecales encontradas recientemente en Kalande sugiere que sigue viva y que ahora vive en esa comunidad con un hijo. Tanga se quedó en Kasekela en el área de Patti y tiene dos hijos, Tom y Tabora.

Casi todos los huérfanos que observé tan de cerca y describí en las páginas anteriores han muerto o desaparecido, en muchos casos junto con sus protectores. Gigi desapareció en 1993 y la pequeña Mel murió un año después a causa de las heridas infligidas por un agresor desconocido. Tras la muerte de Gigi, Skosha, que durante un tiempo estuvo muy vinculada a ella, se convirtió en una hembra un tanto desgraciada. Siempre recordaré el día que la vi cuando todos los demás compartían la carne después de una matanza exitosa, arrastrándose por debajo y lamiendo las gotas de sangre de unas hojas, que fue todo lo que pudo conseguir. Pero poco a poco su situación mejoró y finalmente adquirió un rango medio, aunque nunca dio a luz. Tenía treinta y tres años cuando desapareció, y desconocemos su paradero.

Tanto Wunda como Wolfi desaparecieron, y aunque hubo informes sobre dos individuos que podrían haber sido ellos en la comunidad del sur, no se pudo verificar.

Sin embargo, Darbee ha sobrevivido; como todos los huérfanos, maduró lentamente y no mostró su primera hinchazón sexual completa hasta los trece años. Mientras permaneció en el área de distribución de Kasekela, fue objeto de ataques por parte de las hembras de la comunidad, y finalmente en 1998 emigró a Mitumba. Ocho años después dio a luz a un bebé sano, Maybee. Su hermano Tubee siempre ha sido un poco solitario. Lleva muchos años siendo un macho de rango medio-alto y hasta ahora ha sido padre una vez, de Gimli.

Cincuenta años después

Cuando vuelvo a Gombe estos días y me encuentro rodeada de un grupo de chimpancés, no puedo evitar añorar los días en los que podía echar un vistazo a un árbol y reconocer al instante quién estaba allí. Ya no conozco a la generación más joven. Sólo a Gremlin, a Gaia y a la descendencia mayor de Fifi. Y a Wilkie. Uno a uno, aquellos otros a los que conocí tan bien, con los que compartí tantas horas fascinantes, emocionantes o trágicas, se han ido. Me encuentro pasando cada vez más tiempo, cuando me siento en el Pico o junto a la cascada, pensando en David Graybeard y en Goliat, en Flo y en Melissa. Recordando la emoción de los nuevos descubrimientos, las exploraciones en territorios desconocidos mientras el mundo del bosque y sus fascinantes habitantes se me iba desvelando. Sin embargo, han pasado cincuenta años desde aquellos días, medio siglo. En estos años hemos aprendido mucho sobre los chimpancés de Gombe. Me pregunto ¿qué nuevos secretos descubriremos en los próximos años?

Jane Goodall
Octubre 2009

Agradecimientos

¿Cómo, después de casi treinta años, puedo ni siquiera empezar a manifestar mi agradecimiento adecuadamente a cuantas personas han hecho posible continuar la investigación en Gombe? Mirando hacia atrás, resulta difícil distinguir entre las contribuciones hacia el estudio actual y las contribuciones hacia mi propia persona. Después de todo, los años en Gombe, observando e investigando la vida de los chimpancés, están tan indisolublemente unidos a mi propia vida personal que es difícil separar ambos aspectos. Seguramente, ni siquiera debería intentarlo. Tendría que escribir otro libro, pues la ayuda y el apoyo que he recibido han sido inmensos. Algunas veces me ha desbordado la amabilidad, generosidad y deseo de ayuda que he encontrado en gente de todo el mundo. Proporcionaron calor a mi corazón, dándome una y otra vez fuerzas para resistir en los tiempos difíciles.

Creo y espero haber expresado mi gratitud a todos aquellos que ayudaron a Gombe durante los diez primeros años de estudio en mi primer libro *In the Shadow of Man* (*A la sombra del hombre*). Ahora voy a tratar de hacer lo mismo con respecto a todas aquellas personas y organizaciones que me han permitido continuar desde entonces.

Primero debo mencionar mi gratitud al gobierno de Tanzania: a nuestro anterior presidente, Mwalimu Julius Nyerere, ahora presidente del partido, conservador de los hábitats forestales y botánico por mérito propio, y a su sucesor, el presidente Hassan Mwinyi, y a todos aquellos que desde diferentes departamentos gubernamentales me han ayudado durante todos estos años. Especialmente quiero agradecer a varios de los comisarios regionales y a los directores de desarrollo de distrito de la Región de Kigoma la ayuda que me han prestado en todo momento, y al director de Vida Salvaje (Wildlife), Costa Mlay. Debo especial agradecimiento al director de los Parques Nacionales de Tanzania, David Babu, y a muchos de sus guardianes, así como al director del Instituto de Investigación de Wildlife, Karim Hirji, y al director del Consejo de Investigación Científica de Tanzania y a su equipo (especialmente a Addie Lyaruu).

Muchas fundaciones, instituciones y particulares han contribuido generosamente durante los últimos veinte años. Para la National Geographic, una especialísima gratitud; patrocinó todo el programa de investigación durante muchos años y continúa sosteniendo nuestra labor de múltiples maneras. La publicidad de que han sido objeto los chimpancés de Gombe durante estos años, a través de artículos en revistas, programas de televisión y, más recientemente, anuncios en los periódicos, ha sido, más que ningún otro factor, lo que me ha permitido, a mí y a cuantos me ayudaban, recaudar fondos para distintos programas relativos a los chimpancés. Debo mencionar especialmente a Melvin Payne, Gil Grosvenor, Mary Smith y Neva Folk, quienes en los últimos años nos han ayudado extraordinariamente.

La LSB Leakey Foundation ha efectuado muchas y generosas donaciones; mi especial gratitud a Tita Caldwell, a Gordon Getty, a George Jagels, a Coleman Monton y a Debbie Spies por su ayuda y amistad.

También muchas donaciones particulares han ayudado a mantener la investigación en Gombe desde que la generosa subvención de la Fundación Grant terminó inmediatamente después de los sucesos de 1975, cuando cuarenta hombres armados secuestraron a cuatro estudiantes (como se relata en el capítulo 7). Las personas que han contribuido son tan numerosas que es imposible nombrarlas a todas, pero doy gracias de todo corazón a cada una de ellas, no sólo por las grandes aportaciones, sino también por los pequeños regalos, que representan, por parte de quienes los mandaron, idéntico espíritu magnánimo. Una de las más preciadas donaciones me llegó a África por parte de un niño que envió una moneda de veinticinco centavos pegada con cinta adhesiva en una hoja de papel, en la que escribía que enviaría más en cuanto pudiera ganar dinero.

Permítaseme también agradecer a mi buen amigo Jim Caillouette los suministros médicos para el equipo de trabajadores de Tanzania.

También hemos recibido donaciones de algunas compañías; debo agradecerle especialmente a Jeff Walters y la Compañía Sony que nos cediese cámaras de vídeo, filmadores y cintas para poder registrar el comportamiento de los chimpancés en el campo.

Mucha gente de Kigoma, ciudad próxima a Gombe, nos ha aportado su ayuda. Especialmente quiero agradecer la colaboración de Blanche y Toni Bescia, Subhadra y Ramji Dharsi, Rhama y Christopher Liundi, Asgar Remtulla y Kirit y Jayant Vaitha.

Siempre estaré agradecida a Robert Hinde por la paciencia que tuvo conmigo cuando era mi profesor en mi juventud y por la ayuda que me ha venido prestando desde entonces. También quiero dar las gracias a David Hamburg, quien en 1972 negoció una asociación entre Gombe y la Universidad de Stanford que permitió que una serie de buenos estudiantes trabajaran sobre el terreno como ayudantes de investigación, proporcionando al proyecto un nuevo vigor.

No puedo mencionar uno por uno a todos los estudiantes que participaron en la observación e investigación de los chimpancés. Pero quiero mencionar a aquellos que permanecieron en el campamento varios años, como Harold Bauer, David Bygott, Patrick McGinnis, Larry Goldman, Hetty y Frans Plooij, Anne Pusey, Alice Sorem Ford, Geza Teleki, Mitzi Thondal, Caroline Tutin y Richard Wrangham. También Curt Busse y David Riss, que siguieron durante cincuenta días a Figan.

Ahora quiero manifestar mi agradecimiento a los asistentes de campo de Tanzania, por los que siento gran respeto por su cuidadoso trabajo y dedicación. Estos hombres han trabajado en Gombe muchos años; el trabajo es su vida. Después del secuestro de 1975, nuestra tarea habría finalizado de no haber sido por la colaboración y el apoyo que estos hombres nos brindaron. Un especial agradecimiento a Hilari Matama, que empezó a trabajar en Gombe en 1968 y que aún está aquí, y a Hamisi Mkono y a Estorn Mpongo, que han estado conmigo más de diez años. También a Yahaya Alamasi, Ramadhani Fadhili, Bruno Helmani, Hamisi Matama y Gabo Paulo. Y quiero rendir un tributo especial a Mzee Rashidi Kikwale, que murió en 1988. Rashidi fue quien me acompañó en mis primeras excursiones por las montañas de Gombe. Con él vi aquí los primeros chimpancés. A lo largo de los años siguientes, y hasta su muerte, Rashidi fue un leal trabajador y un gran amigo. Hacia el final de su vida realizaba una importante tarea en Gombe, pues actuaba como jefe honorario de los trabajadores del campamento. Después de su muerte, uno de sus hombres, Hilali, se lamentaba diciendo: «Somos como un cuerpo sin cabeza». Fue una gran pérdida.

También quiero mencionar la colaboración de otras dos personas en la investigación de Gombe: son Christopher Boehm y Anthony Collins. Chris introdujo el uso de las videocámaras de 8 mm en el equipo de filmación de Tanzania y además enseñó a utilizarlas a varios miembros del campamento. Esto permitió observar y registrar las escenas únicas e inolvidables del comportamiento de los chimpancés filmadas cuando tenía que ausentarme del campamento. Por otro lado, Tony es director de campo del estudio de los babuinos. Durante los dos años y tres meses que duró su colaboración, se encargó también de la administración del campamento, así como de los salarios, beneficios, seguros, etc.; por todo ello le estaré siempre agradecida. Más recientemente entró en escena un veterinario británico, al que también quiero mencionar: Kenneth Pack. Gracias a su oportuna visita se salvó la vida de uno de los chimpancés a los que más quiero, Goblin; por ello le estaré siempre agradecida, así como por el tratamiento que aplicó a los babuinos de Gombe durante la reciente epidemia que afectó a los grupos sometidos a estudio.

Hay en Dar es Salaam un fabuloso equipo de personas que ha sido de gran ayuda para mí tanto en los trabajos de análisis como en los de administración. Trusha Pandit fue mi mano derecha durante ocho años; no había nada que ella no controlara. Nos ha dejado recientemente para ir junto a su marido a la India y nadie podrá reemplazarla. Otros que han dedicado hora tras hora a analizar los datos y a controlar en Gombe, organizando incluso mi propio trabajo, son Jeanee Deane, Jenny Gould, Jennifer Hanay, Ann Hinks, Uta Soutter y Judy Taylor. Mi más profundo agradecimiento para todas. Y también para aquellos maravillosos amigos que me animaron después de la muerte de Derek, ayudándome física y moralmente: primero, como es lógico, para todos los miembros de mi propia familia; luego para Vanne, mi madre, quien tuvo que marcharse a los pocos meses para ser sometida a una operación de corazón; y para Olly, Audrey y Judy. Y también para Grub, pobre niño cuya madre estaba siempre cuidando a los chimpancés e investigando la comunicación entre ellos. En Dar es Salaam está el hijo de Derek, Ian. Y gracias a Clarissa y Gunar Barnes,

Jenny y Michael Gould, Frauke y Benno Haffner, Sigy y Ted McMahon, Nancy y Robert Nooter, el marido de Trusha Prashant Pandit, Judy, y Adrian Taylor. Y a mis muy especiales amigos, con los que estuve durante los primeros días tan deprimentes tras mi regreso a Tanzania, Dick Viets y su maravillosa mujer, Marina, que murió trágicamente en fecha reciente y a la que echo de menos y recuerdo con mucho afecto. Y a otros que han sido de gran ayuda: Liz y Ron Fennell, Uta y Martin Souther, Catherine y Tony Marsh, Penelope Breeze y Stevenson McIllvaine, Mollie y David Miller y Julie y Don Petterson y Dimitri Mantheakis y sus hijos.

A continuación debo hacer llegar mi agradecimiento a cuantos hicieron posible el Instituto para la Investigación, Conservación y Educación Jane Goodall, una organización exenta de impuestos a través de la cual se canalizan todas las donaciones. Fue concebida por el difunto príncipe Raniero di San Faustino y su mujer, Geneviève. Después de la muerte del príncipe, Genie trabajó duro y cumplió su sueño con la ayuda de otros maravillosos amigos: Joan Cathcart, Bart Deamer, Margaret Gruter, Douglas Schwartz, Dick Slottow y Bruce Wolfe. ¡Cuánto esfuerzo, cuánta generosidad en cuanto a tiempo o dinero, o ambas cosas! Después de ellos, otros seguidores leales han formado parte del Instituto: Larry Barker, Ed Bass, Hugh Caldwell, Sheldon Campbell, Bob Fry, Warren Hiff, Jerry Lo- wenstein, Jeff Short y Mary Smith. Y aquí destaco mi gran agradecimiento a dos personas cuya generosidad fue muy importante para poner en pie el Instituto: Gordon y Ann Getty, cuya fabulosa donación en 1984 puede considerarse como nuestra fundación. Y mis más sinceras gracias, también, a William Clement, que realizó donaciones increíblemente generosas cuando el Instituto se trasladó de San Francisco a Tucson, Arizona. Debo expresar también mi agradecimiento a las personas que han trabajado tanto a cambio de tan poco para ayudarme a realizar algunos de mis sueños durante los últimos años. A Sue Engel, por ayudar a que despegase el Instituto. Y a Jennifer Kenyon y a la coordinadora de ChimpanZoo, Virginia Landau. Hay también una serie de personas que generosamente han donado sus esfuerzos y su dinero, y especialmente quiero dar las gracias a Leslie Groff, Gale Paulin y Humphrey y Penny Taylor. Y no sé cómo expresar adecuadamente mis gracias a Robert Edison y Judy Johnson, que se han esforzado por levantar el Instituto a lo largo de los años. Bob, en particular, comparte todas mis ideas en lo que concierne al bienestar de los animales. Quiero asimismo expresar mi gratitud a Geza Teleki, quien, después de luchar por la conservación y el bienestar de los chimpancés casi individualmente desde su regreso de Sierra Leona, se ha unido ahora al JGI. Geza, de hecho, es «nuestro hombre en Washington», donde dirige el Comité para la Conservación y el Cuidado de los Chimpancés (las cuatro Ces). Geza, junto con Heather McGriffin, también me proporciona su maravillosa hospitalidad cada vez que visito la capital de América, lo cual, en estos días, sucede muy a menudo. Otras personas que están profundamente implicadas en los esfuerzos por mejorar la vida de los chimpancés, y que han sido de gran ayuda en Washington, son Michael Bean, Bonnie Brown, Roger Coras, Kathleen Mozzoco, el senador John Melcher, Ron Nowak, Nancy Reynolds, Christine Stevens y Elizabeth Wilson.

Otras muchas personas han hecho grandes contribuciones, cada una a su manera, y estoy enormemente agradecida a todos ellas, especialmente a Michael Aisner por sus grandes esfuerzos en la creación de la fundación; a Mark Maglio, por su estupendo trabajo artístico, y a Peggy Detmer, Trent Meyer y Bart Walter, por su maravillosa ayuda.

Aún más recientemente nació el Instituto Jane Goodall (Reino Unido). Hoy es ya una poderosa organización a causa de las notables personas que pusieron en él toda su confianza: Robin Brown, Mark Collins, Geri di San Faustino, Robert Hinde, Bertil Jernberg, Guy Parsons, Victoria Pleydell-Bouverie, sir Laurens van der Post, Susan Pretzlik, Karsten Schmidt, John Tandy, Steve Matthews, el recientemente fallecido sir Peter Scott y mi madre, Vanne. Junto con Karsten Schmidt, que guio con seguridad el Instituto ante la Charitable Trust Commission, la carga del trabajo cotidiano recae sobre los hombros de Guy Parsons, Robert y Dilys Vass, Steve Matthews, Sue Pretzlil y Vanne. El éxito del lanzamiento de este Instituto se debió también a una generosa donación de Condor Preservation Trust, ordenada por Robin y Jane Colé, al duro trabajo de Clive Hollands y su equipo y a las contribuciones, conseguidas con los libros y pósteres de Michael Neugebauer. Animados con un principio tan prometedor, esperamos hacer mucho en Gran Bretaña para despertar las conciencias sobre el dolor de los chimpancés, particularmente las de los niños. Y mucha gente, como John Eastwood, Pat Groves, Neil Margerison y Pippit Waters, siempre están allí para ayudarnos.

Es difícil expresar adecuadamente mi deuda de gratitud con mi difunto marido, Derek Bryceson, por su ayuda y por sus consejos. Sin él dudo que hubiese podido seguir la investigación después del secuestro de 1975. Derek, con su amplio conocimiento y comprensión de Tanzania, me ayudó a entrenar a los trabajadores del campamento y a reorganizar la recogida de datos. Muchos fueron los intercambios de impresiones que tuve con él sobre sorprendentes aspectos del comportamiento del chimpancé; sus comentarios, realizados desde el punto de vista de un granjero, a menudo eran penetrantes y me abrían nuevos puntos de vista. Su contribución fue realmente enorme; incluso ahora, y precisamente por haber sido tan amado y honrado en Tanzania, su nombre me confiere a mí, su viuda, una posición que de ninguna otra manera habría conseguido.

Ahora debo intentar agradecer a mi madre, Vanne, la asombrosa contribución que ha realizado. No sólo animó mi sueño de infancia de estudiar a los animales salvajes, sino que, desde luego, incluso me acompañó a Gombe en 1960. Su sabiduría y consejo durante los años transcurridos desde entonces y hasta ahora son imposibles de valorar. Ha contribuido a recaudar fondos para la fundación, ha leído y comentado manuscritos y ha sido un permanente manantial de energía. Y, desde luego, no habría habido libro de no ser por ella, porque ¡yo no habría existido!

Finalmente, están los propios chimpancés, todos ellos únicas y vividas personalidades: Flo y Fifi, Gilka y Gigi, Melissa y Gremlin, Goliat y Mike, Figan y Goblin, Jomeo y Evered. Y David Graybeard, que, a pesar de que se fue a los Felices Campos de Caza hace más de veinte años, permanece en mi corazón.

Apéndice I
Algunas consideraciones
sobre la explotación de los animales
no humanos

Cuanto más aprendemos acerca de la auténtica naturaleza de los animales no humanos, especialmente aquellos con cerebros complejos y con su correspondiente comportamiento social complejo, más preocupaciones éticas surgen acerca de su utilización al servicio del hombre, ya sea como entretenimiento, como mascotas, como alimento, en laboratorios de investigación o en cualquiera de los demás usos a los que los sometemos. Esta preocupación se agudiza cuando dicha utilización trae consigo un intenso sufrimiento físico o mental, como tan a menudo ocurre con la vivisección.

La investigación biomédica que implica el uso de animales vivos empezó en una época en la que el hombre de la calle, aunque sabía que los animales sienten dolor (y otras emociones), no se preocupaba en general por su sufrimiento. Subsecuentemente, los científicos se vieron muy influidos por los conductistas, escuela de psicólogos que mantenía que los animales eran poco más que máquinas, incapaces de experimentar dolor o cualquier otro sentimiento o emoción de tipo humano. Así pues, no se consideraba importante, ni siquiera necesario, atender a todos los requerimientos y necesidades de los animales experimentales. En aquel tiempo no se sabía nada del efecto del estrés en los sistemas endocrino y nervioso; no se sospechaba que el hecho de usar animales estresados podía afectar a los resultados de los experimentos. De esta manera las condiciones en que se mantenía a los animales –tamaño y mobiliario de la jaula, confinamiento individual en vez de comunitario– estaban diseñadas para hacer lo más cómoda posible la vida del cuidador y del experimentador. Cuanto más pequeña era la jaula, más barata era su fabricación, más fácil era de limpiar y su inquilino más fácil de cuidar. Por eso apenas sorprende que los animales para la investigación se mantuvieran en diminutas jaulas estériles, apiladas una sobre otra, normalmente con un animal por jaula. Y las preocupaciones éticas por los animales-sujeto se mantenían fuera de las puertas (y éstas, cerradas con llave).

Con el paso del tiempo el uso de animales no humanos en los laboratorios se incrementó, particularmente cuando ciertos tipos de investigación clínica en animales *humanos* se volvieron, por razones éticas, más difíciles de llevar a cabo legalmente. Los científicos y el público en general comenzaron a ver la investigación animal como algo crucial para el progreso médico. Hoy se da generalmente por sentado que es el método aceptado para adquirir nuevos conocimientos sobre las enfermedades, su tratamiento y su prevención. Y también el método aceptado para probar todo tipo de productos, destinados al uso humano, antes de que salgan al mercado.

Al mismo tiempo, gracias al creciente número de estudios sobre la naturaleza y los mecanismos de la percepción y la inteligencia animal, la mayoría de la gente cree ahora que todos los animales no humanos, excepto los más primitivos, experimentan dolor, y que los animales «superiores» tienen emociones similares a las emociones humanas que calificamos como placer o tristeza, miedo o desesperación. ¿Cómo es posible entonces que los científicos, al menos cuando se ponen sus batas blancas y cierran tras de sí las puertas del laboratorio, puedan continuar tratando a los animales experimentales como simples «cosas»? ¿Cómo podemos nosotros, ciudadanos de los países occidentales civilizados, tolerar laboratorios que –desde el punto de vista de los animales prisioneros en ellos– no son tan distintos de los campos de concentración? Creo que es, principalmente, porque la mayoría de la gente, incluso en estos tiempos ilustrados, tiene muy poca idea de lo que ocurre detrás de las puertas cerradas de los laboratorios, abajo, en el sótano. E incluso aquellos que saben algo, o aquellos a quienes preocupan los informes sobre crueldad que ocasionalmente emiten las organizaciones en defensa de los animales, creen que toda investigación animal es esencial para la salud humana y el progreso de la medicina y que el sufrimiento que tan a menudo está involucrado en él es una parte *necesaria* de la investigación. Y no es cierto. Tristemente, mientras algunas investigaciones se llevan a cabo con un objetivo claramente definido que pueda conducir a un descubrimiento médico, hay muchos proyectos, algunos de los cuales provocan mucho sufrimiento a los animales utilizados, que no tienen absolutamente ningún valor para la salud humana (o animal). Además, muchos experimentos simplemente duplican trabajos anteriormente realizados. Finalmente, algunas investigaciones se realizan por el conocimiento en sí mismo. Y mientras ésta es una de nuestras habilidades intelectuales más sofisticadas, ¿debemos perseguir estos objetivos a expensas de otros seres vivos a los que, para su desgracia, somos capaces de dominar y controlar? ¿No es una insolencia que nos arroguemos el *derecho* a (por ejemplo) cortar, probar, inyectar, drogar e implantar electrodos en animales de cualquier especie en nuestro intento de aprender más sobre lo que les hace funcionar? ¿O sobre el efecto que ciertos productos químicos puedan tener en ellos? Y así sucesivamente.

Podríamos estar de acuerdo en que el público en general ignora completamente lo que ocurre en los laboratorios y las razones de la investigación que en ellos se lleva a cabo, casi como los alemanes ignoraban, en su mayoría, todo lo referente a los campos de concentración nazis. Pero ¿qué ocurre con los técnicos en animales, los veterinarios y los científicos dedicados a la investigación, aquellos que realmente trabajan en los laboratorios y que saben exactamente lo que ocurre? ¿Son monstruos sin corazón todos aquellos que utilizan animales vivos como parte del equipo de un laboratorio estándar?

Desde luego que no. Algunos habrá, ya que en todas partes hay sádicos ocasionales. Pero deben ser una minoría. El problema, tal como yo lo veo, radica en la forma en que educamos a la gente joven en nuestra sociedad. Son víctimas de una especie de lavado de cerebro que empieza, demasiado a menudo, en la escuela y que se ve intensificado en casi todas las universidades, menos en algunas pioneras, a través de cursos superiores de educación científica. Se enseña a los estudiantes que es éticamente aceptable perpetrar en nombre de la ciencia lo que desde el punto de vista de los animales sólo podría calificarse de tortura. Se les anima a suprimir su empatía natural por los animales y se les convence de que los sentimientos y el dolor de los animales son muy diferentes de los nuestros, si es que en realidad existen. Cuando llegan a los laboratorios, estos jóvenes han sido programados para aceptar el sufrimiento que los rodea. Y es también demasiado fácil para ellos justificar este sufrimiento diciendo que el trabajo que se lleva a cabo es para el bien de la humanidad. Para el bien de la especie animal que ha desarrollado una sofisticada capacidad para la empatía, la compasión y la comprensión, atributos que orgullosamente se proclaman como distintivo del ser humano.

Yo he sido descrita como una «antiviviseccionista fanática». Pero mi propia madre está viva porque su atascada válvula aórtica fue sustituida por la de un cerdo. Nos dijeron que la válvula en cuestión –según parece, «bioplastificada»– procedía de un cerdo sacrificado con fines comerciales. En otras palabras, que el cerdo hubiese muerto de todos modos. Esto, sin embargo, no elimina mis sentimientos de preocupación por ese cerdo en particular: siempre he tenido un especial cariño por los cerdos. El sufrimiento de los cerdos de laboratorio y de aquellos que se crían en granjas intensivas me preocupa especialmente. Estoy escribiendo un libro, *An Anthology of the Pig,* que espero que ayudará a despertar el interés público por el dolor de estos inteligentes animales.

Desde luego me gustaría ver las jaulas de los laboratorios vacías. Lo mismo le sucedería a todo cuidador, a todo ser humano afectuoso y compasivo, incluyendo a aquellos que trabajan con animales en investigación biomédica. Pero si todo el trabajo con animales en los laboratorios se detuviera de repente, probablemente se produciría, por lo menos al principio, una gran confusión, y muchas líneas de investigación se detendrían. Esto significa que, hasta que las alternativas a la utilización de animales vivos en los laboratorios de investigación estén ampliamente disponibles y, además, los investigadores y las compañías farmacéuticas estén legalmente autorizados para utilizarlos, la sociedad exigirá, y aceptará, el abuso continuo de animales por su propio bien.

Ya en muchos campos de investigación la creciente preocupación por el sufrimiento animal ha llevado a importantes avances en el desarrollo de técnicas como el cultivo de tejidos, las pruebas *in vitro,* la simulación por ordenador, etc. Al final llegará un día en que ya no será necesario utilizar animales. Tiene que llegar. Pero hay que ejercer mucha más presión para acelerar el desarrollo de técnicas alternativas. Deberíamos invertir mucho más dinero en investigación y dar el debido reconocimiento a aquellos que realizan nuevos avances, concederles como mínimo el premio Nobel. Es necesario atraer a los más brillantes a este campo. Más aún, se debe insistir en el uso de técnicas ya desarrolladas y probadas. Mientras tanto, es indispensable que el número de animales utilizados se reduzca drásticamente. Debe evitarse la duplicación innecesaria de investigaciones. Tienen que implantarse normas más restrictivas acerca de para qué y para qué no pueden utilizarse animales. Deben ser utilizados sólo para los proyectos más acuciantes que supongan claros beneficios para la salud colectiva y que contribuyan significativamente al alivio del sufrimiento humano. Otros usos de animales en los laboratorios deben detenerse *inmediatamente,* incluyendo las pruebas de cosméticos y productos para el hogar. Finalmente, mientras los animales sean utilizados en los laboratorios por cualquier razón, deben ser tratados lo más humanamente y en las mejores condiciones de vida posibles.

¿Por qué relativamente pocos científicos están preparados para apoyar a quienes insisten en establecer condiciones mejores y más humanas para los animales de laboratorio? La respuesta habitual es que cambios de este tipo costarían tanto que todo progreso en la ciencia médica se acabaría. No es cierto. La investigación esencial continuaría; el coste de construir nuevas jaulas e instigar la formación de mejores programas de cuidados puede ser considerable, pero despreciable, estoy segura, comparado con el coste del sofisticado equipamiento utilizado hoy en día por los científicos investigadores. Desafortunadamente, sin embargo, muchos proyectos están mal concebidos y a menudo son totalmente innecesarios. Realmente se verían afectados si los costes de los animales de investigación se incrementasen. La gente que se gana la vida gracias a ellos perdería su trabajo.

Cuando la gente se lamenta por el coste de humanizar dichas condiciones de vida, mi respuesta es: «Fíjate en tu nivel de vida, tu casa, tu coche, tu ropa. Piensa en los edificios administrativos en los que trabajas, en tu sueldo, en tus gastos y en tus vacaciones. Y después de meditar en estas cosas, dime que tenemos que escatimar alguno de los dólares extra que gastamos en hacer un poco menos tristes las vidas de los animales que se utilizan para reducir el sufrimiento humano».

Debería ser una cuestión de responsabilidad moral que los seres humanos, que diferimos de los otros animales debido a nuestra mayor capacidad intelectual y nuestra mayor capacidad para la comprensión y la compasión, nos asegurásemos de que el progreso médico separe cuanto antes sus raíces del sufrimiento y la desesperación de los animales no humanos. Especialmente cuando se trata de la servidumbre de nuestros parientes más cercanos.

En Estados Unidos, la ley federal exige que todos los lotes de vacunas para la hepatitis B se prueben en chimpancés antes de que se destinen a la utilización humana. Además, los chimpancés se utilizan todavía en algunas investigaciones sumamente inapropiadas, como son el efecto que causan ciertas drogas adictivas. No hay chimpancés en los laboratorios de Gran Bretaña; los científicos británicos utilizan chimpancés en Estados Unidos o los del Centro de Primates TNO de Holanda, una nueva instalación a la que han ido a parar recientemente fondos de la Comunidad Económica Europea. Los científicos británicos utilizan masivamente, desde luego, otros primates no humanos y miles de perros, gatos, roedores, etc.

El chimpancé se asemeja más a nosotros que cualquier otro ser vivo. Las similitudes fisiológicas han sido descritas con entusiasmo por los científicos durante muchos años y han conducido a la utilización de los chimpancés como «modelos» para el estudio de ciertas enfermedades infecciosas a las que resisten la mayoría de los animales no humanos. Existen, naturalmente, similitudes igualmente notables entre los seres humanos y los chimpancés en cuanto a la anatomía del cerebro y del sistema nervioso, y –aunque algunos se resistan a admitirlo– en cuanto a la conducta social, cognición y emociones. Debido a que los chimpancés demuestran tener habilidades intelectuales que antes se creían exclusivas de nuestra especie, la línea que separa a los seres humanos del resto del reino animal, que antes se consideraba clara, se ha hecho borrosa. Los chimpancés llenan el vacío entre «nosotros» y «ellos».

Esperemos que esta nueva comprensión del lugar que ocupan los chimpancés en la naturaleza alivie finalmente a los cientos que viven como prisioneros, sometidos al hombre. Esperemos que nuestro conocimiento de su capacidad de afecto y disfrute, de miedo y tristeza y sufrimiento, nos lleve a tratarlos con la misma compasión con la que trataríamos a un ser humano. Esperemos que mientras la ciencia médica continúe utilizando chimpancés en experimentos dolorosos y psicológicamente angustiosos, tengamos la honestidad de describir esa investigación como lo que es desde el punto de vista de los chimpancés: la tortura de víctimas inocentes.

Y esperemos que nuestro conocimiento de los chimpancés nos lleve también a comprender mejor la naturaleza de otros animales no humanos, a una nueva actitud hacia las especies con las que compartimos el planeta. Porque como dijo Albert Schweitzer: «Necesitamos una ética sin límites que incluya también a los animales». En la actualidad nuestra ética, en lo que concierne a los animales no humanos, es limitada y confusa.

Si nosotros, en el mundo occidental, vemos a un campesino golpeando a un burro viejo y escuálido obligándole a seguir adelante con una carga superior a sus fuerzas, reaccionamos con indignación. Es una crueldad. Pero arrancar a una cría de chimpancé de los brazos de su madre para encerrarlo en el lúgubre mundo de un laboratorio e inyectarle enfermedades humanas, si se hace en nombre de la ciencia, no lo consideramos una crueldad. Y, sin embargo, tanto el burro como el chimpancé, a fin de cuentas, son explotados y utilizados en beneficio de los seres humanos. ¿Por qué una cosa es más cruel que la otra? Sólo porque se venera la ciencia y porque se supone que los científicos actúan por el bien de la humanidad mientras que el campesino está castigando egoístamente a un pobre animal para conseguir una ganancia. De hecho, gran parte de la investigación que utiliza animales es egoísta también porque muchos experimentos se llevan a cabo para seguir recibiendo subvenciones.

Y no olvidemos que nosotros, en los países occidentales, encarcelamos a millones de animales domésticos en granjas intensivas para llevar a nuestras mesas proteínas animales. Aunque esto suele justificarse basándose en una necesidad económica, o incluso se considera una buena técnica, es algo tan cruel como golpear a un burro o encarcelar a un chimpancé. Y lo mismo puede decirse de las granjas en las que se crían animales por sus pieles. O del abandono de mascotas. O de las granjas ilegales de animales de compañía. O de la caza del zorro. Y es mucho lo que hay detrás de los espectáculos de animales entrenados para nuestra diversión. La lista podría ser muy larga.

A menudo me preguntan si no considero poco ético dedicar tiempo al bienestar de los animales cuando tantos seres humanos están sufriendo. ¿No sería más apropiado ayudar a niños hambrientos, a esposas apaleadas o a los sintecho? Afortunadamente, hay cientos de personas que dedican su talento, sus principios humanitarios y su habilidad a conseguir fondos para tales causas. No necesitan mis energías. La crueldad, ciertamente, es el peor de los pecados humanos. Luchar contra la crueldad, de una manera u otra –ya sea dirigida hacia otros seres humanos o no humanos–, nos sitúa en un conflicto directo con esa lamentable parte de inhumanidad que se oculta en todos nosotros. Si pudiésemos anteponer la compasión a la crueldad estaríamos en el buen camino para crear una nueva ética ilimitada, una ética que respetase a todos los seres vivos. Deberíamos estar en el umbral de una nueva era en la evolución del hombre, la realización, por fin, de nuestra cualidad más específica: la humanidad.

Apéndice II
La conservación y los santuarios de los chimpancés

En el mundo occidental y en muchos países del Tercer Mundo, las actitudes hacia los animales y hacia el entorno están cambiando. Existe mayor conciencia de la situación de los chimpancés que hace unos años, así como un interés y un deseo de ayuda crecientes. En respuesta a necesidades especiales, la gente acude cuando más se la necesita.

El Comité para la Conservación y el Cuidado de los Chimpancés, las cuatro Ces, está profundamente implicado en el fomento de las estrategias de conservación en África. Se trata de un grupo de científicos, todos ellos preocupados por la conservación y el bienestar de los chimpancés. Su presidente es el doctor Geza Teleki, que trabaja junto al doctor Toshisada Nishida y otros para poner en marcha un plan de acción diseñado para ayudar lo más rápidamente posible a los chimpancés acorralados de todo el continente africano. El mapa de la pági-

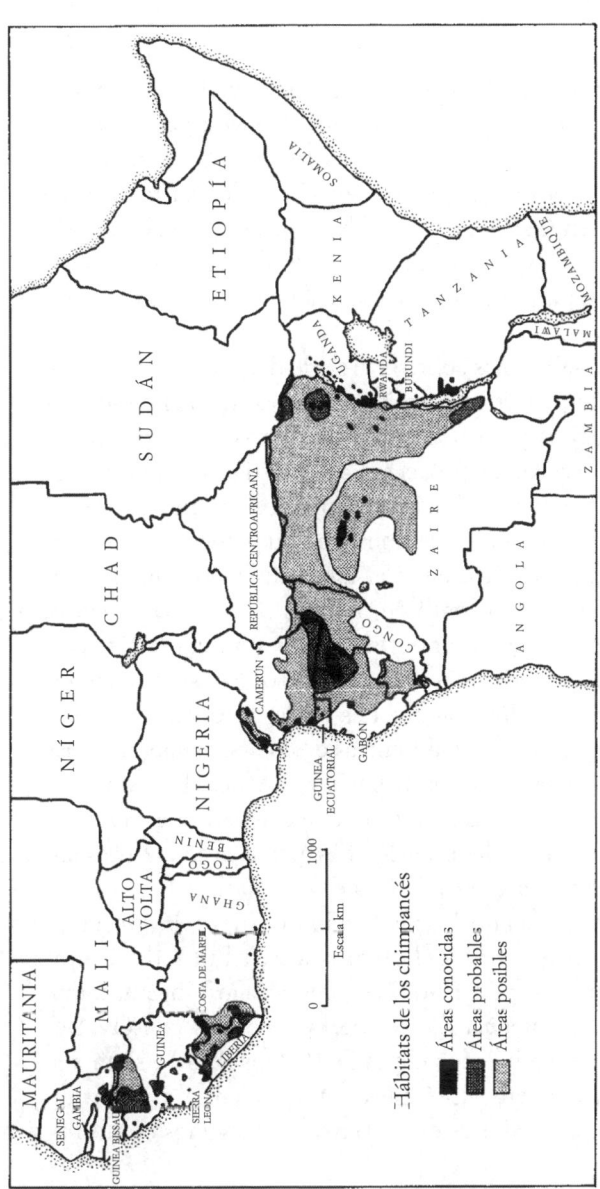

Áreas de distribución de los chimpancés en África. Las principales concentraciones de chimpancés que quedan en África coinciden con los países poseedores de amplias zonas forestales vírgenes, como Zaire, Gabón y Camerún. (Mapa reproducido por cortesía del doctor Geza Teleki y el Comité para la Conservación y el Cuidado de los Chimpancés.)

na 413 muestra los lugares donde aún pueden encontrarse chimpancés. Algunos proyectos de investigación, como el de Gombe y el de las montañas de Mahale, en Tanzania, el del bosque de Tai, en Costa de Marfil, y el de Lope, en Gabón, hace muchos años que funcionan. En todos los casos, estos proyectos resultan altamente beneficiosos para la conservación de los chimpancés en las regiones vecinas.

Para saber más sobre el área de distribución actual de los chimpancés se necesitan desesperadamente estudios en muchos países. Y en ciertas zonas clave, es importante desarrollar proyectos de investigación tan pronto como sea posible. Sin estos proyectos, que hay que llevar a cabo conjuntamente con una educación sobre la conservación, el turismo y la agricultura, los chimpancés desaparecerán pronto en muchos países. Desde luego, los estudios serán importantes por sí mismos. Nos permitirán aprender más acerca de uno de los aspectos menos conocidos y más fascinantes de la conducta del chimpancé, que son las diferencias de comportamiento de las poblaciones en distintas partes de África. En estos momentos no sólo están muriendo centenares de chimpancés, sino que además están desapareciendo culturas antes de que tengamos tiempo de estudiarlas.

Durante el año 1989 me vi implicada en la conservación y protección del chimpancé en Burundi, a unos 160 km al norte de Gombe, junto al lago Tanganica. Fue una consecuencia directa de los intereses conservacionistas del embajador James D. Phillips (Dan) y su mujer, Lucie. Primero visité Burundi atendiendo a su invitación; conocí al presidente Buyoya y a algunos de sus ministros, así como a otros miembros de su gobierno, incluyendo al secretario general, Venant Bambonehoyo, y quedé sinceramente impresionada por los esfuerzos de este gobierno para salvar las zonas forestales que quedaban en su maravilloso país. Me impresionaron también los pasos que ya se estaban dando con respecto a la conservación de los chimpancés. Conocí a Peter Trenchard, coordinador del Proyecto de Diversidad Biológica, quien había pasado varios meses observando a los chimpancés del Parque Nacional de Kibira, un encantador bosque pluvial de montaña al norte del país. Paul Cowles y Wendy Bromley me llevaron a visitar a un pequeño grupo de chimpancés al sur del país. Existe un cierto número de nativos empleados como «guardas de chimpancés» que controlan sus movimientos mientras viajan de una franja boscosa a otra, atravesando zonas cultivadas y poblaciones nativas. La yuxtaposición de chimpancés y nativos no es rara, y encontré extraordinarios los pasos dirigidos a preservar a los chimpancés, pasos comenzados por un conservacionista con una gran visión de futuro, Robert Clausen. Pero la situación era potencialmente explosiva, ya que los granjeros necesitaban tierras con urgencia. Paul (que antes había trabajado como voluntario del Cuerpo de Paz y era entonces consultor técnico de los servicios asistenciales católicos en el Instituto Nacional para la Conservación del Entorno y la Naturaleza) explicó el proyecto agroforestal del que formaba parte. Primero se desarrollan en incubadora especies arbóreas de crecimiento rápido. Los retoños se plantan después alrededor de los poblados. Muchos de los árboles pueden utilizarse al cabo de dos años para construir postes, para carbón vegetal, para hacer leña, para dar sombra y para enriquecer el suelo con nitrógeno. Cada especie de árbol tiene su propia función. La aplicación de este proyecto para la protección de las áreas forestales indígenas que quedan es obvia. Wendy trabajaba con Paul, explicando este nuevo concepto a los nativos. Burundi tiene que felicitarse por este programa, sin el cual habría sido imposible conservar chimpancés salvajes en este diminuto país con una alta densidad de población.

Para proporcionar ingresos e incentivos adicionales a la población local es necesario desarrollar un turismo controlado. Como primer paso, Charlotte Uhlenbroek, financiada por el Instituto Jane Goodall del Reino Unido, empezó a habituar a un grupo de chimpancés en el sur del país a la presencia de seres humanos. Como parte integral de este programa (cuya intención es, desde luego, recoger tantos datos acerca del comportamiento de los chimpancés como sea posible), unos «guardas de chimpancés» visitaron Gombe para aprender los métodos de observación del personal de campo de Tanzania.

Una nueva conciencia e interés por los chimpancés en el país sacó a la luz el hecho de que en la capital, Bujumbura, y en otros lugares por todo el país, se utilizaban chimpancés como animales de compañía. La mayoría de estas crías habían sido pasadas de contrabando desde el vecino Zaire. Gracias al apoyo del gobierno y a la ayuda de muchos individuos, la Institución Jane Goodall del Reino Unido, en estrecha colaboración con el Instituto Nacional para la Conservación del Entorno y la Naturaleza, puede ahora continuar la construcción de un santuario cerca de Bujumbura, donde los animales de compañía rescatados, así como otros chimpancés jóvenes, pueden vivir en libertad. Este santuario fue planeado primero, después se localizó el lugar y, por último, con ayuda de Steve Matthews, comenzó a ser construido en 1990. Los dos primeros huérfanos, Poco y Sócrates, estuvieron un tiempo en una jaula provisional en el jardín de Melinda (Mimi) Brian. Una parte importante del santuario será el centro educativo, donde la población local y los visitantes podrán observar a los chimpancés y su conducta.

En ese mismo año Karen Pack partió hacia Pointe Noire, en Congo-Brazzaville, para intentar montar un santuario para chimpancés que habían sido animales de compañía y para aquellos confiscados por el gobierno a los cazadores. Karen está actualmente trabajando para el Instituto Jane Goodall del Reino Unido en el zoológico de Pointe Noire con el fin de enriquecer el entorno de los ocho chimpancés que hay allí. Esperamos reunir a estos ocho con varios exanimales de compañía y jóvenes confiscados en un santuario que será construido por la Institución Jane Goodall. Está planificado un centro educativo del mismo estilo que el de Burundi. Se llevará a cabo con el pleno apoyo y la aprobación del gobierno del Congo. Una vez más, Steve Matthews supervisará la construcción, con el generoso apoyo de la Conoco Inc., una compañía petrolífera que está demostrando una auténtica preocupación por el medio ambiente. Estamos especialmente agradecidos a Roger Simpson. Hasta que el santuario esté terminado, madame Jamart cuidará de los jóvenes chimpancés confiscados por el gobierno. Ella y su marido están realizando una notable labor.

Ciertamente, éstos no son los primeros santuarios para chimpancés maltratados o abandonados. Eddie Brewer comenzó el primero en África, a finales de los años sesenta. Como oficial del gobierno encargado de la vida salvaje, Eddie confiscaba jóvenes chimpancés llevados ilegalmente a Gambia (donde, por aquel entonces, los chimpancés se habían extinguido). Su hija, Stella, llevaba después a los chimpancés a Senegal, donde se intentaba reintroducirlos en su hábitat natural. Desafortunadamente, los chimpancés salvajes no permitían la entrada de nuevos ejemplares en su territorio y fue necesario retirar a los excautivos y recolocarlos en la isla de los Babuinos, en el río Gambia. Durante muchos años este proyecto ha sido llevado a cabo por una magnífica persona, Janice Carter.

Una pareja inglesa realmente notable, que vive en Zambia, Sheila y David Siddle, han convertido su casa en refugio para los chimpancés jóvenes confiscados. Los chimpancés no son una especie autóctona de Zambia, y muchos de los huérfanos eran confiscados después de salir de contrabando de Zaire. Los Siddle han construido un extraordinario recinto de ocho acres y tienen un ambicioso plan para vallar grandes zonas de matorral donde, finalmente, el grupo entero podrá vivir en relativa libertad. Casi todos los países de África donde aún viven chimpancés tienen el problema de los huérfanos. El Instituto Jane Goodall dirige cinco santuarios para chimpancés huérfanos en Kenia, Congo-Brazzaville y dos en Uganda.

En el capítulo 19 he presentado a Simon y Peggy Templar, paladines de los chimpancés maltratados. Algunos de los chimpancés jóvenes confiscados salieron hacia Gambia, pero más recientemente los huérfanos maltratados procedentes del tráfico ilegal que tiene lugar en España han encontrado refugio en Monkey World, en Dorset, Inglaterra. Este santuario fue creado gracias a los esfuerzos de Jim Cronin, Steve Matthews y el veterinario Ken Pack. Algunos de estos jóvenes chimpancés estaban en un estado penoso cuando llegaron, pero Jeremy Keeling los alimentó, jugó con ellos, les enseñó y los trató con amor. Jeremy Keeling es una persona que se preocupa realmente, y cuya relación excepcional con los chimpancés ha hecho mucho para cicatrizar sus heridas emocionales[1].

En resumen, la situación de los chimpancés en todo el mundo es muy triste. En África existe una imperiosa necesidad de fondos –para investigaciones, para estudios y para santuarios–, así como también de personas comprometidas y cualificadas para llevar a cabo dichos estudios y para trabajar con chimpancés confiscados o abandonados. También fuera de África existe una creciente necesidad de santuarios, ya que se confiscan envíos ilegales de chimpancés en distintos países y muchos individuos son rescatados del mundo del ocio y del mercado de los animales de compañía, y otros, de los laboratorios de investigación. Aun así, estoy de algún modo segura de que

1. Puede obtenerse información sobre las personas y lugares mencionados aquí en el Jane Goodall Institute for Research, Education and Conservation, P.O. Box 26846, Tucson, Arizona 85726, EE. UU.; o en el Jane Goodall Institute (RU), 10 Durley Chine Road South, Bournemouth BM 2 5IIZ; o en el Jane Goodall Institute (Canadá), P.O. Box 3125 Station «C», Ottawa, Ontario, K1Y4J4.

aparecerá gente comprometida y maravillosa como aquellos que tanto han hecho hasta ahora por los chimpancés sin hogar, proporcionándoles amor y un lugar en un santuario. Los seres humanos, por su ignorancia y por su codicia, han llevado a centenares de chimpancés a ese penoso estado; los seres humanos, con su interés y su compasión, están obligados a hacer cuanto puedan para corregir sus errores.

Para obtener más información, dirigirse a:

The Jane Goodall Institute for Wildlife Research, Education and Conservation
4245 North Faifaz Drve
Suite 600
Arlington, VA 22203
I-800-592-JANE

Bibliografía

De Waal, F. B. M. (ed.). *Tree of Origin.* Cambridge, Mass., Harvard University Press, 2001.

Goodall, J. *Africa in My Blood: An Autobiography in Letters: The Early Years,* edición de Dale Peterson. Boston, Houghton Mifflin, 2000.

– *Beyond Innocence, An Autobiography in Letters: The Later Years,* edición de Dale Peterson. Boston, Houghton Mifflin, 2001.

– *The Chimpanzee: The Living Link Between Man and Beast.* Edimburgo, Edinburgh University Press, 1992.

– *The Chimpanzees of Gombe: Patterns of Behavior.* Cambridge, Mass., Belknap Press of the Harvard University Press, 1986.

– *The Chimpanzees I Love: Saving Their World and Ours.* Nueva York, Scholastic Press, 2001.

– *My Life with the Chimpanzees.* Nueva York, Simon & Schuster/Byron Press, 1988, 2006.

– *Through a Window: My Thirty Years with the Chimpanzees of Gombe.* Boston, Houghton Mifflin, 1990.

Goodall, J. van Lawick. *In the Shadow of Man*. Londres, Collins, 1971.

– *My Friends the Wild Chimpanzees*. Washington, D.C., National Geographic Society, 1967.

Goodall, J., y M. Bekoff. *The Ten Trusts: What We Must Do to Care for the Animals We Love*. Nueva York, Harper, 2002.

Goodall, J., y P. Berman. *Reason for Hope: A Spiritual Journey*. Nueva York, Warner, 1999.

Goodall, J., y M. Nichols. *Brutal Kinship*. Nueva York, Aperture, 1999.

– *The Great Apes: Between Two Worlds*. Washington, D.C., National Geographic Society, 1993.

Goodall, J., T. Maynard y G. Hudson. *Hope for Animals and Their World: How Endangered Species Are Being Rescued from the Brink*. Nueva York, Grand Central, 2009.

Goodall, J., G. McAvoy y G. Hudson. *Harvest for Hope: A Guide to Mindful Eating*. Nueva York, Warner, 2005.

Hamburg, D. A., y E. R. McCown (eds.). *The Great Apes*. Menlo Park, Calif., Benjamin/Cummings, 1979.

Heltne, P. G., y L. Marquardt (eds.). *Understanding Chimpanzees*. Cambridge, Mass., Harvard University Press, 1989.

Lindsey, J., y el Jane Goodall Institute. *Forty Years at Gombe*. Nueva York, Stewart, Tabori & Chang, 1999.

McGrew, W. *The Cultured Chimpanzee*. Cambridge, Cambridge University Press, 2004.

Packer, C. *Into Africa*. Chicago, University of Chicago Press, 1996.

Peterson, D. *Chimpanzee Travels: On and Off the Road in Africa*. Athens, University of Georgia Press, 1995, 2003.

– *Jane Goodall: The Woman Who Redefined Man*. Boston, Houghton Mifflin, 2006.

Peterson, D., y J. Goodall. *Visions of Caliban: On Chimpanzees and People*. Boston, Houghton Mifflin, 1993.

Ransom, T. W. *Beach Troop of the Gombe.* Lewisburg, Pa., Bucknell University Press, 1981.

Stanford, C. B. *Chimpanzee and Red Colobus: The Ecology of Predator and Prey.* Cambridge, Mass., Harvard University Press, 1998.

– *The Hunting Apes: Meat Eating and the Origins of Human Behavior.* Princeton, Princeton University Press, 1999.

– *Significant Others: The Ape-Human Continuum and the Quest for Human Nature.* Nueva York, Basic Books, 2001.

Teleki, Geza, Lori Baldwin y Karen Steffy. *Leakey the Elder: A Chimpanzee and His Community.* Nueva York, Dutton Children's Books, 1980.

Wrangham, R. W., y D. Peterson. *Demonic Males: Apes and the Origins of Human Violence.* Boston, Houghton Mifflin, 1996.

Libros para niños

Goodall, J. *The Chimpanzee Family Book.* Salzburgo/Londres, Neugebauer Press, 1989.

– *Grub: The Bush Baby.* Boston, Houghton Mifflin, 1972.

– *Jane Goodall's Animal World: Chimps.* Nueva York, Macmillan, Atheneum, 1989.

– *With Love, illustrated by Alan Marks.* Zúrich, North South Books, 1998.

– *Rickie and Henri: A True Story, illustrated by Alan Marks.* Nueva York, Penguin Young Readers Group, 2004.

Teleki, G., y K. Steffy. *Goblin, a Wild Chimpanzee.* Nueva York, E. P. Dutton, 1977.

Investigación y apoyo en Gombe

El trabajo de Jane Goodall –que comenzó en Gombe hace cincuenta años– ha influido e inspirado a cientos de personas y sigue afectando a la vida de millones, ya que continúa dando charlas y asistiendo a conferencias por todo el mundo.

Jane y la investigación de Gombe han inspirado a varias generaciones de científicos, en especial a mujeres, a trabajar en la ciencia y la conservación en universidades de diversas partes del planeta.

De Gombe ha surgido un enorme conjunto de investigaciones llevadas a cabo por Jane, otros científicos y personal de campo tanzano. El número estimado de publicaciones, artículos y películas inspiradas en este centro de investigación es impresionante:

- Doscientos artículos científicos.
- Cuarenta y una tesis doctorales relacionadas con los chimpancés, los babuinos, los monos y la ecología (de estos estudiantes, diecinueve eran mujeres).

- Dieciséis películas importantes de empresas de renombre, como Discovery/Animal Planet, National Geographic, BBC, HBO y PBS; una película que se ha proyectado en 83 países y ha sido vista por más de tres millones de espectadores, y una película de distribución cinematográfica mundial lanzada con motivo del quincuagésimo aniversario de la investigación de Jane Goodall en Gombe. Equipos cinematográficos de Japón, Francia, Alemania, Austria y Hungría también han realizado películas sobre Jane y Gombe.
- Cientos de artículos divulgativos.
- Treinta y ocho libros, de los cuales Jane Goodall publicó catorce (sin mencionar los ocho libros infantiles de los que también es autora). Muchos de estos libros se han traducido a lenguas extranjeras, como *In the Shadow of Man,* traducido a 52 idiomas.

Colaboradores

A continuación se enumera a algunas de las personas que han contribuido a la recogida de datos y a la administración del Centro de Investigación del río Gombe. La lista completa de colaboradores está disponible en el sitio web del Instituto Jane Goodall desde 2010.

Cuatro personas destacan (además de Jane Goodall) por sus importantes contribuciones:

HUGO VAN LAWICK, fotógrafo y cineasta, pudo documentar por primera vez gran parte del comportamiento de los chimpancés y babuinos de Gombe. Fue su material, difundido a través de documentales y artículos de revistas publicados en *National Geographic,* el que validó las observaciones de Jane Goodall (que entonces no tenía ningún título universitario) y desempeñó un papel fundamental en el establecimiento de la estación de investigación.

DEREK BRYCESON, como director de Parques Nacionales, pudo ayudar a Jane a continuar sus investigaciones después de que el incidente del secuestro de 1975 impidiera durante varios años el trabajo de estudiantes extranjeros en Gombe.

ANNE PUSEY asumió la tarea de informatizar todos los datos desde 1960 hasta la actualidad, trabajando con sus estudiantes de Minnesota (y ahora de Duke) para crear una base de datos única sobre el comportamiento de los chimpancés de Gombe.

ANTHONY COLLINS no sólo ha llevado a cabo y dirigido la investigación sobre los babuinos en Gombe desde 1972, sino que también ha desempeñado un papel extraordinariamente importante en el mantenimiento de las buenas relaciones con los funcionarios del gobierno central y local, en la vinculación del personal de Gombe con los investigadores visitantes, como representante de Gombe ante la comunidad local y en Tanzania, y en la continuidad del Centro de Investigación.

Directores:

Jane Goodall, Anthony Collins (investigación con babuinos), Larry Goldman, Shadrack Kamenya, Bill McGrew, Anna Mosser, Janette Wallis, Michael Wilson.

Directores interinos:

Michael Simpson, Geza Teleki, Richard Wrangham.

Administradores/apoyo:

Tsolo Do Fisoo, Janeth Kamenya, Jumanne Rashidi Kikwale, Etha Lohay, Nick Pickford, Gerald Rilling, Emilie van Zinnicq Bergmann Riss, Frank Silkiluwasha.

Apoyo en Kigoma:

Tony y Blanche Brescia, Jamnadas Ramji Dharsi, Jayant y Kirit Vaitha.

Investigadores:

Jared Bakuza, Harold Bauer, Anna Bosacker (babuinos), Tim Clutton Brock (colobos rojos), Curt Busse, David Bygott, Caroline Coleman, Deus Cyprian, Kate Detwiler (híbridos de cercopiteco de cola roja y de cola azul), Carlos Drews (babuinos), Edna Koning Frost, Leah Gardner-Domb (babuinos), Roy Gereau (botánica), Ian Gilby, Elizabeth Greengrass, Stewart Halperin, Helen Hendy (babuinos), Kevin Hunt, Sonia Ivey, Love Jane, Elizabeth Lonsdorf, Magdalena Lukasik, Adeline Lyaruu, Frank Mbago (botánica), Pat McGinnis, Christina Mueller-Graf (babuinos), Carson Murray, Leanne Nash (babuinos), Sood Athumani Ndimuligo, Felicia Nutter, Nick Owens (babuinos), Craig Packer (babuinos), Lilian Pintea (GPS y cartografía por satélite), Frans Plooij, Tim Ransom (babuinos), David Riss, David Gardner Roberts, Craig Stanford (colobos rojos), Bonnie Stern (babuinos), Caroline Tutin, Charlotte Uhlenbroek, Bill Wallauer (videógrafo), Sharon Watt (colobos rojos), Chris Whittier, Jennifer Williams.

Investigadores sénior visitantes:

Chris Boehm, Christophe Boesch, Peter Buirski, David Gubernick, Beatrice Hahn (investigación sobre VIS-cpz), Mike Huffman, Kathy Kerr, Hans Kummer, Linda Marchant, Peter Marler, Jim Moore, Mary-Ellen Morbeck (paleontología), Ray Rhine, Barbara Smuts, Gen Yamakoshi, Adrienne Zihlman (paleontología).

Asesores principales:

David Hamburg, Robert Hinde.

Personal de campo:

Nuestro personal de campo tanzano está muy motivado por su trabajo y no podemos agradecerles lo suficiente lo que han aportado al avance de Gombe. Es imposible mencionarlos a todos. Además del equipo actual (2009), incluimos aquí a los que han trabajado durante muchos años y han hecho importantes contribuciones a la investigación.

Asistentes de campo actuales (chimpancés):

Gabo Paulo Zilikana (jefe de asistentes de campo de chimpancés), Caroly Alberto, Saidi Hassani, Lamba Hilali, Iddi Issa, Kadaha John, Hassan Matama, Juma Mazogo, Hamisi Matama «Mzee Mlongwe» (plantas), Tofiki Mikidadi, Baliwa Issa Mpongo, Matendo Msafiri, Abbas M. Mwehemba, Issa Salala, Methodi Vyampi, Respis Vyampi, Selemani Yahaya, Simon Yohana.

Personal actual que trabaja con babuinos:

Marini Bwenda, Issa Rukamata, Sufi Hamisi Rukamata, Jumanne Bushingwa, Faridu Juma Mkukwe.

Personal de campo que hizo importantes contribuciones a lo largo de muchos años:

Hilali Matama, Esilom Mpongo, Hamisi Mkono, Yahaya Alamasi, Juma Mkukwe, Rugema Bambaganya, Daudi Gilagiza, Issa Mpongo, Appolinaire Sindimwo (babuinos).

TACARE y el Gran Ecosistema de Gombe (GGE), jefes de sección y otro personal clave:

Grace Gobbo, Aristides Kashula, Amani Kingu, Mary Mavanza (directora de TACARE), Emmanuel Mtiti (director de GGE), Sania Rumelezi, George Strunden (director fundador de TACARE).

Ecosistema Masito-Ugalla:

Emil Kayega (director), Sood Athumani Ndimuligo (biólogo de la conservación).

JGI Tanzania (por su papel de apoyo):

Pancras Ngalson (director ejecutivo), Frederick Kimaro (auditor financiero).

Jane Goodall y el Instituto Jane Goodall dan las gracias especialmente a Tanzania National Parks (TANAPA) –custodios de Gombe; Tanzania Wildlife Research Institute (TAWIRI)–, que controlan toda la investigación sobre la vida salvaje en Tanzania; Tanzania Commission for Science and Technology (COSTECH) –reguladores y facilitadores de la investigación científica en Tanzania–; el gobierno de la República Unida de Tanzania, por su apoyo a lo largo de los años, con un agradecimiento especial al gobierno local de la región de Kigoma y al distrito de Kigoma, con quienes hemos trabajado más estrechamente.

Acerca del Instituto Jane Goodall

Misión

El Instituto Jane Goodall (IJG) empodera a las personas para mejorar el entorno de todos los seres vivos. Al mismo tiempo que continúa con los esfuerzos de la doctora Jane Goodall para estudiar y proteger a los chimpancés, el IJG también se ha convertido en pionero en enfoques conservacionistas innovadores que mejoran la vida de las poblaciones locales. Además, el programa juvenil global del Instituto, Raíces y Brotes, inspira a jóvenes de todas las edades a convertirse en líderes medioambientales y humanitarios.

Disminución de los bosques y las poblaciones de chimpancés

Nos encontramos en el umbral de un futuro sin chimpancés y otros grandes simios en la naturaleza. Mientras que a principios del siglo XX existía un millón de chimpancés, hoy quedan menos de 300.000 ejemplares que vivan en su hábitat natural. Un factor clave es la destrucción de su hábitat: África pierde más de 4 millones de hectáreas de bosque cada año, el doble de la tasa de deforestación mundial (Fuente: PNUMA). Mientras tanto, el crecimiento de la población en el continente es más rápido que en cualquier otro lugar, con la consiguiente pobreza y falta de necesidades básicas.

Enfrentarse al desafío

El enfoque del IJG en materia de conservación representa una filosofía cuidadosamente desarrollada por la doctora Goodall para ayudar a garantizar el éxito. Además de las herramientas tradicionales de conservación, el IJG aborda las necesidades de las poblaciones humanas en los hábitats forestales y sus alrededores, la única manera de lograr un cambio sistémico y duradero. Involucrar a los jóvenes de todas las edades en todo el mundo es también una parte fundamental de su enfoque integral para la conservación. En la actualidad, hay más de veinticinco IJG en todo el mundo comprometidos con el apoyo a la visión y la misión de la doctora Goodall.

Para más información sobre el IJG en España, visite *www.janegoodall.es* y *www.raicesybrotes.org*.

Índice analítico

Las letras B, C y CG indican si el animal nombrado es un babuino, un chimpancé o un chimpancé de Gombe, respectivamente.

Índice analítico

436